纺织服装高等教育“十二五”部委级规划教材

纺织精细化学品

FANGZHI JINGXI HUAXUEPIN

袁红萍 主编

東華大學出版社

内 容 提 要

本书是为了适应纺织类精细化工专业教学改革、更好地培养纺织精细化工专业人才的需要，结合多年的教学、科研和生产实践，组织相关专业教师和企业技术人员编写的。书中有针对性地介绍了纺织工业生产过程中所涉及到的表面活性剂、染料和有机颜料、合成黏合剂、涂料及水质处理剂等内容，从产品设计、小试生产到性能检测与应用评价，融理论和实践于一体，并对精细化学品生产技术及开发程序作了阐述。

本书既可作为高职高专纺织精细化工专业教材，也可作为本科轻化工类专业的参考教材，还可为从事纺织精细化学品生产、研究和开发的技术人员提供参考。

图书在版编目(CIP)数据

纺织精细化学品/袁红萍主编.—上海：东华大学出版社，2012.4

ISBN 978-7-5669-0032-6

Ⅰ.①纺…　Ⅱ.①袁…　Ⅲ.①纺织工业—精细化工—化工产品—高等学校—教材　Ⅳ.①TS101.3

中国版本图书馆 CIP 数据核字(2012)第 059008 号

责任编辑：杜燕峰
封面设计：李　博

纺织精细化学品
袁红萍　主编
东华大学出版社出版
上海市延安西路 1882 号
邮政编码：200051　电话：(021)62193056
新华书店上海发行所发行　上海市崇明裕安印刷厂印刷
开本：787×1092　1/16　印张：11.75　字数：293 千字
2012 年 5 月第 1 版　　2012 年 5 月第 1 次印刷
ISBN 978－7－5669－0032－6/TS・314
定价：29.00 元

前　言

精细化工产品(精细化学品)种类繁多,内容涉及十分广泛。目前精细化工类专业教材版本较多,但针对纺织类精细化学品教材很少。本书有别于一般泛而全的精细化工教材,满足纺织类精细化工专业高职高专工学结合、项目化教学的要求,体现学做结合的理念。本书有针对性地介绍纺织工业生产加工过程中所涉及到的精细化学品,内容涉及精细化学品生产技术及开发程序、表面活性剂、染料和有机颜料、合成黏合剂、涂料、水质处理剂等。全书内容选排以实用够用为度,采用项目引领、任务驱动的形式,行业针对性和实践操作性强,可为学生后续专业课程的学习及今后从事纺织精细化学品的小试研究和生产打下坚实的基础。

本书的导入部分、项目一～项目四由袁红萍编写,项目五由刘建平编写,其中项目二和项目四部分内容由上海东美化工费振荣高级工程师参与合作编写,项目五部分内容由亚邦化工集团常州友邦净水材料有限公司居银栋工程师参与合作编写,在此表示感谢。全书由袁红萍统稿完成。

本书既可作为高职高专纺织精细化工专业教材,也可作为其他化工类专业的参考教材,还可为从事纺织精细化学品生产、研究、开发的技术人员提供参考。

鉴于精细化学品种类多、涉及面广、理论研究和应用技术发展十分迅速,作者水平限制,书中难免有纰漏之处,恳请读者批评指正。

编　者

2012年1月

目　录

导 入

精细化学品生产技术及开发程序

教学内容 精细化工生产特点;精细化工单元生产技术及实验技术;精细化工过程开发及实验方法。

学习目标 了解精细化学品的含义、作用、分类、生产特点;掌握精细化工单元生产技术、精细化工实验室管理、常用仪器操作规范和实验技术;熟悉精细化工过程开发和实验方法。

第一节 精细化工生产特点

一、精细化学品

化工产品根据其用途和功能,可分为基本化工产品和精细化工产品。精细化工产品也称精细化学品(Fine Chemicals),是对基本化学工业生产的初级或次级化学品进行深加工而制取的具有特定功能、特定用途、小批量、多品种、附加值高、技术密集的一类化工产品。生产精细化学品的工业称之为精细化学工业(Fine Chemical Industry),俗称精细化工。

许多工业产品在生产制造过程中都涉及各种精细化学品。精细化学品几乎渗透到国民经济各个领域并占据重要地位。精细化学品与工农业生产、国防、尖端科技以及人们的日常生活密切相关,人们的衣、食、住、行几乎都离不开精细化学品,如:

(1) 衣着:棉、麻、丝、毛、合纤、皮革等生产、加工和使用过程离不开各类油剂、浆料、染料、助剂、洗涤剂、柔软剂、光亮剂等精细化学品。

(2) 饮食:粮食、蔬菜、瓜果、饮料等在其生产、加工、贮存等过程中需要农药、添加剂、保鲜剂等精细化学品。

(3) 居住:建筑、装修、家居用品,除天然材料外,所使用的材料及加工制造过程中离不开各种黏合剂、涂料等精细化学品。

(4) 交通：道路施工、交通工具等涂装需要用到各种涂料等。

精细化工很大程度上反映了一个国家的综合技术水平和化学工业的集约化程度。精细化工比率又称精细化工产值率，是精细化学品总产值与化学工业产品的总产值之比：

$$\text{精细化工产值率} = \frac{\text{精细化工产品的总值}}{\text{化学工业产品的总值}} \times 100\%$$

目前发达国家的精细化工率为 60%～65%。我国近 20 年来，精细化工得到很大发展，达到 40%左右。大力发展精细化工，提高化工产品的精细化工率是化学工业发展的必然。

二、精细化学品的范畴和分类

精细化学品按制备过程中是否发生化学反应，可分为：

1. 合成精细化学品

制备过程中发生化学反应，如染料、医药、农药、助剂等中间体、原料药的合成；

2. 配方精细化学品

制备过程中不一定有化学反应发生，依据各化工原料的物理化学特性，通过一定的工艺手段，将这些化工原料特定的物理化学性能有机地组合成一体，突出其特殊的应用性能。在配方精细化学品的开发与生产过程中，配方设计和配制工艺是否科学合理将决定产品的品质，是配方精细化学品技术的核心。

精细化工产品门类繁多，随着新兴精细化工行业的不断涌现，其范围也在不断扩大。根据 1986 年我国化学工业部对精细化工产品的规定，精细化学品共分为 11 大类，它们分别是：

(1)农药；(2)染料；(3)涂料(包括油漆和油墨)；(4)颜料；(5)试剂和高纯物；(6)信息化学品；(7)食品饲料添加剂；(8)黏合剂；(9)催化剂和各种助剂；(10)化学药品(原料药)和日用化学品；(11)功能高分子材料。

纺织精细化学品是专指纺织工业生产和加工过程中所用到的精细化学品或精细化工原料，主要包括：表面活性剂、染料和有机颜料、黏合剂、涂料、水质处理剂及功能高分子材料等。

三、精细化工产品的特点

精细化工的生产全过程不同于一般化工生产，一般由原料药合成、剂型加工和商品化三个生产部分组成，三者既可以在一个工厂中完成，也可以在不同的工厂生产。从精细化工的定义可归结其产品具有如下特点：

1. 具有特定功能

精细化工产品一般少量使用，就能获得极为满意的效果，如高效催化剂、表面活性剂等；与大宗化工产品不同，精细化工产品均具有特定的功能，且多数精细化工产品的特定功能消费者能直接感受。消费者对精细化工产品的需求会随着社会生产水平和生活水平的提高，不断的提出新的要求，因此精细化学品的功能性也是在永无止境的变化中。

2. 小批量、多品种

精细化工产品如医药、染料、食品添加剂、黏合剂等，这些产品用量一般都不需很大，但对产品质量的要求很高。精细化工产品针对性强，特别是专用品和特殊配方的产品，往往是一类产品多种类型牌号。小批量和多品种的特点，决定了精细化工产品的生产通常是以间歇反应为主。

3. 采用综合性生产流程和多功能生产装置

由于精细化工产品系多品种、小批量，生产上又经常更换和更新品种，故要求工厂必须具有随市场需求调整生产的高度灵活性，在生产上需采用多品种综合的生产流程和多用途、多功能的生产装置，以便取得较大的经济效益。由此对生产管理、工程技术人员和工人的素质提出了更严格的要求。

4. 产品技术密集度高

精细化工产品需要在化学合成中筛选不同化学结构，在剂型上充分发挥自身功能与其他配合物的协同作用，通过商品化复配以更好地发挥产品的优良性能，这些过程相互联系又相互制约。

一个精细化工产品的开发一方面要求情报密集、信息快，以适应市场的需要，同时又反映在精细化工生产中技术保密性与专利垄断性强，需要多学科的相互配合和综合运用，经过大量的筛选和配方优化工作。

如开发一个新型染料或助剂，需要经过市场调研→实验室小试合成、配方→小试应用→优化→工业化生产→工业应用等阶段，一般精细化工产品的研究开发投资要求达年销售额的6%～7%。

5. 大量采用复配技术

为使精细化工产品满足各种专门要求，常采用复配技术，即按照一定的配方，将多种组分配合，再加工成粉剂、粒剂、乳剂、液剂等不同剂型。例如染料、黏合剂、涂料、农药等，通常都是由十几种组分复配而成的。因此，精细化工生产中配方通常是技术关键之一，也是专利需要保护的对象。掌握复配技术是使产品具有市场竞争能力的极为重要方面，也是目前我国精细化工的一个薄弱环节。

6. 商品性强、附加值高

附加值是指扣除产品产值中的原材料、税金、厂房及设备折旧费以后剩余部分的价值。精细化学品科研技术投入大、加工程度深、所需劳动及动力消耗高，产品附加值也相应增高。

若将化工各行业的附加值与氮肥附加值之比，作为附加值指数的话，各行业附加值指数情况比较如表1所示。

表1　各行业附加值指数情况比较

化工行业	附加值指数	化工行业	附加值指数
氮　肥	100	合成纤维	606
医药制剂	4 078	合成橡胶	423
染料、有机颜料	1 219	石油化工产品	335
塑　料	1 213	农　药	310
涂　料	732	表面活性剂	143

第二节　精细化工单元生产技术及实验技术

一、精细化工单元生产技术

精细化工生产过程一般包括：原料净化→化学反应→产品分离与纯化→复配→剂型加工→应用。

精细化工技术涵盖分子设计、工业合成、配方剂型等技术。由于精细化学品的特殊性，使其在加热、冷冻、传感、反应、分离等方面，形成了较为特殊的工业技术。

（一）模块式多功能集成生产技术

精细化学品的生产方式以间歇式生产为主，生产周期较长，包括投料、放料、加热、加压、清洗等非生产操作，操作费用及物料损耗较大。

模块式多功能集成操作技术集反应、蒸发、蒸馏、贮存、清洗等单元操作为一体，实现流程的综合性、装置的多功能化，具有较强的灵活性和适应性，既保持了间歇式操作的优点，又避免其不足，便于多个品种的更替轮换生产。

（二）分离技术

精细化工除采用结晶、吸收、吸附、过滤、离子交换、精馏及萃取等常见分离技术外，还根据需要经常采用一些特殊的分离技术。

1. 膜分离技术

膜分离是借助于膜的特定选择渗透性能，在不同压力、电场、浓度差等作用下，对混合物中的溶质和溶剂进行分离、分级、提纯和富集的过程。

常用的膜有固膜和液膜。固膜由聚合物或无机材料构成，液膜由乳化液膜或支撑液膜形成。不同的膜具有不同的选择渗透作用。

膜分离有电渗析、超过滤、反渗透等，一般在常温下进行，不发生相变化，特别适合于热敏性物质分离、大分子分离、无机盐分离、恒沸物等特殊溶液分离，在精细化工生产中有着特殊意义。

2. 超临界流体萃取技术

任何一种物质都存在三种相态——气相、液相、固相。三相成平衡态共存的点叫三相点；液、气两相成平衡状态的点叫临界点；在临界点时的温度和压力称为临界压力。不同的物质其临界点所要求的压力和温度各不相同。

超临界流体(Supercritical Fluid, SCF)是指温度和压力均高于临界点的流体，高于临界温度和临界压力而接近临界点的状态称为超临界状态。处于超临界状态时，气、液两相性质非常相近，以至无法分别，所以称之为超临界流体。

目前研究较多的超临界流体是二氧化碳，因其具有无毒、不燃烧、对大部分物质不反应、价廉等优点,最为常用。在超临界状态下(临界温度 31.1℃,临界压力 7.2 MPa,临界条件容易达到),CO_2流体兼有气、液两相的双重特点,既具有与气体相当的高扩散系数和低黏度,又具有与液体相近的密度和对物质良好的溶解能力。其密度对温度和压力变化十分敏感,且与溶解能力在一定压力范围内成比例,所以可通过控制温度和压力改变物质在其中的溶解度。

超临界流体萃取分离过程是利用超临界流体的溶解能力与其密度的关系,即利用压力和温度对超临界流体溶解能力的影响而进行的。当气体处于超临界状态时,会成为性质介于液体和气体之间的单一相态,具有和液体相近的密度,黏度虽高于气体但明显低于液体,扩散系数为液体的 10～100 倍,因此对物料有较好的渗透性和较强的溶解能力,能够将物料中某些成分提取出来。

在超临界状态下,将超临界流体与待分离的物质接触,使其有选择性地依次把极性大小、沸点高低和相对分子质量大小的成分萃取出来。并且超临界流体的密度和介电常数随着密闭体系压力的增加而增加,极性增大,利用程序升压可将不同极性的成分进行分步提取。当然,对应各压力范围所得到的萃取物不可能是单一的,但可以通过控制条件得到最佳比例的混合成分,然后借助减压、升温的方法使超临界流体变成普通气体,被萃取物质则自动完全或基本析出,从而达到分离提纯的目的,并将萃取分离两过程合为一体,这就是超临界流体萃取分离的基本原理。

SCF 萃取装置由萃取塔、分离器、热交换器、压缩机及其他辅助设备组成。超临界萃取的操作温度低、萃取时间短,适用于高沸点、热敏性物质的提取,广泛应用于食品行业、医药行业、石油化工、精细化工等分离、提纯和浓缩等操作过程。

(三) 极限技术

精细化工极限技术主要有超高(低)温、超高压、超高真空、超微颗粒等。如超微颗粒通常是指尺寸在 1～100 nm 之间的颗粒,物质颗粒的尺寸大小与其性质有关,超微颗粒在磁性、电绝缘、化学活性等方面表现出与宏观颗粒不同的性质,其表面积、表面张力、颗粒间的结合力非常大,对光有强烈的吸收力、磁性明显高于块状金属,熔点比块状金属低得多、化学活性高、具有低温超导性等特性。

(四) GMP 技术

GMP(Good Manufacturing Practice),为药品生产和质量管理规范,是制药工业产品质量保证体系中最为重要的技术。GMP 认为任何药品质量的形成是设计和生产出来的,而非检验出来的。要确保质量,令人放心使用,必须坚持预防为主,在生产过程中建立质量保证体系,实行全面质量管理。

GMP 制度内容广泛,包括人员、厂房建筑、设备、环境卫生、原料、生产操作、标签及包装、质量监视、自检、分发记录以及不良反应的申诉和报告等,在药品生产过程中,通过对每一生产操作的原始记录,采用档案的形式,对药品生产的全过程进行科学、严密的管理和控制,以保证产品质量的稳定,并能始终如一地符合医用规格及质量指标。与医药制品一样,很多精细化学品也是直接面对消费者,与消费者的健康有关,采取 GMP 技术可以有效地保证产品的质量。

二、精细化工实验室管理

(一) 精细化工实验室基本配置

精细化工实验室的基本配置应符合教育部关于“高等学校专业实验室评估标准”对合格实验室的要求,同时还应符合精细化工实验本身的特点和专业教学的要求。

1. 功能室配置

为确保精细化工实验的规范、合理,精细化工实验室应至少具有以下功能室:药品室、准备室、仪器室、学生实验室、贮气室、分析室和更衣室等。

(1) 药品室:用于存放药品、试剂等实验原辅材料,常规药品可以在一个实验室分类存放,强氧化剂、强还原剂、有毒、有害、易燃、易爆、强腐蚀药品应按规定单独存放。药品室应由专人管理,分类存放,有条件的话最好采用电脑管理,通过编号(坐标值)从电脑中迅速查到药品存放的位置和余量。药品室一般要求避光、干燥、通风良好。

(2) 准备室:是实验员为实验做准备的地方,通常与学生实验室相邻。

(3) 仪器室:存放仪器设备的地方,管理方式同药品室,专用高档仪器应由专门人员进行管理和维护。

(4) 学生实验室:是学生进行实验的场所,应配有通风、水电、实验台、基本设备仪器、消防等设施。

(5) 贮气室:放置钢瓶气体的地方。贮气室通常设在一楼,气体钢瓶应牢固地安放在阴凉、通风和远离热源或电源的地方,以免漏气和爆炸。应将空瓶区和实瓶区分开放置,并有明显标志,不准堆放其他易燃、易爆物品。氢气钢瓶至少应离电气开关 2 m,与氧气钢瓶不能同时存放;氧气钢瓶的阀门和出气口绝不可被油脂或其他易燃有机物沾污,以防燃烧爆炸。钢瓶内气体不可用尽,一般要保持瓶内压力 9.8×10^5~19.6×10^5 Pa,以免重新灌气时发生危险。内照明设备应设防爆装置,电器开关应设在室外,室内留有通道,有明显的“严禁烟火”标志,应配置消防灭火器材。

(6) 分析室:对原辅材料及实验产品进行分析的地方,应具有常规化学分析、常规仪器分析的条件,能满足精细化工实验教学分析检测的要求。

2. 实验室公共设施

(1) 实验设施:实验室应配置多功能的实验台,水、电齐全,学生实验室水、电应接到实验台面,压缩空气和真空系统到桌面或配有压缩机、真空泵等。

(2) 安全设施:实验室应通风、排风效果良好,备有药柜和药箱,放有急救药品和器具。常见药品如:医用酒精、碘酒、红药水、创口贴、烫伤油(万花油)、1%硼酸或2%醋酸溶液、70%酒精、3%双氧水等,药品应定期更换。常见器具有:镊子、剪刀、纱布、药棉、棉签、绷带和洗眼器等。另外还应配备适量的安全帽和防毒面具。

(3) 环保设施:实验室应配有废物箱,三废(废气、废水、废渣)处理设施,并注意消毒。

（二）实验室安全管理

1. 规章制度

学生在实训期间应遵守实验室各项规章制度，穿统一的工作服，爱护公物，注意节约水、电和药品，实验过程中保持桌面和仪器设备的整洁，严禁将食物带进实验室。

2. 安全用电

电器设备要可靠接地，一般使用三芯插座，外壳应接地，绝缘良好，不能用湿手进行操作。安装仪器设备或连接线路时，应最后接上电源；拆除实验装置或线路时，要首先切断电源。

3. 实验室消防

实验室常用的消防器材包括：

(1) 灭火砂箱：砂子能起到隔断空气并具有降温作用而灭火，用于扑灭易燃液体和其他不能用水灭火的危险品引起的火灾；

(2) 石棉布、毛毡或湿布：用于扑灭火源区域不大的火灾，也是扑灭衣服着火的常用方法；

(3) 泡沫灭火器：多为手提式灭火器，使用时由反应生成含 CO_2 的泡沫，泡沫黏附在燃烧物体的表面，形成与空气隔绝的薄层而灭火。由于泡沫导电，故不能用于扑救电器设备和电线的火灾。

其他灭火器材还有：四氯化碳灭火器、二氧化碳灭火器、干粉灭火器等。使用低沸点、易燃有机溶剂时（如乙醚、丙酮、乙醇、苯等），不能直接用火加热，并应远离火源，一旦着火应用泡沫灭火器灭火。

4. 实验室环保

实验室排放的废液、废气、废渣等虽然数量不大，但不经必要的处理直接排放会对环境和人身造成危害，应特别注意以下几点：

(1) 实验室所有的药品及中间产品，必须贴上标签，注明名称，防止误用或因情况不明而处理不当造成事故；

(2) 有腐蚀性或有毒气体产生的实验，应在通风橱中进行，产生的气体必须用吸收装置吸收。发烟硫酸、氯磺酸、发烟硝酸等使用须在通风橱中进行，戴好防护眼镜和橡皮手套；

(3) 严禁在水槽内丢入任何固体废弃物，废液应分类集中回收，一般的酸碱处理应先进行中和后用水大量稀释再排放，废物垃圾投入专用的废物箱内；

(4) 实验完毕后，做好清洁工作，检查水、电、气是否关好，在得到教师同意后才能离开实验室。

5. 事故预防和处理

(1) 玻璃割伤：如为一般轻伤，应及时挤出污血，用消毒过的镊子取出碎玻璃片，再用蒸馏水洗净伤口，涂上碘酒后包扎；如为大伤口，应立即用绷带扎紧伤口，使伤口停止出血，再立即送医院救治；

(2) 酸、碱液溅入眼中：应立即用大量的水冲洗，若为酸液，再用质量分数为1%的碳酸氢钠溶液清洗，若为碱液，则再用质量分数为1%的硼酸溶液冲洗。重伤者经初步处理后，立即送医院；

(3) 皮肤被酸碱灼伤：皮肤被酸碱灼伤时，伤处应首先用大量的水冲洗。若为酸液灼伤，再用饱和碳酸氢钠溶液洗。若为碱液灼伤，则用质量分数为1%的醋酸清洗。最后都用水洗，再涂上药品凡士林；

(4) 烫伤急救：被火焰、蒸汽、红热的玻璃或铁器等烫伤，立即将伤处用大量的水冲淋或浸泡，以迅速降温避免深部烧伤。若起水泡，不宜挑破；对轻微烫伤，可在伤处涂烫伤油膏或万花油；严重烫伤应及时送医院治疗。

(三) 精细化工实验室现场"7S"管理

"7S"现场管理体系，即整理(Seiri)、整顿(Seiton)、清扫(Seiso)、清洁(Seikeetsu)、素养(Shitsuke)、安全(Safety)、节约(Saving)，起源于日本，因第一个字母都为S，所以称之为"7S"，是生产或实验工作场所对人员、设备、材料、方法、环境、信息等生产要素进行有效管理的方法。

1. 整理

将要与不要的东西区分清楚，并将不要的东西加以处理，是改善工作现场的第一步。对于现场不需要的物品，如用剩的材料、多余的半成品、垃圾、废品、多余的工具、个人生活用品等，要坚决清理出现场，使现场无不用之物。整理是为了消除管理上的混放、混料等差错事故，改善和增加作业面积，现场无杂物、行道通畅、防止误用、提高工作效率。

2. 整顿

通过前一步整理，对工作现场需要留下的物品进行科学合理的布置和摆放，即放置方法标准化。以便用最快的速度取得所需之物，在最有效的规章、制度和最简捷的流程下完成作业。整顿是为了让工作场所整洁明了，减少取放物品的时间，提高工作效率，保持井井有条的工作秩序。

3. 清扫

将自己的工作环境四周打扫干净。不干净的现场会使设备精度降低、影响产品质量和工作安全，更会影响人的工作情绪。清扫可使工作者保持一个良好的情绪，并保证产品的品质稳定，达到零故障和零损耗。

4. 清洁

整理、整顿、清扫之后要认真维护，使现场保持完美和最佳状态。清洁，是对前三项活动的坚持与深入，从而消除发生安全事故的根源。创造一个良好的工作环境，使工作人员愉快地完成实验或工作。坚持"3不要"，即不要放置不用的东西，不要弄乱，不要弄脏。不仅物品需要清洁，实验人员同样需要清洁；不仅要做到形体上的清洁，而且要做到精神的清洁。清洁的过程是使整理、整顿和清扫工作成为一种惯例和制度，是标准化的基础。

5. 素养

即教养，努力提高人员的素养，养成严格遵守规章制度的习惯和作风，这是"7S"活动的核心。没有人员素质的提高，各项活动就不能顺利开展，开展了也坚持不了。所以"7S"活动，要始终着眼于提高人的素质。通过素养让每个人成为一个遵守规章制度，并具有一个良好工作素养的人。

6. 安全

清除隐患，排除险情，预防事故的发生。保障实验人员的人身安全，保证工作的连续安全正常进行，同时减少因安全事故而带来的经济损失。

7. 节约

对时间、空间、能源等方面合理利用，发挥它们的最大效能，创造一个高效率、物尽其用的工作场所。能用的东西尽可能利用，以自己就是主人的心态对待资源，切勿随意丢弃，丢弃前要思考其剩余的使用价值。节约是对整理工作的补充和指导。

三、精细化工实验基本程序和要求

（一）精细化工实验教学程序

精细化工的实验过程以学生为主体，充分发挥学生的主观能动性和项目实施的整体性，教师在整个环节起到组织、协调和指导作用。

1. 接受任务

指导老师在实验前向学生下发任务书。学生接受任务后，以组为单位，明确实验目标和内容，着手准备工作。任务书一般包括：实验名称、实验目标、实验内容、实验成果、实验操作要点与安全注意事项等内容。

2. 资料收集

根据任务书的要求，学生在规定时间内通过阅读教材和查找文献，获得实验原理、原料特性、实验方法、仪器设备操作规范等信息，为确定实验方案打下基础。

3. 确定方案

是整个实验工作的关键。实验方案应符合经济、合理、可行、安全原则，内容包括：原料规格及用量、仪器设备、工艺流程、检测方法及应用评价方法等。方案应递交指导老师确认。

4. 方案实施

是实验全过程的核心。学生按照方案的步骤，科学、规范、大胆、细致操作，及时观察和记录实验现象，对实施过程中遇到的问题能作出分析判断并以予解决。

5. 结果与分析

数据记录要准确、简明、形象。实验结果通常有三种表示方法，即列表、作图和经验公式。

（1）列表：列表法简易紧凑，便于比较。表的名称要简明，必要时可在表格下方加附注，以说明数据的来源。表中的项目应包括名称及单位，可采用符号表示。表中主项代表自变量，副项代表因变量。数字要求整齐、统一、准确，注意有效数字的位数。

（2）作图：作图法形象简明，便于直观。直角坐标作图时，通常以横轴（X 轴）代表自变量，纵轴（Y 轴）代表因变量。坐标的分度起点不一定为零，以使图形占满整个坐标纸。一般坐标纸的最小分格相应于实验数据的精确度。

（3）经验公式：作图表示的数据曲线可进一步用一个方程式（经验公式）来模拟。如标准工作曲线可用最小二乘法求得拟合公式。

6. 实训报告

实训报告内容应包括：

（1）项目名称

（2）小组成员：实验者姓名及同组实验者，分工情况；

（3）实训目的

（4）实训原理：实训的理论依据和采用的实训方法；

（5）实训材料、装置及流程：列出实训药品级别及数量、实训仪器设备规格、画出实训装置及流程示意图等；

(6) 实训过程：详细写明实训操作步骤、分析方法，指出注意事项；

(7) 实训结果：以表格或其他形式记录实训数据、现象等；

(8) 分析与讨论：通过计算分析将实训结果，以表格、图示等形式表示出来，并指出存在的问题及改进方法，最后作分析总结。

(二) 精细化工实验要求

精细化工实验是将精细化工相关理论知识转化为实践技能的必要环节，掌握有关精细化学品实验室制备方法，巩固和提高实验操作技能，培养综合运用知识、分析解决实际问题的能力，养成理论联系实际的工作作风，培养实事求是、严格认真的科学态度与良好的工作习惯，学会正确表达实验结果和书写实验报告，对实验现象和结果作出合理分析及评价。

为保证实训顺利进行，达到预期目的，实验前要求学生必须做到以下几点：

1. 充分预习

实验前认真归纳、梳理已学理论知识，根据任务要求查阅有关手册和参考资料，记录各种原料和产品的物性数据，设计实训方案。

2. 认真操作

实验时一般小组分工合作，注意操作规范，仔细观察现象，积极思考，注意安全，保持整洁。

3. 做好记录

每位学生准备一本实验记录本，及时详细记录实验数据和现象，养成随做随记的良好习惯，以便对实验现象作出分析，不要凭记忆补写实验记录。

4. 书写报告

实训结束后及时完成实训报告。报告力求条理清楚、文字简练、结论明确、书写整洁。

四、精细化工常用实验技术

(一) 精细化工实验常用仪器

1. 玻璃仪器

精细化工小试中最常用的仪器是玻璃仪器。实验中经常需要加热、冷却、承受一定压力、接触各种化学试剂(许多试剂有腐蚀性)，对玻璃仪器的质量及玻璃材质均有较高的要求。

玻璃仪器一般常用95料或GG-17料耐高温玻璃制造。95料是一种低碱含量的硼硅酸盐玻璃，具有高度良好的化学稳定性、热稳定性和机械稳定性，常用于制造加热器皿和技术要求较高的灯工仪器。GG-17料硅含量在80%以上，内部结构稳定性较好，具有很高的物理性能和化学性能，由于膨胀系数低，对温度变化的耐受性好，用于制造加热器皿和各种灯工精密玻璃仪器。

玻璃仪器按其口塞是否具有磨口，可分为普通仪器和标准磨口仪器两类。由于标准磨口仪器方便互相连接，严密安全，现普遍生产和使用，尤其在精细有机合成实验中已经逐渐取代了普通玻璃仪器。根据标准磨口的大小，玻璃仪器具有不同的型号，见表2。也有用两个数字表示磨口大小的，比如14/30表示此磨口最大直径为14 mm，磨口长度为30 mm。

表 2　不同标准磨口型号及对应大口直径

编　号	10	12	14	16	19	24	29	34	40
大端直径(mm)	10	12.5	14.5	16	18.8	24	29.2	34.5	40

使用标准磨口玻璃仪器时需注意：

(1) 型号相同的内、外磨口仪器可以配合连接，不同型号的磨口仪器不能直接连接，但可以使用两头型号不同的磨口转接头使它们连接。

(2) 磨口处必须洁净，用毕立即洗净，若黏有固体杂物，则使磨口对接不紧密，导致漏气。若有硬质杂物，更会损坏磨口。洗涤前应先将涂过的真空润滑脂擦尽，然后才能用洗涤剂清洗，否则长久放置，会使连接处黏牢，难于拆开。

(3) 在进行真空减压操作时，磨口处应涂以真空润滑脂，以免漏气。其他场合可不要涂润滑脂，以免沾污反应物或产物。若反应中有强碱，则应涂润滑脂，以免磨口连接处因碱腐蚀黏牢而无法拆开。

(4) 安装标准磨口仪器时，应注意安装整齐稳妥，使磨口连接处不受歪斜的应力影响，避免仪器折断。

常见的玻璃仪器见表 3。使用时，可根据需要合理选择。如器皿壁上存在有机杂物，可用有机溶剂洗涤，然后用洗涤剂溶液和水洗涤除去残留的溶剂。使用有机溶剂清洗仪器时，所用溶剂用量要尽量少，最好能使用回收的有机溶剂。若通过上述清洗工作，仍不能将顽固的黏附在玻璃仪器上的残渣或斑迹洗干净，可用洗涤液清洗，最常用的洗液是铬酸洗液(配制及洗涤方法见附录四，一般尽可能少用)。经过洗涤后的仪器，先后用自来水冲净和蒸馏水润洗后，进行干燥处理。玻璃仪器干燥最简便的方法是放置过夜，一般洗净的仪器倒置一段时间后，若没有水迹，即可使用。若严格要求无水，可将仪器放在烘箱中烘干。

表 3　常见实验室玻璃仪器的分类

类　别	仪 器 名 称	用　途
玻璃量器类	量杯、量筒、容量瓶、吸管、移液管、量瓶、酸式滴定管、碱式滴定管等	用于量取液体、定量操作液体
玻璃烧器类	烧杯、锥形瓶、圆底烧瓶、平底烧瓶、蒸发皿、表面皿等	用于实现加热、蒸发等操作
玻璃容器类	广口瓶、细口瓶、抽滤瓶、干燥器、染色缸、玻璃比色皿等	用于盛装实验药品、试剂、中间产物、产物和废物等
玻璃蒸馏类	蒸馏烧瓶、分馏烧瓶、三口烧瓶、四口烧瓶、浓缩器、旋转蒸发器等	用于反应、回流、蒸馏、蒸发等
玻璃冷凝类	球形冷凝器、直型冷凝器、蛇型冷凝器、螺旋型冷凝器等	与蒸馏类配合使用
玻璃漏斗类	分液漏斗、滴液漏斗、过滤漏斗、保温漏斗、锥形漏斗等	用于分液、加料、过滤、稳压等
玻璃管件类	试管、比色管、离心管、毛细管等	用于装盛少量试样
玻璃测量类	密度计、压力计、温度计、干湿温度计等	用于测量温度、密度和湿度等

2. 电子电器类

在精细化工实验中，还会用到一些电子电器，主要有：

(1) 烘箱：实验室一般使用恒温鼓风烘箱。主要用于干燥玻璃仪器或烘干无腐蚀性、热稳定性较好的样品。使用时注意温度的调节与控制。干燥玻璃仪器应先沥干，再放入烘箱。

(2) 电吹风：具有吹冷风和吹热风功能，用于快速干燥玻璃仪器之用。

(3) 红外灯：利用红外线加热的仪器。用于低沸点易燃液体的加热及少量样品的干燥。既安全又能克服水浴加热时水汽可能进入反应系统的问题，加热温度易于调节，升温、降温速率较快。使用时受热容器应正对灯面，中间留有空隙。

(4) 电加热套：由玻璃纤维包裹着电热丝织成帽状的加热器，由于不是明火，因此加热和蒸馏易燃有机物时，不易着火，热效率也高，相当于一个均匀加热的空气浴。电热套的容积一般与烧瓶的容积相匹配，主要用作回流加热的热源。最高加热温度可达 400℃，是精细化工实验中一种简便、安全的加热装置。

(5) 搅拌器：为了使反应均匀、完全，精细化工实验中常使用搅拌器。实验室常用的搅拌器通常有：电动机械搅拌器和电动磁力搅拌器。电动机械搅拌器是一种电机驱动、机械传动式搅拌装置，通过电子变速器或外接调压变压器可任意调节搅拌速度。电动磁力搅拌器是一种靠电机驱动，借助磁力搅拌传动的搅拌装置。通常实验室用的电动磁力搅拌器还带有加热装置，常被称为磁力加热搅拌仪，既能加热又能搅拌，并且调温调速方便。

(二) 精细化工实验技术

精细化工常用实验技术包括：加热、冷却、搅拌、加(减)压、过滤、回流、蒸馏、干燥、(重)结晶、萃取、离子交换、离心分离、色谱分离、吸收等。

1. 加热

在室温下，某些反应难于进行或反应速率很慢，为了加快反应速率，通常需要加热，有机物质的蒸馏也需要加热，加热可分为：直接加热和间接加热两类。

(1) 直接加热

常用的热源包括：酒精灯、燃气灯、电热板、电炉、马弗炉、烘箱、红外线加热器等。

根据反应条件、仪器类型和介质特性进行选择。物料盛在金属容器或坩埚中时，可用电炉直接加热容器；玻璃仪器则需放置石棉网加热；吸滤瓶、样品瓶、冷凝管等仪器不能直接加热。

直接加热方式受热不匀，可能会使部分物料因局部过热而分解。在选择热源时，要考虑方便、安全和经济，对易燃易爆的有机溶剂严禁用明火直接加热。

(2) 间接加热

采用不同的加热介质可以获得不同加热浴。最常用的热浴是空气浴，如电热套，还有油浴、水浴、沙浴及盐浴等。使用热浴时，被加热的容器不能触及热浴的底部或器壁，热浴的液面应稍高于被加热容器内的液面。

电热套安全方便，温度可控(室温～300℃)，加热均匀，是精细化工实验中最常用的加热设备，常用于加热、保温、回流等操作。加热温度在 100～250℃时，可用油浴。油浴温度容易控制在一定范围内，容器内的反应物受热均匀，油浴的温度应比容器内反应物的温度高 20℃左右。常用的油类有：石蜡、豆油、甘油、导热油等。用油锅加热时，要特别注意防止着火。当油冒烟情况严重时，应立即停止加热，万一着火，先关闭加热电器，移去周围易燃物，再用石棉布盖住油浴口，即可灭火。加热温度在室温～100℃，可用恒温水浴装置。

2. 冷却/冷凝

冷却是采用冷却介质使系统降温的操作;冷凝是使物料由气相变为液相的操作。

精细化工实验中有关回流、蒸馏、升华、结晶等操作过程均需要冷却,一些放热反应为了维持适宜的反应温度,也要冷却。最简便的方法是将盛有反应物的容器适时地浸入冷水浴中。某些反应需要在低于室温的条件下进行,则可用水和碎冰的混合物作冷却剂,如果水的存在不影响反应,则可直接将碎冰直接投入反应物中,更有效地保持低温。如果需要把反应混合物保持在 0℃以下,常用碎冰和无机盐的混合物作冷却剂。

实验室常用的冷凝设备是玻璃冷凝管。冷凝管的类型很多,冷凝面积越大,冷凝效果越好,根据实验需要选取。最常用的冷却介质是水和空气,对易于冷却或冷凝的物料,可以选空气作冷却介质;若冷凝冷却的温度高于常温,则可以用自来水;若低于常温,则可根据实际情况选用适宜的制冷用冷却剂。常见的冷凝管类型见图 1。

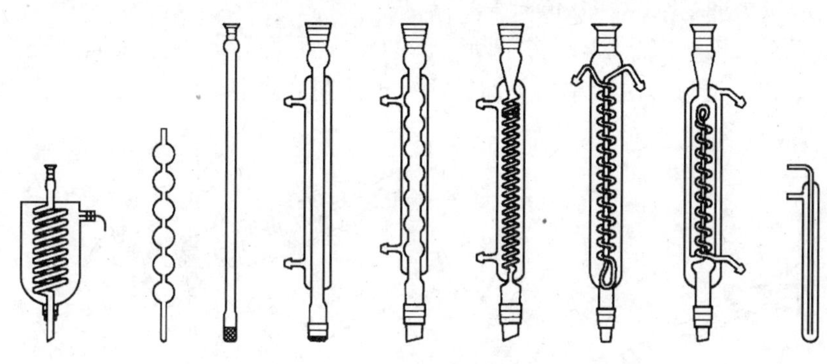

图 1　常见的冷凝管

3. 回流

许多有机化学反应需要使反应物在较长的时间内保持沸腾才能完成,为防止蒸气溢出,常用冷凝回流装置,使蒸气在冷凝管内冷凝,返回到反应器中,以防反应物逸失。回流冷凝时让冷却水自下而上地通过球形冷凝管夹套,物料蒸汽在冷凝管中冷凝。加热回流操作时要控制加热,蒸气上升的高度一般以不超过冷凝管 1/3 为宜。

4. 搅拌

通过外部动力使物料混合均匀的操作,使体系中不同的物料充分接触,或使体系温度或体系浓度更加均匀。对于反应体系来说,搅拌可以避免局部过热、改善反应状况、提高反应速率、减少副反应。

实验室搅拌可以采用手动和电动两种方式。手动搅拌是指用玻璃棒搅拌或手摇操作。电动搅拌是指通过电动搅拌器实现搅拌操作,多数场合使用电动搅拌,操作稳定且易于控制。

搅拌棒是带有活动聚四氟乙烯搅拌桨的金属棒,该活动搅拌桨通过开合,不仅能方便地进出反应瓶,而且能以不同的角度来适应实际需要。为得到更好的搅拌效果,也可用玻璃棒烧制各种特殊形状的搅拌棒(桨)。图 2 为实验室常见的几种搅拌器。

此外,还可使用其他搅拌操作,如气体鼓泡搅拌、振荡器搅拌、超声波振荡等。

5. 蒸馏

是分离和提纯液态有机化合物最常用的方法之一,不仅可以把挥发性物质与不挥发性物质分离,还可以把沸点不同的物质以及有色的杂质分离,用于提纯溶剂、产品精制及副产物分

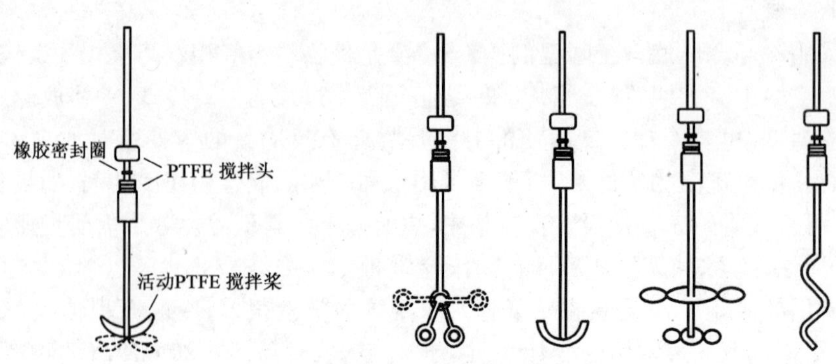

图 2　实验室常见的几种搅拌器

离等。包括：简单蒸馏、减压蒸馏、精馏等。

(1) 简单蒸馏：属一次蒸馏，即将不断蒸出的蒸气直接冷凝，收集不同沸程的馏分，直至大部分液体被蒸出。通过一次简单的蒸馏往往难于达到液体混合物的完全分离。简单蒸馏装置见图 3。

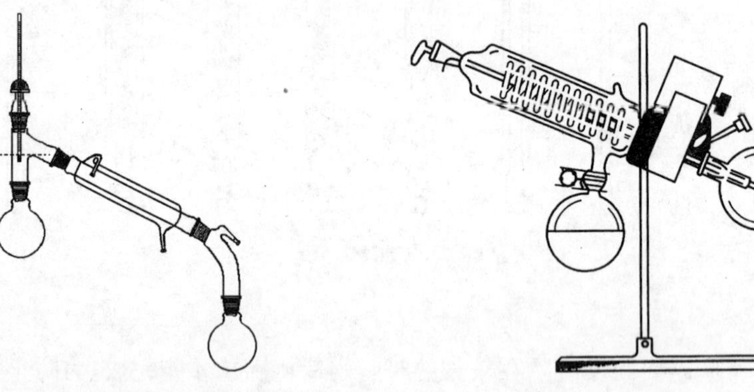

图 3　简单蒸馏装置　　　　**图 4　旋转蒸发器**

旋转蒸发器蒸馏，操作时烧瓶不断旋转，液体受热均匀，不会暴沸，而且蒸发速度快，尤其适合于蒸馏大量的溶剂，使用时先将系统抽真空，再与大气隔绝，调节烧瓶的转速，加热蒸发溶剂。旋转蒸发器装置见图 4。

(2) 减压蒸馏

对易受热分解的物质可进行减压蒸馏，使其沸点大大降低。一般压力降至 3 325 Pa (25 mmHg)时，高沸点化合物(沸点 250～300℃)的沸点下降 100～125℃，当压力小于 3 325 Pa 时，压力每降低一半，沸点下降 10℃左右，实际应用中可查阅有关手册。减压蒸馏装置包括：蒸馏、减压、缓冲和测压四部分。减压蒸馏装置见图 5。

6. 加压与减压(抽真空)

(1) 加压

精细化工实验中，为满足高于大气压的压力条件需要加压，如加压反应、加压蒸馏等。一般是用高压釜进行。高压釜的釜体多以高强度的镍铬不锈钢制成，耐腐蚀性好，有 0.1、0.5、1.0、2.0、5.0 L 等多种规格。其最高压力视具体设备而定。出于安全考虑，高压釜上配有安全阀或防爆膜。搅拌方式一般采用电动磁力传动。使用高压釜时，应严格按操作规程进行。

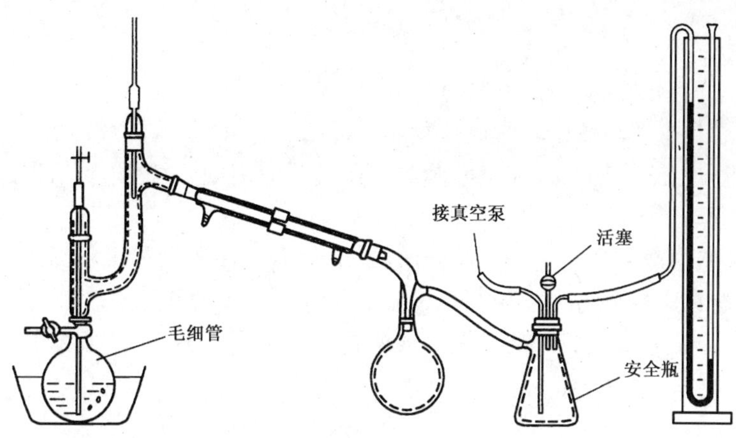

图 5　减压蒸馏装置

(2) 减压(或抽真空)

当实验操作压力低于当地大气压时,就需要减压操作,如减压蒸馏、真空干燥和真空过滤等。若真空度要求不高,可以通过简易的水喷式真空泵实现减压,若真空度要求比较高,则应该选用适当规格的真空泵。

真空度是指系统压力比大气压低出的部分。真空度越高,系统的压力越低。根据压力的大小,真空可以分为:粗真空(压力 1～1.013 25 kPa)、次真空(压力 0.1～1 000 Pa)、高真空(压力小于 0.1 Pa)。

水喷式真空泵是利用静压能与动能的转换原理造成真空的,当气体被吸入后,高速水流会带着吸入的气体排出泵外,流速越快的地方压力越低。简易的水流喷射泵价格低、操作简单,但耗水量很大,一般仅用于抽滤。在水压较高和温度较低时,可产生 0.8～15 kPa 的低压,见图 6。

循环水真空泵是以循环水作为工作流体,依据射流产生真空,工作时泵体内不断补充水,将水加至箱体内循环使用,并定期更换。真空泵长期不用时,应将水排空并涂防锈油。循环水真空泵的真空度受水蒸气压的限制,温度越低,真空度越高,压力可降至 0.5～1 kPa。实验室使用的循环水真空泵可以选用多头式,以便多人同时使用,见图 7。

油泵多为旋片式真空泵,可达到次高真空,使用时应避免易凝结的蒸汽或腐蚀性气体进入泵体。油泵一般不能连续工作时间过长,否则易发热使油挥发。油泵应定期检修,及时换油,见图 8。

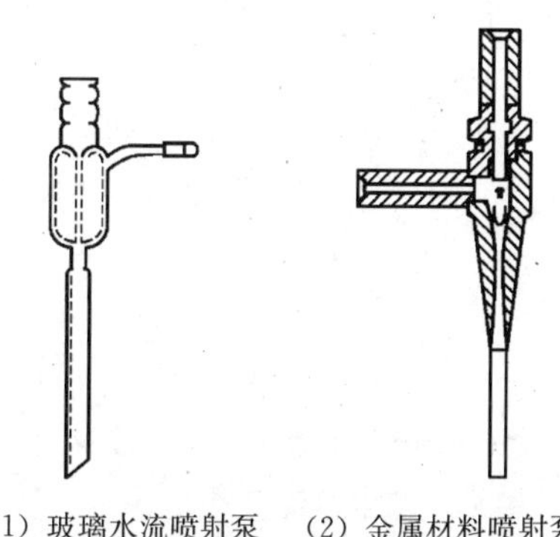

(1) 玻璃水流喷射泵　(2) 金属材料喷射泵

图 6　简易水流喷射泵

图 7　透明式循环水真空泵

图 8　旋片式油泵

7. 过滤

借助多孔性过滤介质的选择性透过作用实现固—液混合物分离的方法，用于悬浮液体中除去固体杂质，或从悬浮液体中收集固体物质。过滤分为常压、减压及加压过滤三种。实验室常用的过滤介质包括滤纸、滤布、玻璃砂芯等。在实际应用中，过滤介质根据过滤条件和待过滤物料的性质选择。

滤纸是实验室中最常见的一种过滤介质，滤纸分为定性滤纸和定量滤纸。实验中一般采用定性滤纸，只有在定量分析中才用到定量滤纸。定量滤纸是预先用盐酸和氢氟酸处理过，除去了大部分杂质且灰分含量极少的滤纸。根据滤纸孔径的大小，可将滤纸分为“粗”“中等”“较细”和“细”四种规格，可根据需要选择。

（1）常压过滤

操作压力为当地大气压力的过滤操作，由于推动力是重力，也称为重力过滤。常压过滤多采用玻璃漏斗和滤纸实现。滤纸的折叠方法有：平折法和褶折法。平折法用于普通重力过滤，滤纸表面光滑，滤渣易于回收，但滤纸利用率低，过滤速度慢。操作方法是将滤纸按图 9 方法折叠好，轻轻放入漏斗中，边缘要比漏斗边缘低，先对滤纸进行润湿，再过滤；褶折法适用于快速过滤，滤纸利用率高，过滤速度快，但滤渣不易回收。

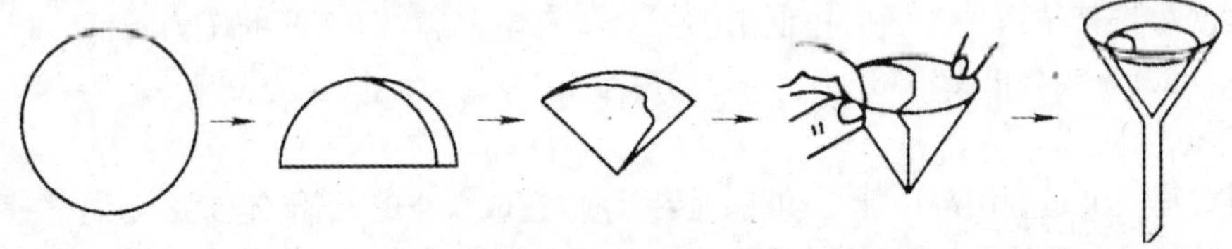

图 9　滤纸平折法

当过滤强酸性、强碱性和强氧化性的物料时，必须用玻璃布、石棉布或无纺布（聚丙烯、尼龙）等代替滤纸。对碱性悬浮液，也可用砂芯漏斗进行过滤。当过滤较大颗粒的物料时，可不用滤纸，而在漏斗的颈部放少量疏松的棉花或玻璃丝等代替滤纸。

（2）减压过滤

在过滤介质下游减压的过滤操作。过滤的推动力是过滤介质上、下游的压力差，比重力过滤的推动力大。减压过滤装置见图 10。

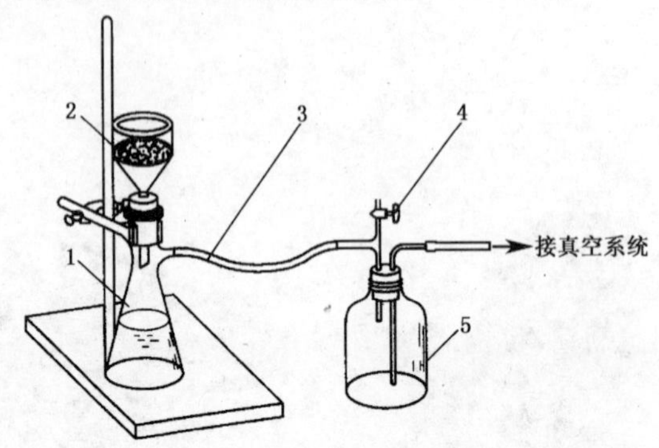

图 10　减压过滤装置

1—抽滤瓶；2—布氏漏斗；3—导管；4—放空阀；5—缓冲瓶

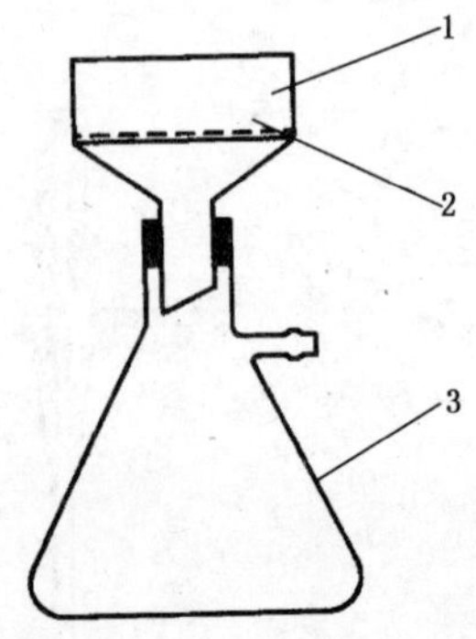

图 11　滤纸放置示意图

1—布氏漏斗；2—滤纸；3—抽滤瓶

实验中根据需要选择合适的布氏漏斗，过滤前将滤纸剪好，平铺在布氏漏斗的布孔底面上，滤纸大小刚好覆盖布氏漏斗布孔底面的全部滤孔为宜，见图 11。过滤时事先润湿滤纸，接真空泵，使滤纸紧贴在漏斗上，再小心把待过滤物料倒入漏斗，使固体均匀分布在整个滤纸面上，一直抽气到几乎没有液体流出为止。过滤的真空度可以由阀门调节，起初抽气时，真空度不宜过高，以防止滤纸被吸破。

8. 干燥

通过加热、蒸馏、加入干燥剂等方法除去原料、有机溶剂、中间体或物料中的水分和少量低沸点溶剂，如溶剂的除水精制、产品干燥以及溶剂、原料的保干等。常用的干燥方法包括：自然风干、红外线干燥、加热烘干、真空干燥、分子筛脱水以及用干燥剂吸水等。

许多精细化学品，如染料、颜料、助剂、医药原料等对水分含量有一定的要求，必须进行干燥。实验中应根据被干燥物质的性质选择适当的干燥方法。

（1）自然晾干：一种比较简便经济的干燥方法，将滤饼压干，薄薄摊开于滤纸上，盖上另一张滤纸，在空气中晾干即可。该法干燥动力小，适于熔点较低、对热不稳定且易干燥的物质。

（2）加热干燥：对于热稳定的物质，可放在烘箱内烘干，加热温度应至少低于干燥物熔点20～30℃，以免变色或分解。一般电热烘箱温度的变动范围为 5～10℃，升温时余热会使温度超过预定温度，所以应调节至温度相对恒定时再放入待干燥物。应尽量避免放入过湿的待干燥物，以防对烘箱造成锈蚀。

采用专用的红外灯或专用的红外线加热烤箱，具有穿透性强、干燥速率快等优点，但表面易于过热。微波炉属于介电加热干燥设备，操作干净卫生、热效应极高，由于其加热的热量是由内向外传递，能保持良好的外观性状。

（3）干燥器干燥：对不宜加热、含水量很少，且难于干燥的物质可在干燥器中干燥。干燥器的底部放有干燥剂，瓷板上放置待干燥物质。常用的干燥剂有：氯化钙、硅胶等。硅胶干燥时为蓝色，当吸收水分后逐渐变为粉红色，此时可将其置于 110±2℃烘箱中烘干，至颜色又变为蓝色冷却后继续使用。如果干燥要求比较高，还可使用真空干燥器进行干燥。

图 12　玻璃干燥器

9. 萃取

根据物质在不同溶剂中溶解度不同进行分离的操作。萃取分离法可用于元素的分离和富集，该法设备简单，操作快速，分离效果较好，但采用手工操作时，工作量较大，萃取溶剂常是易挥发、易燃和有毒的，所以在工业上受到限制。萃取和洗涤在原理上是一样的，只是目的不同。从混合物中抽取物质，如果是需要的，叫萃取或提取；如果是不需要的，叫洗涤。常用的萃取剂有水、石油醚、二氯甲烷、氯仿、四氯化碳以及乙醚等，混合溶剂的萃取常比单一溶剂要好，如乙醚—苯、氯仿—乙酸乙酯或四氢呋喃等都是良好的混合溶剂。

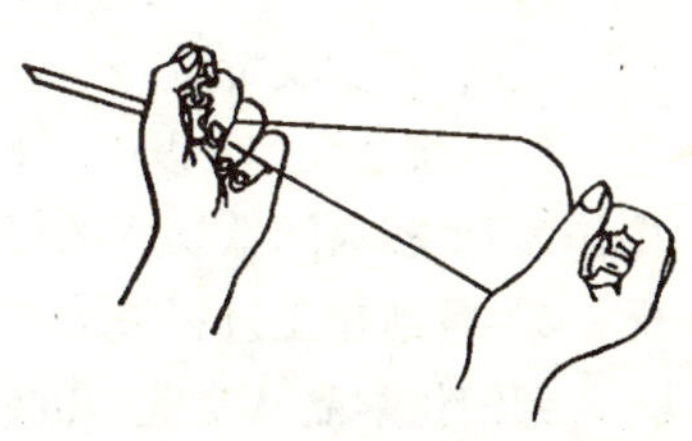

图 13　萃取操作

萃取操作通常在分液漏斗中进行，将待萃取的溶液倒入分液漏斗中，加入萃取剂，紧塞塞子。轻轻旋摇后，将漏斗放平或大头向下倾斜，轻轻振荡，然后开动活塞放气，反复振荡放气后静置分层，将下层液体放出，上层液体由上口倾出。有些萃取体系两相密度相差较小或形成稳定的乳浊液而难于分层，可在有机相中加入乙醚（使有机相密度减小）或在水层加入氯化钠、硫酸铵等无机盐（使水层密度增大）也可促使分层。已萃取至萃取剂中的产物，可采用蒸馏、蒸发溶剂及酸碱中和等方法，从有机相中分离出溶质后，往往加入硫酸镁、氯化钙及硫酸钠等干燥剂进行干燥。

第三节　精细化工过程开发及实验方法

一、精细化工过程开发

精细化学品开发即新产品的研制，主要包括分子设计、合成及生产过程开发，即产品从实验室制备走向工业化生产的过程。

（一）精细化工产品开发研究的内容

1. 原料选择

原料选择主要考虑价格、利用率和市场供应等因素。根据实验方案，列出原辅料材料的名称、规格和单价，计算各种原辅材料的单耗、成本，比较经济的可靠性和合理性。若对原材料来源和供应考虑不充分，实验室的研究成果则很难实现工业化。

2. 工艺流程

是产品生产的操作程序、物料流向以及各种化工单元设备的有机组合，生产工艺流程的研究开发，以优质、高产、低耗、低成本、安全为目标，充分考虑工业化实施的可行性、可靠性和先进性。

3. 操作方式

精细化工的操作方式有间歇式、连续式和联合操作等，采用何种操作方式，应结合实际，因地制宜。

（1）间歇操作：包括投料、加热、加压、卸料、清洗等操作，物料一次性加入设备，待达到要求后，放出全部物料，清洗设备后进行下一批次操作。间歇操作开停工比较容易，品种切换灵活，适合于批量小、品种变化快、工艺步骤多、后处理复杂的产品生产。

（2）连续操作：工艺参数不随时间变化，产品质量稳定，单位设备生产能力大，易于实现自动控制，对于大批量产品，只要技术上可能，应首先考虑连续化操作。

（3）联合操作：以中间贮罐为缓冲，将间歇过程和连续过程相衔接，适用少数步骤为连续操作、多步骤为间歇操作的过程。

4. 精细化工过程放大

精细化学品从实验室的制备到工业化的生产，存在放大效应。所谓放大效应是指实验室研究的结果方法到工业装置而产生的效率下降、结果不能重复、甚至无法正常操作的现象。

成功放大的基本条件：①具有足够的基础数据；②对工艺过程的基本规律有深入的认识；

③可靠的设计计算方法。

（二）精细化工产品开发程序

1. 市场调研与预测

包括各类信息的收集、文献检索、产业政策研究和产品标准化级别的了解。

2. 实验室研究

根据物理和化学的基本理论、信息资料的分析，提出技术思路，实行实验探索，明确过程的可能性及合理性，测定基础数据，寻找最适宜的工艺条件、质量分析与测定、应用性试验等。

3. 中试放大

由实验室成果向工业化生产过渡的关键阶段。检验和确定系统连续运转的条件及可靠性。全面提供工程设计的数据，考察设备的结构、材质和材料的性能。提供一定数量的产品和副产品，供应用研究和市场开发；研究和解决生产过程中的“三废”问题。研究工业生产控制方法，确定经济消耗指标，制定生产工艺规程等。

4. 工业化实施

中试放大达到预期目的后，可进入工业化生产的设计施工阶段，上述工作完成以后，可进行工业化生产试验或正常生产。

二、精细化工实验方法

一个完整的精细化工实验应包括六大环节，这些环节相互关联，形成化工产品开发的一般程序：

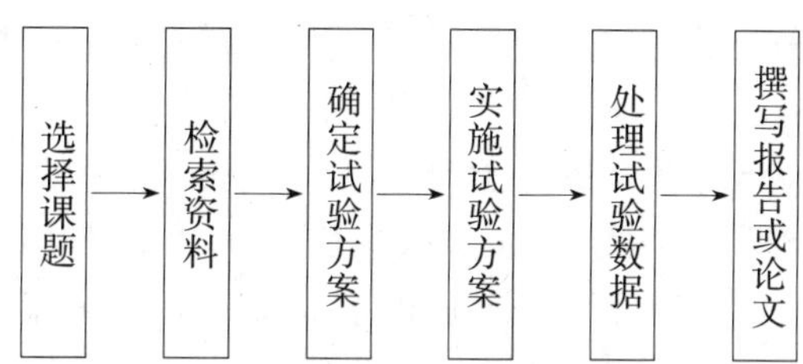

为提高学生专业学习和今后在工作过程中进行项目试验和研究能力，下面简要介绍一下专题试验。试验方案制定后，进入试验的实施阶段，此阶段工作的好坏，直接关系到试验目标能否顺利实现。实验实施工作包括：预实验、系统实验和验证实验等工作。

（一）预实验

为初步考查所制定的试验方案而进行的试验（如方案较成熟，此步可略）。预试验尚无全面规划，对研究对象也多半停留在定性，至多是半定量的基本认识阶段，可分为认识实验、析因实验和验证实验。

1. 认识实验

为认识研究对象的规律和特征而专门设计的实验。根据选定的具体实验步骤进行初试，获得感性认识，摒弃若干不实际的想法和不必要的措施，初步确定影响试验目标（产物产率、纯度等）的因素。

2. 析因实验

为弄清影响实验结果的各种因素，进一步了解研究的主要范围，减少不必要的工作，为系统实验的开展创造条件。通过析因实验，确定各因素对实验目标的影响程度。

3. 验证实验

为验证析因实验的结论而组织的实验。通过验证实验的结果最终确定对实验目标有明显影响的因素，排除没有影响或影响很小的因素。从而使后续的实验更加具有针对性和富有实效。

（二）系统实验

系统实验是实验的关键阶段，通过相对少量的实验获得相对丰富的实验信息，得到最佳工艺条件。在前期的工作中，已经确定了实验的基本程序、内容、原料及路线、仪器装置、计划进度等。但是，如果通过全面实验来实施上述工作方案，实验量大、消耗多。为使实验次数尽可能的少，需要作好实验方案的组织工作。通常，组织实验方案的方法有单因素实验中的优选法、多因素实验中的正交设计法等。由于一般化学反应或化工过程中的影响因素较多，因此单因素实验在化工产品的开发实验中使用很少。多因素实验中的正交设计法可以全面考虑一系列影响因素同时变动带来的结果，是目前使用较多的方法之一。此处简要介绍正交试验法的方法和实例。

1. 正交试验法

实际应用中，对于多因素多水平的实验，安排全面实验是不现实的。正交试验设计（Orthogonal Experimental Design）是研究多因素多水平的一种实验设计方法，基于数理统计原理，根据正交性从全面实验中挑出部分有代表性的点进行实验。这些有代表性的点具备“均匀分散，整齐可比”的特点，是一种高效、快速、经济的实验设计方法，并按一定规律分析处理实验结果，能较快找到主要因素及其对应值，还能判断因素之间的交互影响情况。无论是配方设计还是工艺优化，正交实验设计方法都有广泛的应用。

例如，做一个 3 因素 3 水平的实验，全试验须进行 $3^3=27$ 种组合的实验，且尚未考虑每一组合的重复次数。若按 $L_9(3)^3$ 正交表安排实验，只需作 9 次，按 $L_{18}(3)^7$ 正交表进行 18 次实验，显然大大减少了工作量。正交实验的步骤包括：

表 4　正交实验的因素水平表

水平	因素			
	A	B	C	D
1				
2				
3				

（1）构造因素水平表。明确实验目的，确定实验指标，挑选因素选取水平，构造因素水平表。

（2）选用正交表安排实验。正交表是一套规则的设计表格，用 $L_n(t^c)$ 表示。其中，L 为正交表代号；n 为实验的次数，也是正交表的行数；t 为水平数，c 为正交表的列数，表示最多可以安排的因素数。例如 $L_9(3^4)$（见表 5），表示需要作 9 次实验，最多可以观察 4 个因素，每个因素为 3 个水平。从正交表的数据结构可以看出，正交表是一个 n 行 c 列的表。每行组合构成一次实验的基本条件整个设计过程可用一句话概括：“因素顺序上列，水平对号入座，实验横着做”。

（3）分析实验结果

实验指标列在正交表的最后一栏，用直观分析法分析试验结果。按表中方法计算各因素不同水平（1，2，3）实验指标之和。最后计算极差，极差越大的对实验指标的影响越大。各种因素中，K 值最大的水平为最佳水平。从而，根据正交表，找出最佳工艺条件。

表 5　$L_9(3^4)$实验结果分析表

实验号	列号				实验指标
	A	B	C	D	
1	1	1	1	1	X_1
2	1	2	2	2	X_2
3	1	3	3	3	X_3
4	2	1	2	3	X_4
5	2	2	3	1	X_5
6	2	3	1	2	X_6
7	3	1	3	2	X_7
8	3	2	1	3	X_8
9	3	3	2	1	X_9
K_{j1}	$X_1+X_2+X_3$	$X_1+X_4+X_7$	$X_1+X_6+X_8$	$X_1+X_5+X_9$	
K_{j2}	$X_4+X_5+X_6$	$X_2+X_5+X_8$	$X_2+X_4+X_9$	$X_2+X_6+X_7$	
K_{j3}	$X_7+X_8+X_9$	$X_3+X_6+X_9$	$X_3+X_5+X_7$	$X_3+X_4+X_8$	
极差	上三个和最大减去最小	上三个和最大减去最小	上三个和最大减去最小	上三个和最大减去最小	

2. 正交实验实例

有一化学反应，需考查 4 个实验条件(因素)对产品产率的影响。这 4 个实验条件分别为温度 A、加碱量 B、催化剂种类 C 和原料投料摩尔比 D。每一因素取 3 个水平(具体数据见表 6)。试用正交实验设计安排实验并进行结果分析。

(1) 构造因素水平表

指标或目标函数取化学反应中生成物的收率。收率越高，指标越优越。根据预实验，选定了不同的因素和不同的水平量，由此构造因素水平表。

表 6　正交实验因素水平表

水　平	A 温度(℃)	B 加碱量(kg)	C 催化剂种类	D 原料投料摩尔比
1	80	41	甲	1 ∶ 1.0
2	85	48	乙	1 ∶ 1.2
3	90	55	丙	1 ∶ 1.4

(2) 选用正交表安排实验

选择 $L_9(3^4)$正交表，实验方案与所得实验结果即指标(收率)。

表7 $L_9(3^4)$正交表

因素 列号	A(℃) 1	B(kg) 2	C 3	D 4	实验指标
1	1(80)	1(41)	1(甲)	1(1 : 1.0)	51
2	1	2(48)	2(乙)	2(1 : 1.2)	71
3	1	3(55)	3(丙)	3(1 : 1.4)	58
4	2(85)	1	2	3	82
5	2	2	3	1	69
6	2	3	1	2	59
7	3(90)	1	3	2	77
8	3	2	1	3	85
9	3	3	2	1	84
K_{j1}	51+71+58=180	51+82+77=210	51+59+85=195	51+69+84=204	
K_{j2}	82+69+59=210	71+69+85=<u>225</u>	71+82+84=<u>237</u>	71+59+77=207	
K_{j3}	77+85+84=<u>246</u>	58+59+84=201	58+69+77=204	58+82+85=<u>225</u>	
极差	246−180=66	225−201=24	237−195=42	225−204=21	

（3）分析实验结果

根据极差值的大小，可知反应温度对收率的指标影响最大，催化剂种类对收率的影响次之，原料投料摩尔比对收率指标影响最小。经计算，最佳生产条件为 A3B2C2D3，这是 9 次实验中未做过的实验，为了弄清这个条件是否比表上直接可以看出最佳生产条件 A3B2C1D3（收率最高达 85%）更优越，应再次进行实验确定出一个最佳条件。若在 A3B2C2D3 条件下的平均收率为 92%，这时应选择 A3B2C2D3 条件较好。而如果在 A3B2C2D3 条件下的平均收率为 90%，从保证收率高又节约原料的原则出发，最后应确定 A3B2C2D2 即：反应温度 90℃、加碱量为 48 kg、乙种催化剂、原料投料摩尔比为 1:1.2 时为正式的生产条件。

由上面的例子可以看出，用正交实验设计安排实验，虽然只做了 9 次实验，却获得了 3^4 次即 81 次实验的综合结果。正确的实验设计能以最优的方式从较少的实验中最大限度地获取需要的相关信息。

正交试验不但可应用于产品合成，同样也可适用于产品的应用工艺等，可根据实际情况和经验条件，分析影响因素，构造因素水平表，再进行正交试验，获得最优工艺条件和最优结果。

思考与讨论

1. 列举 3 个日常生活中所见或所用的精细化学品，并说出其归属。
2. 精细化工产品有何特点？举例说明。
3. 精细化学品的开发和生产过程一般包括哪些步骤？
4. 何谓 GMP 技术？它在精细化学品生产中有何意义？

5. 何谓超临界技术？查阅资料，简要阐述该技术的应用。
6. 阐述 7S 管理的主要内容及作用，谈谈你对 7S 管理的认识。
7. 何谓正交试验法？查阅资料说明它在产品制备或产品应用工艺中的应用。

项目一

表面活性剂的制备及应用

教学内容 表面活性剂性质及复配技术；常见表面活性剂的制备及检测；表面活性剂在纺织工业和洗涤剂工业中的应用。

学习目标 归纳表面活性剂的结构、作用、主要类型、性能及复配技术；掌握常见表面活性剂的制备技术和产品分析测试方法；说出表面活性剂在纺织工业和洗涤剂工业中的主要应用；根据要求配制一种洗涤剂，并进行测试、成本核算。

任务一　表面活性剂性质及复配技术

表面活性剂素有“工业味精”之称，是重要的精细化工产品之一，广泛应用于纺织、洗涤剂、皮革、造纸、塑料、食品、化工、化妆品、农药等工业，是精细化工产品中产量较大的门类之一，已形成了一个独立的工业生产部门。

一、表面活性剂的结构与性质

(一) 结构

表面活性剂一般由亲水基(憎油基)和亲油基(憎水基)所组成。分子的一端为长链憎水基烃链(尾)，一端为体积较小的亲水基团(头)，形成不对称双亲结构。其结构见图 1-1-1。表面活性剂的水溶性取决于分子中亲水基的多少与强弱，也决定于亲水基和亲油基的比例。

1. 亲油基部分

表面活性剂的亲油基一般由长链碳氢基构成。碳原子数一般从 8 以上开始有表面活性，并随碳链增长而加强，但碳链太长则表面活性剂在水中的溶解度降低，表面活性亦随之降低，碳原子数通常以 C8～C16 为佳。表面活性剂亲油基部分的主要类型有：

(1) 直链/支链烷基(碳数为 8～20)；

(2) 烷基苯基(烷基碳原子数为 8～16)；

(3) 烷基萘基(烷基碳原子数 3 以上,烷基数目一般 2 个)；

(4) 松香衍生物；

(5) 高相对分子质量聚环氧丙烷基；

(6) 长链全氟(高氟代)烷基；

(7) 聚硅氧烷基；

(8) 全氟聚环氧丙烷基(低相对分子质量)。

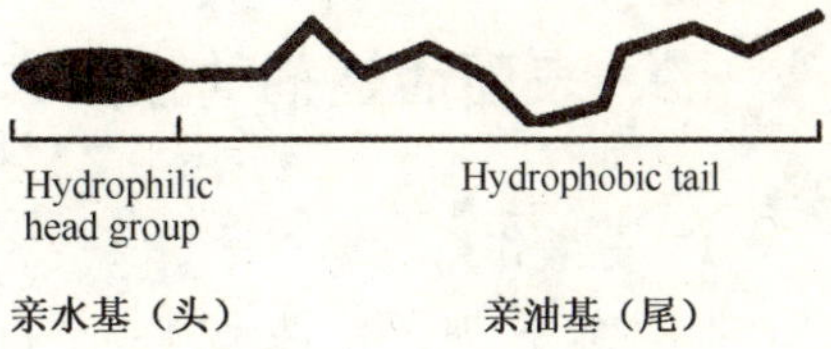

Hydrophilic
head group
Hydrophobic tail
亲水基（头）
亲油基（尾）

图 1-1-1　表面活性剂结构示意图

2. 亲水部分

表面活性剂的亲水基由离子或非离子型,种类繁多,常见的有：羧基(—COO^-)、磺酸基(—SO_3^-)、硫酸酯基(—OSO_3^-)、醚基(—O—)、羟基(—OH)、膦酸酯基(—OPO_3^-)、氨基(—NH_2)等。

(二) 表面活性剂的性质

表面活性剂在溶液中浓度很小时,就能显著降低水同空气的表面张力或水同其他物质的界面张力。表面活性剂只有溶解于水中或有机溶剂中才能发挥其特性。因此,表面活性剂的性能是相对其溶液而言的。

1. 表面吸附性

表面活性剂会产生表面吸附,吸附在界面上的表面活性剂分子,能定向排列成单分子膜,覆盖于界面上,使溶液的表面自由能降低。当吸附达到平衡时,表面活性剂在溶液内部的质量浓度小于溶液表面的质量浓度。

2. 双亲性

既有亲油性又有亲水性。

3. 形成胶束

表面活性剂在溶液中浓度达到一定浓度时,表面活性剂分子产生凝聚而生成胶束,此时溶液的表面张力、渗透压、电导率等性质发生急剧变化。开始出现这种变化的极限质量浓度称为临界胶束浓度(*CMC*)。*CMC* 越小,形成胶束的浓度越低,说明表面活性剂吸附效力越高,表面活性越好。

去污能力
增溶能力
浊度
性质
表面张力
渗透压
摩尔电导率
CMC
C (浓度)

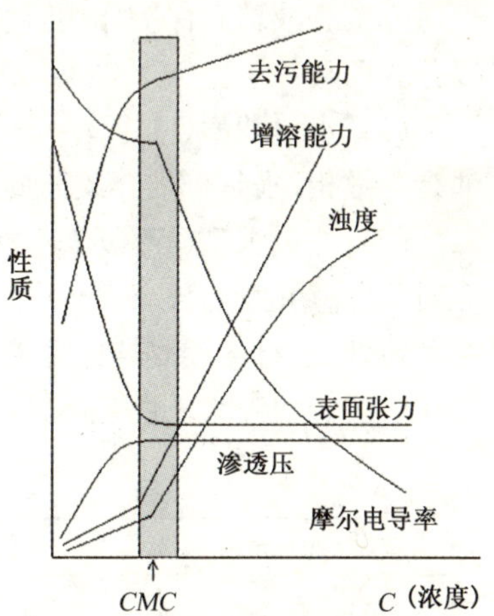

图 1-1-2　表面活性剂浓度与性质关系图

4. 多功能性

表面活性剂在溶液中可显示多种功能,如起泡、分散、润湿、洗涤、抗静电、增溶、杀菌等,有时也可表现为单一功能。

纺织品的加工过程,大都在水相系统中进行,因此常遇到“液—固、液—气、气—固”三种界面现象,这就为充分发挥表面活性剂的作用提供了有利条件。纺织工业中大量应用表面活性剂及含表面活性剂的纺织助剂,以提高纺织品的加工质量、改善服用性能、缩短加工流程。

二、表面活性剂的作用

1. 分散作用

固体粒子，如不溶性染料或颜料分散在液体中，处于不稳定状态。加入表面活性剂，可使分散趋于比较稳定。一般被分散的物质称分散相(不连续相)，而另一种分散其他物质的物质，则称为分散介质(连续相)。

分散剂在非水溶性染料染色过程中可起到均匀分散染料和防止染料聚集的作用，此外分散剂还用于某些几乎不溶性染料的研磨加工，使染料颗粒分散，同时阻止已粉碎染料的颗粒再聚集。目前常用的有萘系磺酸类分散剂，如分散剂 NNO、扩散剂 MF 等。

2. 乳化作用

两种纯的、互不相溶的液体(如油和水)即使经长时间剧烈的搅拌，也不能形成稳定的乳状液，稍经放置，很快又分成两层。也即不相混溶的液体，其中一液体以细滴状分散于另一液体，是热力学不稳定体系。但如果加入适当的表面活性剂，表面活性剂在液液界面上的吸附，会降低两相间的界面张力，促使乳液稳定。

在液液界面上，吸附的表面活性剂的极性头朝向水相，碳氢链朝向油相，达到一定浓度后，由比较紧密排列及定向吸附的分子组成界面膜，大大地降低了液液界面的界面张力。界面膜也对分散相液珠有保护作用，使其在相互碰撞时不易聚结，而达到乳化的目的。乳化液大致可以分为两类：

(1) 水包油型(O/W)——与水不相溶的油状液体呈细小的油滴分散于水中，比如牛奶，油是分散相，水是分散介质。此类乳状液可用水稀释。

(2) 油包水型(W/O)——水以很小的水滴分散于油里，比如原油，水是分散相，油是分散介质，只能用油稀释。

另外，还有比较复杂的乳液体系，如 O/W/O 型、W/O/W 型等。

一般乳状液为乳白色不透明的液体，其外观与分散相质点的大小密切相关。

表 1-1-1　乳液粒径大小与外观

液珠大小(μm)	外　观	液珠大小(μm)	外　观
＞1	乳白色乳状液	0.05～0.1	灰色半透明
0.1～1	蓝白色	＜0.05	透明液

3. 起泡作用

气体分散在液体或固体中的分散体系称为泡沫。这里分散相是气体，连续相是液体(或固体)。泡沫的形成涉及到起泡及稳泡两个方面，前者是指泡沫形成的难易，而后者则指生成泡沫的持久性。前者取决于表面活性剂在气液界面上的吸附及表面张力的降低，而后者则取决于表面膜的强度。低的表面张力及高强度表面膜的形成是形成泡沫的两个基本条件。

4. 增溶作用

增溶与胶束有关，由于胶束的存在而使难溶物溶解度增加的现象统称为增溶现象。它和前述三种分散体系的根本区别在于增溶作用形成的体系是热力学上稳定的。增溶作用有很多用途，在提高原油的采收率、乳液聚合方面均有广阔的应用前景。

5. 润湿与渗透

固体表面和液体接触时，原来的固—气界面消失，形成新的固—液界面，此过程即为润湿。表面活性剂能降低水的表面张力，提高水的润湿及渗透能力，其大小常用接触角 θ 来描述。

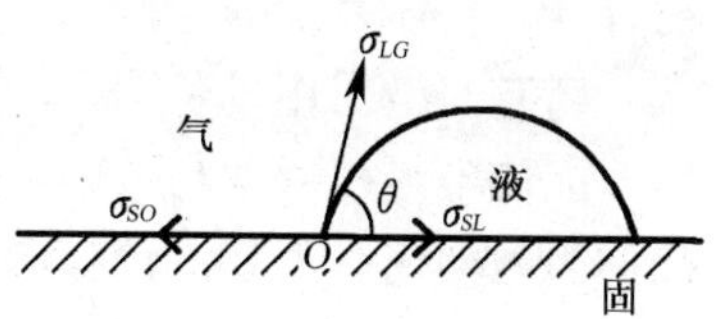

图 1-1-3　表面接触角示意图

接触角越小润湿性能越好。习惯上将 $\theta=90°$ 定为润湿与否的标准。$\theta>90°$ 为不润湿；$\theta<90°$ 为润湿；$\theta=0°$ 或不存在，则为铺展。

6. 洗涤作用

从固体表面除掉污物的过程称为洗涤。纺织品类的洗涤占主要地位，近年来亦涉及到其他领域。洗涤去污作用是比较复杂的过程，它包括：污垢离去、乳化、增溶等过程。首先是洗涤剂活性物分子润湿、渗透于污垢的界面，减弱污垢在纤维上的附着力，再藉助机械力的作用使污垢脱落，并被乳化、增溶或分散在洗液中而被除去。去污作用与表面活性剂的上述全部性能有关。

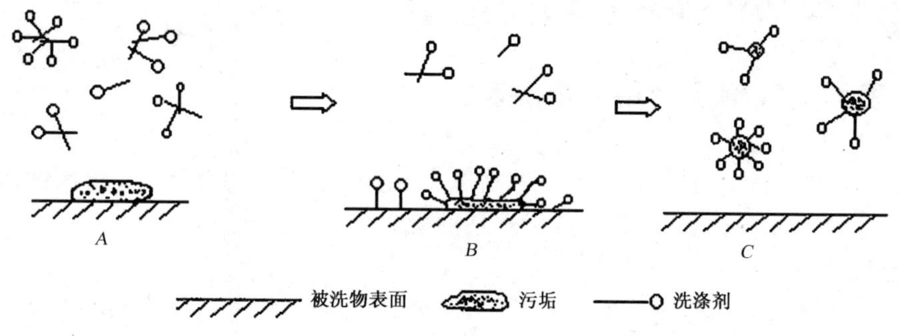

图 1-1-4　洗涤作用示意图

7. 派生作用

表面活性剂除上述基本性质外，尚有在工业中特殊应用的派生性质。

(1) 柔软/平滑作用

吸附有柔软剂的纤维织物具有良好的柔软性和平滑的手感。柔软剂定向吸附于纤维表面，具有平滑作用的碳氢链在纤维表面上定向紧密排列，形成保护层，使纤维与纤维间、纤维和接触物间有一层隔开的“油”，防止了它们间的直接接触，从而降低了摩擦，改善手感。憎水基愈细长，滑动愈容易，憎水基碳原子数以 16～18 较为合适。带有支链的烃或烷基苯均不适于作为柔软平滑剂。

(2) 抗静电作用

合成纤维发生摩擦时易产生静电。抗静电剂吸附在纤维表面，由其亲水基形成容易吸收湿气的膜，降低基材的表面电阻，使生成的静电散开，不致因积累太多而发生放电。

表面活性剂的平滑作用对减轻静电的产生也是有利的。抗静电效果因各自不同的结构而有差别：以阳离子型、两性型表面活性剂为优，其次是非离子型、阴离子型表面活性剂。

所有这些都与表面活性剂在表面吸附的方式有关，表面活性剂疏水基吸附在物体表面，亲水基趋向空气而形成一层亲水性膜，降低合成纤维摩擦系数而使其难以产生静电，同时亲水膜吸收空气中水分，好像在物体表面多了一层水层，这样产生的静电就易于传递到大气中去，从而降低了物体表面的电荷。

(3) 匀染作用

能使染料缓慢地与被染物接触或能将深色区染料向浅色区移动达到匀染目的的表面活性剂称为匀染剂。仅将深色移向浅色的作用称缓染或移染作用。

匀染剂一般分为亲纤维匀染剂和亲染料匀染剂。前者与纤维的吸附亲和性要比染料大，染色时染料只能跟在匀染剂后面追踪，从而延长了染色时间而达到缓染，使纤维均匀染色；后者与染料有较大的亲和力，故在染色过程中拉住染料，从而延长了染色时间而达到缓染效果。

(4) 生物活性及杀菌作用

表面活性剂的生物活性包括毒性和杀菌力。一般毒性小的杀菌力弱，毒性大者杀菌力强。表面活性剂中有些官能团与蛋白质发生作用而具有杀菌性质，尤以阳离子型为主，其次为两性型。其杀菌机理为表面活性剂首先吸附于菌体，然后浸透菌体的细胞膜并破坏之。

阳离子表面活性剂中的季铵盐，是有名的杀菌剂，同时对生物有较大的毒性。某些两性表面活性剂也具有较高的杀菌力，例如 Tego 系列，且其毒性很低，刺激性小。另外，甜菜碱类、醚唑啉酮类两性表项活性剂都有相当好的杀菌能力。

三、表面活性剂生产用主要原料

表面活性剂的制备主要包括亲油基的制备及亲水基的引入两部分。了解表面活性剂主要亲油基的来源与其制备方法，对掌握或优选某种表面活性剂十分重要。

1. 脂肪醇

是合成表面活性剂的主要中间体及原料，既可以直接应用，又可作为原料先制成各种衍生物再用于表面活性剂的生产。用于表面活性剂生产的脂肪醇一般为 C_{12}～C_{15}醇。醇类表面活性剂具有生物降解性好的优点，它对硬水不敏感并具有较好的低温洗涤性能。

2. 脂肪酸及其衍生物

是合成表面活性剂的主要原料之一，多是 C_{12}～C_{18}脂肪酸，可由天然油脂水解，也可由石蜡氧化合成。我国脂肪酸的生产通常是以棕榈油、棉籽油等为原料，工业上通常用油脂水解蒸馏的方法制备脂肪酸。因多数天然油脂质量较差，因此水解前需进行精制。但油脂作为一种天然的再生资源与石油产品相比，显示了良好的生态性，既无支链又无环结构的直链脂肪酸分子，始终是生产表面活性剂的优质原料。

脂肪酸甲酯是脂肪酸与甲醇直接酯化或天然油脂与甲醇交换而得。脂肪酸的直接酯化只有在无法获得相应的脂肪酸甘油三酯的情况下才使用。脂肪酸甲酯主要用于生产脂肪醇、酯同系物、烷醇酰胺、糖酯及其他衍生物。

3. 脂肪胺

是阳离子型及部分两性表面活性剂的主要原料，有伯胺、仲胺、叔胺三类。工业上重要的脂肪胺是具有两个长链烷基的仲胺和具有一个长链烷基、两个短链烷基(特别是甲基)的叔胺或具有一个短链烷基、两个长链烷基的叔胺，也包括烷基二乙氧基叔胺。

4. 烷基苯酚

是生产非离子表面活性剂的主要原料之一。可由苯酚与烯烃或醇反应而得。工业上用于生产烷基酚聚环氧乙烷醚类非离子表面活性剂的烷基酚，较多的是辛基酚、壬基酚及十二烷基酚，其中壬基酚用量最大。

壬基酚是精细化工的重要中间体，以苯酚和壬烯为原料，在酸性催化剂的存在下进行烷基化反应而得。壬基酚与环氧乙烷缩合得到的壬基酚聚环氧乙烷醚是一种多用途的非离子表面活性剂。

5. 直链烷基苯

是生产阴离子表面活性剂直链烷基苯磺酸钠的主要原料。在催化剂存在下，由芳烃烷基化反应合成。烷化剂主要有：正构氯代烷、单烯烃(包括 α-烯烃和内烯烃)。C8～C20 烷基苯磺酸盐常用于洗涤工业，其中以 C9～C16(特别是 C12)烷基苯磺酸盐用途最广。

6. 环氧乙烷

是制备聚氧乙烯类非离子表面活性剂的亲水基原料，同时也是制造含有乙氧基链的阴离子表面活性剂、阳离子表面活性剂和新型两性表面活性剂的原料。

低温下环氧乙烷是带有乙醚气味的无色透明液体，常温常压下为无色易燃气体，能与水以任意比例混合，很易开环并和含有活泼氢的化合物如脂肪醇、脂肪胺、脂肪酰胺、烷基酚等发生加成反应。环氧乙烷有毒，对人的呼吸道和眼睛有强烈的刺激性，对人有麻醉作用及其他不良副作用，使用时应注意。

7. 聚硅氧烷

作为表面活性剂的亲油基，不长的硅氧烷链就能使整个表面活性剂具有良好的表面活性。聚硅氧烷与醚、胺、环氧乙烷等化合物反应，可制得不同类型的有机硅表面活性剂。

8. 碳氟化合物

近些年来开发出的一种特殊表面活性剂，具有高的热稳定性和化学稳定性。氟表面活性剂以全氟烃基作疏水基，合成的关键在于先得到一定结构的碳氟疏水链(C6～C12)，然后再根据需要引入连接基及亲水基。

四、表面活性剂的主要类型

(一) 阴离子表面活性剂

指溶于水后发挥表面活性的基团带负电荷的一类表面活性剂。

1. 磺酸盐类表面活性剂

(1) 烷基苯磺酸钠(LAS)

$$R-C_6H_4-SO_3Na$$

R 是 C10～15 烷基，M 通常是钠、钾、铵

溶于水后呈中性，对水硬度较敏感。主要用于配制各种类型的液体、粉状、粒状、浆状洗涤剂、擦净剂和清洁剂，还可作为纺织用抗静电涂布剂、染色助剂、杀菌剂和协同杀菌剂。

优良的烷基苯磺酸钠应具备的结构为烷基链为直链而不带支链；碳原子数为 C_{11}～C_{13}，苯环在烷基链的第三、四碳原子上；磺酸基位于对位。

工业生产过程包括：烷基苯的生产、烷基苯的磺化、烷基苯磺酸的中和三个部分。烷基苯

的生产是烷基苯磺酸钠生产的关键和基础，其质量的好坏对最终产品有很大的影响。

(2) α-烯烃磺酸盐(AOS)

$$RCH{=\!=}CHCH_2SO_3Na$$

当碳链为 $C_{11}\sim C_{12}$ 时具有较高的溶解度，$C_{15}\sim C_{17}$ 时具有较低的表面张力，C_{13} 时起泡力和润湿性最佳。它具有生物降解性好，在硬水中去污、起泡性好以及对皮肤刺激性小等优点。

(3) 烷基磺酸盐 (SAS)

$$R{-\!-}SO_3Me$$

式中 R 为烷基，碳原子数为 13～17，Me 为碱金属或碱土金属。

其表面活性与烷基苯磺酸钠接近。在碱性和弱酸性溶液中较为稳定，在硬水中具有良好的润湿、乳化和去污能力，易于生物降解。

(4) 高级脂肪酸酯 α-磺酸钠 (MES)

由天然油脂制得，具有良好的洗涤能力，且钙皂分散力解度高，毒性低。脂肪酸甲酯 α-磺酸钠，又称 α-磺基脂肪酸甲酯钠盐，其分子结构式为：

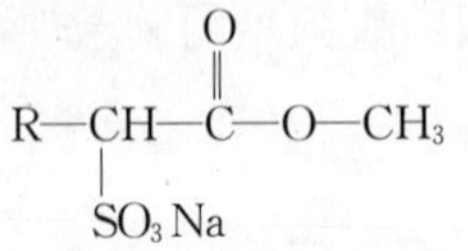

$$R{-}\underset{\substack{|\\ SO_3Na}}{CH}{-}\overset{\substack{O\\ \|}}{C}{-}O{-}CH_3 \qquad R=C10\sim18$$

MES 分子中磺酸基与羧酸基的存在使其具有较强的抗硬水性能，其润湿性、起泡性和去污性在低硬水中与 LAS 基本相当，但在硬度较高情况下，则比 LAS 和 AES 好，这一特征在低磷无磷洗涤剂的开发中显示出良好的应用前景。此外，MES 还具备出色的生物降解性，基本上无毒，加之其主要合成原料均为可再生的油脂，符合环保要求，使 MES 成为今后代替 LAS 的主要品种，发展潜力很大。

(5) 琥珀酸酯磺酸盐类

又名丁二酸酯磺酸盐，是近十几年来国内外开发较为活跃的一类表面活性剂。

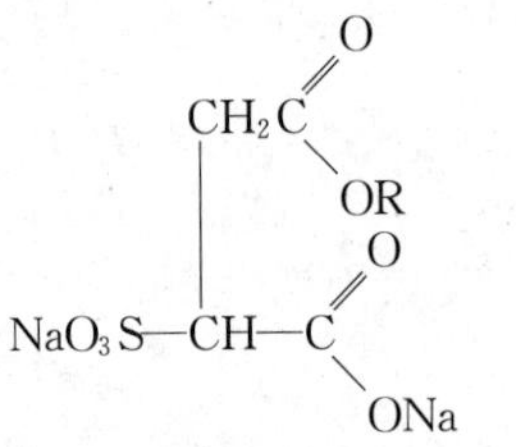

$$\begin{array}{l} CH_2C(=O)OR \\ | \\ NaO_3S{-}CH{-}C(=O)ONa \end{array} \qquad \begin{array}{l} CH_2C(=O)OR \\ | \\ NaO_3S{-}CH{-}C(=O)OR' \end{array}$$

单酯 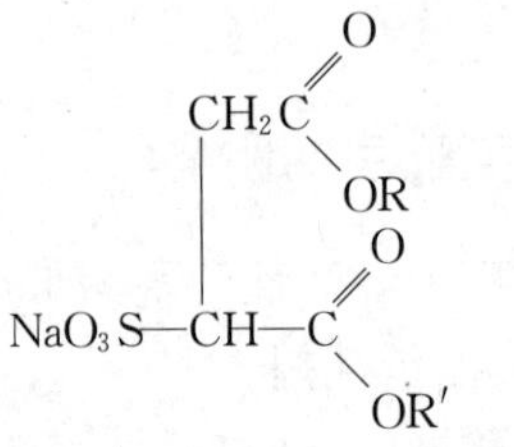　　　　双酯

该类表面活性剂分子结构的可变性强，可根据需要改变分子结构。仅能与顺丁烯二酸酐作用的化合物就有脂肪醇、脂肪醇聚环氧乙烷醚、烷醇酰胺、聚甘油酯、酸胺、聚乙二醇、有机硅醇及氟烷醇等上百个品种，近年来又开发出天然类脂和硅氧烷新系列；表面活性好，表面张力可达 27～35 $mN\cdot m^{-1}$。单酯类产品性能温和，对皮肤刺激性低，双酯类产品渗透力强，工业应用广泛；它合成工艺较为简单，原料来源广，生产成本低，无三废污染。典型的产品有：

① 脂肪醇聚环氧乙烷醚琥珀酸单酯磺酸钠(AESM 或 AESS)

分子中含有环氧乙烷基、羧酸基和磺酸基三种亲水基团，具备阴离子表面活性剂和非离子表面活性剂的双重表面化学性能。在润湿性、抗硬水性、增溶性三个方面较为突出，非常适用于与人体皮肤接触的日用化工领域，如调理香波、婴幼儿香波、浴液、洗面奶、洗手液等。

② (2-乙基己基)琥珀酸酯磺酸钠(快速渗透剂 OT)

该产品与 FAS、AES 复配能产生丰富的泡沫，且对人体皮肤刺激性小，使头发有良好的梳理性能。但由于其水溶性的限制，目前最主要的用途是在纺织、橡胶、造纸、石油、金属加工、塑料工业中作为润湿渗透剂，也在生产香波、泡沫浴液、牙膏和干洗剂及工业清洗剂中作去污起泡活性成分。

(6) 烷基萘磺酸盐

① 拉开粉(1，2-二正丁基萘-6-磺酸钠)

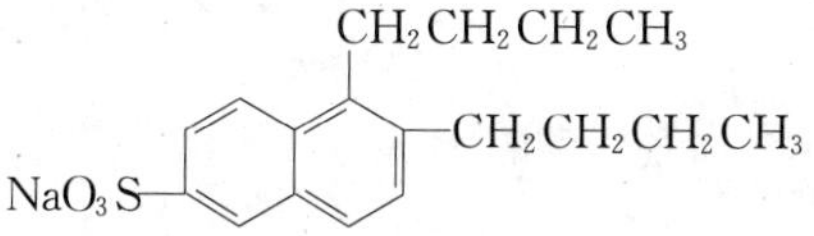

$CH_2CH_2CH_2CH_3$

$CH_2CH_2CH_2CH_3$

NaO_3S

用作洗涤剂、助染剂、分散剂和润湿剂等。它在纺织、印染各道工序中，主要用作渗透剂及润湿剂，在其他工序如酶退浆、羊毛的炭化、缩绒、氯化以及药棉、滤布等制造中都可用本品提高处理效果。

② 分散剂 NNO(亚甲基双萘磺酸钠)

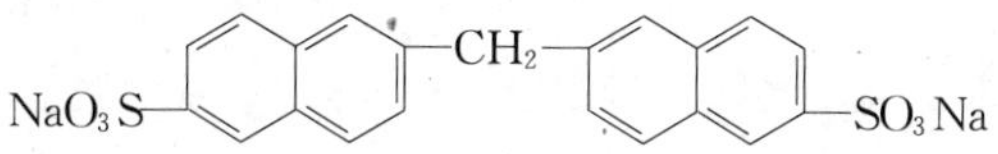

CH_2

NaO_3S　　SO_3Na

具有优良的扩散性能，主要用作染色的匀染剂，还原染料和分散染料的分散剂和填充剂。酸法染色或悬浮体轧染的分散剂，还是制造还原染料细粉或浆状物的助剂。在棉纺及针织工业中，还可用作稳定剂。

2. 硫酸盐类表面活性剂

是硫酸的半酯盐，比磺酸盐更具亲水性。其憎水基为 $C_{10}\sim C_{18}$ 烃基、烷基聚氧乙烯基、烷基酚聚氧乙烯基、甘油单酯基等。该类产品由酯键联接亲水基和疏水基，所以热稳定性稍差，在酸碱条件下易水解。它的 C—O—S 键要比磺酸盐的 C—S 键更容易水解，在酸性条件下硫酸盐不宜长期保存。它的生物降解性好，并有良好的表面活性。

(1) 脂肪醇硫酸盐(AS)

$$R—OSO_3Na$$

R 是 $C_{12}\sim C_{18}$ 烃基，亲水基团：$-OSO_3^-$

它具有良好的去污、乳化、分散、润湿、起泡性能，是生产合成洗涤剂、洗发香波、牙膏、化妆品的主要表面活性剂，也可作纺织工业助剂和聚合反应的乳化剂。AS 对硬水较敏感，它的使用取决于螯合剂的添加，随着对洗涤剂中三聚磷酸钠的限制使用，AS 逐渐被抗硬水性强的 AES 所取代。

(2) 脂肪醇聚醚硫酸盐(AES)

$$R—O(CH_2CHO)_nSO_3Na$$

亲水基团由—OSO_3^- 和聚氧乙烯醚中的—O—两部分组成。AES 含有数个聚氧乙烯基，比 AS 具有较高的溶解度，随着接入环氧乙烷摩尔数的增加，表面张力增加，溶解度增加，加成 3 个环氧乙烷的 AES 在低浓度下有良好的去污性和抗硬水能力。可用于制备液体洗涤剂、洗发香波、餐具洗涤剂，也用于乳胶发泡剂、纺织工业助剂与聚合反应的乳化剂。

(3) 烷基酚聚氧乙烯醚硫酸盐

$$R—C_6H_4(OC_2H_4)_n—OSO_3M$$

R是C_8～C_{12}的烃基，通常是壬基

$n=4$（$n<4$，水溶解性下降；$n>4$，抗硬水性增大，起泡性减弱）

具有良好的去污、润湿、乳化、发泡性能。它的生物降解性能比脂肪醇聚氧乙烯醚硫酸盐差，可用作纺织工业助剂、聚合反应的乳化剂以及配制工业清洗剂。

3. 羧酸盐表面活性剂

(1) 脂肪酸盐

$$R—COOM$$

M通常是钠、钾或铵，R=C_9～C_{21}

溶液呈碱性，pH一般大于8.5，可制造皂类洗涤剂，对皮肤有较强的脱脂刺激作用，在硬水中遇钙镁离子形成不溶性的皂垢。

(2) N-酰基氨基酸盐

$$\begin{array}{l}RCONH(CONHR'')_nCOONa\\ \quad\quad |\\ \quad\quad R'\end{array}$$

式中R为高碳烷基，R′及R″为蛋白质分解产物中的低碳烷基

具有优良的表面活性，在硬水中对钙离子稳定，低刺激性、低毒性，广泛用作低刺激性洗涤剂、化妆品、牙膏和食品中，也可用作防锈添加剂、纺织印染工业净洗剂和乳化剂等。

(3) 聚醚羧酸盐

$$R—(OCH_2CH_2)_nOCH_2COONa$$

分子中有氧乙烯键，带有非离子表面活性剂性质，与阳离子表面活性剂有较好的配伍性。碱稳定性、润湿性、去污力良好，是纺织工业的良好助剂，可用于棉花与羊毛的漂煮、洗净，也可用作化妆品中的钙皂分散剂、润湿剂。

4. 磷酸酯系列表面活性剂

具有优良的抗静电、乳化、防锈和分散性能，已被广泛应用于纺织、化工、国防、金属加工和轻工等许多工业部门。

(1) 烷基磷酸酯盐

$$R—O—P(=O)(OM)_2$$

单酯盐

$$(R—O)_2P(=O)—OM$$

双酯盐

(2) 脂肪醇(烷基酚)聚氧乙烯醚磷酸酯盐

$$R—O(CH_2CH_2O)_n—P(=O)(OM)_2$$

聚氧乙烯醚单磷酸酯盐

$$\begin{array}{l} R{-}O(CH_2CH_2O)_n \\ \qquad\qquad\qquad\quad \diagdown \overset{O}{\overset{\|}{P}}{-}OM \\ \qquad\qquad\qquad\quad \diagup \\ R{-}O(CH_2CH_2O)_n \end{array}$$

聚氧乙烯醚双磷酸酯盐

R 为 C_8～C_{18}烷基或烷基苯基，M 为 Na、K、二乙醇胺、三乙醇胺，$n=3$～5

（二）非离子型表面活性剂

表面活性剂的亲水基在水中不电离，其表面活性由中性分子体现出来。亲油基由含有活泼氢的疏水化合物（如高碳脂肪醇、烷基酚、脂肪胺等）提供；亲水基由含有能与水生成氢键的醚基、自由羟基的低分子化合物（如环氧乙烷、多元醇、乙醇胺等），及含氧基如羧酸酯与酰胺基等提供。

非离子型表面活性剂分子中，聚环氧乙烷链（$—OCH_2CH_2$）、—OH 中的氧原子与水分子形成氢键，因而能溶于水。酯及酰胺虽也能形成氢键，但不如醚基及羟基，这种氢键键能较小，结合力比较松弛。如将非离子表面活性剂的水溶液加热，随着温度升高，与其结合的水分子由于热运动而逐渐脱离，亲水性也逐渐降低而使表面活性剂变为不溶于水，透明溶液变浑浊；当冷却时，又恢复为透明溶液。非离子型表面活性剂溶液由透明变浑浊再由浑浊变透明的平均温度称做为“浊点”。

非离子表面活性剂具有较高的表面活性，其水溶液的表面张力低，临界胶束浓度亦低于离子型表面活性剂，胶束聚集数大导致增溶作用强，并具有良好的乳化能力和润湿能力。与阴、阳或两性离子型表面活性剂有很好的相容性，可以复配使用。

1. 脂肪醇聚环氧乙烯醚

$$R{-}O(CH_2CH_2O)_nH$$

又名乙氧基化脂肪醇，是非离子型表面活性剂中产量最大、应用最广的一类表面活性剂，它的生物降解性好，有较好的抗硬水与耐电解质性。常见的有：

低碳链脂肪醇聚环氧乙烯醚（JFC）：$C_7H_{15}O(CH_2CH_2O)_5H$

C_{12}脂肪醇聚环氧乙烯醚（AEO）：$C_{12}H_{25}O(CH_2CH_2O)_nH$　$n=3$～10；

C_{12}～C_{18}混合脂肪醇聚环氧乙烯醚（Peregal 平平加）：$C_{18}H_{37}O(CH_2CH_2O)_{25}H$　$n=$15～30 ；

2. 烷基酚聚环氧乙烯醚(酚醚)

$$R{-}C_6H_4O(CH_2CH_2O)_nH$$

R—辛基、壬基或十二烷基，$n=1$～30

是非离子型表面活性剂中仅次于脂肪醇聚环氧乙烯醚的重要聚环氧乙烯系产品，商品代号为 TX、OP 等。OP-10 显示出极强的去污力和渗透性，常与 AEO-9、LAS 复配使用。主要应用于洗涤剂生产领域，作为超浓缩洗衣粉和重垢型液体洗涤剂的活性成分。但其生物降解性较差，在家用洗涤剂中的使用量受到限制，目前仅限用于特殊洗涤剂，如金属洗涤、硬表面酸性清洗等。在脱脂与乳化性能方面，酚醚有着醇醚等不可替代的特殊性能，因而在农药、造纸、纺织、印染、乳液聚合等多种工业领域发挥重要作用。

3. 脂肪酸聚氧乙烯酯

$$R{-}COO(CH_2CH_2O)_nH$$

由于脂肪酸来源广而丰富，成本较低，且脂肪酸聚氧乙烯酯低泡和生物降解性好，而被广泛应用于纺织工业油剂、抗静电剂、柔软剂以及乳化剂等。但由于其结构中存在酯键，对热、酸、碱不够稳定，溶解度也不如醚类，其表面活性及去污力也不如醇醚和酚醚。

4. 脂肪酸多元醇酯

(1) 脂肪酸甘油酯

由甘油和脂肪酸直接酯化而得到单酯、双酯和三酯的混合物，为脂肪酸多元醇酯的典型品种。

(2) 脂肪酸失水山梨醇酯

是羧酸酯表面活性剂中的重要类别，它的单酯、双酯、三酯商品名为 Span。

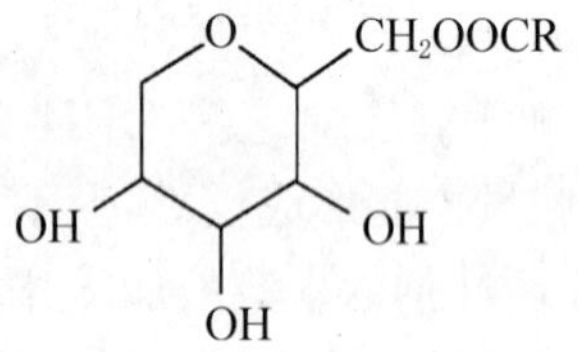

O　CH_2OOCR

OH　OH

OH

由于分子中长链烷基碳数的差异，形成了 Span 系列产品，其物性也相对有差异。其共性特点为：

① 均为油溶性液状物，能溶于热油和多种有机溶剂，不溶于水；

② 无毒、无臭，是安全的食用添加剂；

③ 具有优良的乳化能力和分解能力，适于作 W/O 型乳状液的乳化剂，易生物分解。

Span 系列表面活性剂水溶性差，通常很少单独使用，一般常与其他水溶性表面活性剂复配使用，以提高乳化效果。具有出色的乳化性与分散性，且无毒安全，因而在食品、医药、化妆品、涂料、纺织助剂中被广泛用作 W/O 型乳化剂，还用作乳液聚合中的高效乳化稳定剂、机械加工润滑剂、印刷油墨分散剂、织物耐水复合物的有效助剂以及抗静电剂、皮革上油助剂等。

(3) 多元醇酯聚氧乙烯醚：在 Span 类多元醇酯的基础上引入氧乙烯链。典型品种为失水山梨醇酯聚氧乙烯醚，商品名 Tween，其 HLB 值在 9～16 之间，按脂肪酸不同和引入聚氧乙烯链的差异，和 Span 类 HLB 值 1～8 相接，可得到覆盖整个 HLB 值的产品。

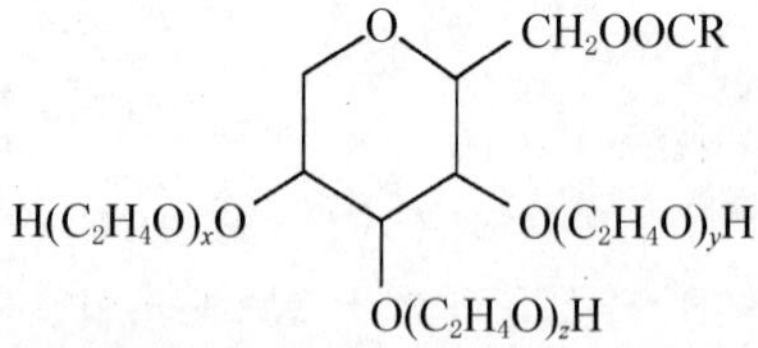

O　CH_2OOCR

$H(C_2H_4O)_xO$　$O(C_2H_4O)_yH$

$O(C_2H_4O)_zH$

该类表面活性剂在亲油—亲水平衡上具有宽范围的覆盖，广泛用于乳化剂、增溶剂、润湿剂等，由于它的无毒、无刺激性和易生物降解的突出优点，使它在食品和药物及化妆品工业得到广泛的应用。

5. 烷醇酰胺及聚氧乙烯脂肪酰胺

又称脂肪酸二乙醇胺，商品名 Ninol 6501，分子结构通式为：

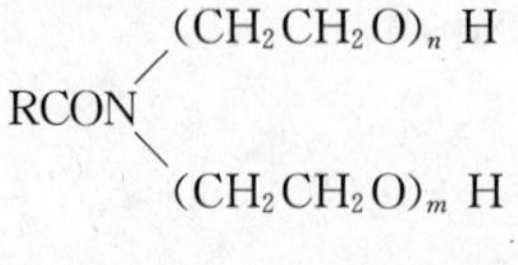

$$RCON\begin{cases}(CH_2CH_2O)_n\ H\\(CH_2CH_2O)_m\ H\end{cases}\qquad R=C_{12}\sim C_{14}\text{烷基}$$

淡黄色至琥珀色黏稠液体，低温下可成半固体，与其他的非离子表面活性剂不同的是它没有浊点。同其他非离子表面活性剂相比，具有以下四方面的特性：

（1）较强的脱脂性；

（2）出色的稳泡性能；

（3）使水溶液增稠的特性；

（4）对纤维的吸附性强，洗后手感好，具有一定的抗静电作用。

广泛应用于日用清洁制品及多种工业领域，是各类轻垢型液体洗涤剂、洗发剂、餐具洗涤剂、液体肥皂、洗面奶等个人卫生制品的不可缺少的活性成分，各类膏霜制品，如化妆品、鞋油、印刷油墨、绘图制品及蜡笔的乳化稳定剂，各类水基金属清洗剂的重要活性成分。利用其对纤维的抗静电作用，还可作为丙纶等合成纤维纺丝油剂的组分之一，也可在丝毛织物清洗剂中使用。

（三）阳离子表面活性剂

其表面活性是由携带正电荷的表面活性离子来体现的。疏水基结构和阴离子表面活性剂相似，疏水基和亲水基的连接方式也很相似，即除亲水基直接连在疏水链上外，也往往通过酯、醚、酰胺等形式来连接。亲水基主要为碱性氮原子，也有磷、硫、碘等。

阳离子型表面活性剂主要是有机氮化合物的衍生物，分为胺盐和季铵盐两大类。胺盐常指伯、仲、叔胺盐，它们可用相应的胺用盐酸、醋酸等中和来得到。

1. 胺盐类

伯胺盐　$R—NH_2HCl$

仲胺盐　$R—NH(CH_3)HCl$

叔胺盐　$R—N(CH_3)_2HCl$

2. 季铵盐类

$$R—N^+(CH_3)_3Cl^-$$

阳离子型表面活性剂很少用作洗涤剂，因为很多基质的表面都带有负电荷，在应用过程中，带正电荷的表面活性剂不去溶解碰到的污垢，反而吸附在基质的表面上，发生所谓的“反洗涤”作用。然而这一特性却引出了一系列特殊用途：

（1）抗静电剂：产生电性中和作用；

（2）柔软剂：离子电性吸附在基质表面，亲油基伸向外部；

（3）防霉和杀菌剂：定向吸附在细菌半渗透膜与水或空气的界面上，紧密排列的界面分子膜阻碍有机体的呼吸，切断营养质的来源而致使它死亡。

（四）两性表面活性剂

其分子中既含有阴离子又含有阳离子亲水基。阳离子部分具有胺盐或季铵盐的亲水基，阴离子部分具有羧酸盐、磺酸盐和磷酸盐的亲水基。

根据阳离子活性基团的不同，大致可归纳为：

1. 氨基酸类

$$RNHCH_2CH_2COONa$$

2. 甜菜碱类

$$RN^+(CH_3)_2CH_2COO^-$$

3. 咪唑啉类

$$
\begin{array}{c}
\quad\; N{-}CH_2 \\
R{-}C \quad\;\; | \\
\quad\; N^+{-}CH_2 \\
CH_3CH_2CH_2 \quad\quad CH_2COO^-
\end{array}
$$

两性表面活性剂所显示的两性随其溶液的 pH 值而变：在酸性介质中，显示阳离子表面性质；在碱性介质中，显示阴离子表面活性剂性质；在等电点显示非离子表面活性剂性质。阴离子性和阳离子性恰好相平衡的点，称为等电点。在等电点时，有些两性表面活性剂，如氨基酸类表面活性剂有时可产生沉淀，而甜菜碱类表面活性剂即使在等电点也不易产生沉淀。

两性表面活性剂的最大特征在于它既能给出质子，又能接受质子，在相当宽的 pH 值范围内都有良好的表面活性，且它与阴离子、阳离子、非离子型表面活性剂均能兼容，还具有杀菌作用，因而应用领域日趋广泛。但在大多数场合，它都是与其他类型的表面活性剂复配使用，且用量很少。其生产成本居高不下一直是限制此类表面活性剂更快发展的主要原因。

（五）特种表面活性剂

特种表面活性剂是具有特定组成和结构的一大类表面活性剂，主要指含氟表面活性剂、硅表面活性剂、硼表面活性剂、含金属表面活性剂和高分子表面活性剂等，它们具有功能特殊、表面活性高、适用范围广等特点。

1. 氟表面活性剂(Fluorocarbon Surfactant)

碳氢链中的氢原子部分或全部用氟取代，具有碳氟链疏水基的表面活性剂。

(1) 氟表面活性剂的类型

按疏水基氟取代程度可分为全氟取代型、部分取代型；按表面活性剂极性基的不同分为：阴离子型(RFCOOH)、阳离子型($RFCH_2CH_2N^+(CH_3)_2C_2H_5I^-$)、两性型($RFN^+(CH_3)_2(CH_2)_nSO_3^-$)和非离子型($CF_3(CF_2)_nCH_2O(CH_2CH_2O)_mH$)。

(2) 氟碳表面活性剂的制备方法

与碳氢表面活性剂的合成方法有很大的区别，氟碳表面活性剂的合成一般分以下三个步骤：长链氟烷基($C_6 \sim C_{10}$)的合成、制成易于引进各种亲水基团的含氟中间体、引进亲水基团制成含氟表面活性剂。其中第一步长链氟烷基的合成是最关键的一步，常用的合成方法有：

① 电化学氟化法：有机物($C_6 \sim C_{10}$)溶解或分散于无水氟化氢中，在低于 8 V 的直流电压下进行电解。阴极产生 $H_2\uparrow$，有机物在阳极被氟化，氢原子被氟原子取代，其他官能团仍被保留。此法最早使用，反应简单，氟化逐步进行，产物复杂，产率低，产品结构单一。

② 氟烯烃调聚法：全氟烷基碘、低级醇等物质作为端基物，调节聚合四氟乙烯单体制得低聚合度的含氟烷基调节物。此法所得碳氟链为直链，表面活性高，但产物为不同链长化合物的混合物。优点是得到的全氟碘代烷，碘容易脱落，可用于合成各类碳氟表面活性剂。

③ 氟烯烃齐聚法：四氟乙烯、六氟丙烯及六氟丙烯环氧化合物在非质子极性溶剂中以氟阴离子催化低聚成 $C_6 \sim C_{14}$ 的中间体，这些中间体具有高度分枝的支链。此法安全性高，反应容易控制，但由于支链产物的表面活性不高，其应用受到较大限制。

(3) 氟碳表面活性剂的性质

氟原子的独有性质是氟表面活性剂具有不寻常性质的根本原因。含氟表面活性剂的性质通常概括为“三高、二憎”。

① 三高

a. 高热稳定性：氟是电负性最大的元素，氟的 2s 和 2p 轨道与碳相应轨道的匹配良好；C—F 键的键能比 C—H 键能大得多，不易断裂，一般氟表面活性剂都能耐 400℃以上高温；

b. 高化学惰性：由 F 原子的保护作用引起，也称氟原子的屏蔽效应。F 的半径较大，F 的电负性强，邻近 F 原子间斥力非常大，邻近 F 原子彼此错开一定角度，F 围绕 C 链主轴螺旋分布。F 原子紧密覆盖在 C 链表面，屏蔽外来试剂进攻。F 原子所带多余负电荷形成负电保护层，亲核试剂难以接近，更不能穿透；

c. 高表面活性：表面活性剂吸附达饱和时，分子直立紧密排列，两种分子的极性基相同，所占面积相同，在一定面积表面上排列的分子数相近。C—F 链间的范德华引力比碳氢链间小，分子自水溶液内部移至表面所需的能量比碳氢表面活性剂分子要小，导致了强烈的表面吸附，使其在溶液内部的浓度更低。

表 1-1-2　有机氟表面活性剂与碳氢表面活性剂比较

性　　能	$C_7H_{15}COONa$	$C_7F_{15}COONa$
表面吸附量(10^{-10}mol/cm^2)	2.82	2.85
表面张力(mN/m)	44.5	26
CMC (mol/L)	0.25	0.034

两种表面活性剂的饱和吸附量相差不大，但含氟表面活性剂降低水表面张力的能力和效率远远高于碳氢表面活性剂。一般：碳氟表面活性剂含量 0.005%～0.1%，溶液表面张力＜20 mN/m；碳氢表面活性剂 0.1%～1.0 %，表面张力为 30～35 mN/m。

② 两憎

含氟表面活性剂的表面张力(＜30 N/m)远低于水(72.8 mN/m，20℃)，甚至比一般油的张力还要小(蓖麻油 39.0 N/m，20℃)，因此含氟表面活性剂具有既“憎水”又“憎油”的特性。

(4) 氟碳表面活性剂的应用

① 处理固体表面，使固体表面抗水、抗黏、防污、防尘，作憎水剂和憎油剂；

② 使水溶液表面张力大大降低，能在油面上很好地铺展，用做灭火剂；

③ 溶于液体蜡，制成自然发光的乳液上光剂，用于擦亮地板。

2. 含硅表面活性剂

20 世纪 60 年代有机硅表面活性剂开始应用于工业，80 年代后开始大规模快速全面发展。含硅表面活性剂的分子结构与一般的表面活性剂相似，也由亲水基、中间连接基及亲油基组成。不同的是亲油基是硅氧链或硅烷链，其疏水性远高于碳氢链。亲水基也有阴离子型、阳离子型和非离子型等类型。该类表面活性剂以柔软的 Si—O 键为主链，甲基排列在界面上，分子间作用力较小，表面活性强。

含硅表面活性剂结构中既含有硅元素，又含有机基团，因而除具有硅的耐高温、耐气候老化、无毒、无腐蚀及生理惰性等特点外，还具有碳氢表面活性剂的高表面活性、乳化、分散、润湿、抗静电、消泡、稳泡等性能，是仅次于含氟表面活性剂的重要特殊表面活性剂品种，有极广泛的用途,主要应用于纺织助剂、涂料助剂、日化助剂、造纸助剂、油田化学品、农业化学品等。

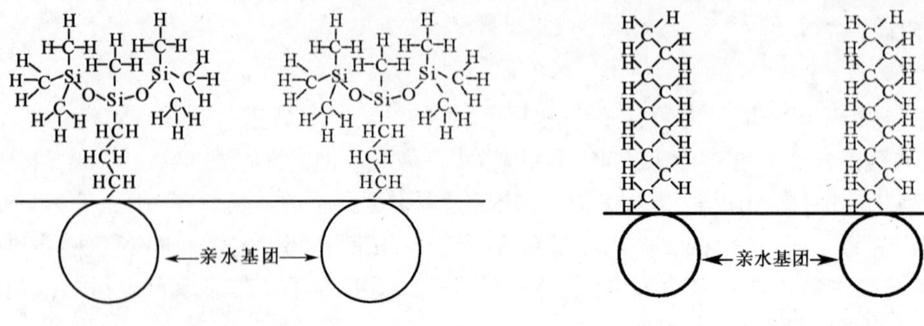

图 1-1-5　三硅氧烷表面活性剂　　　　图 1-1-6　普通表面活性剂

(1) 含硅表面活性剂类型

① 按分子结构主链分类

a. 聚有机硅氧烷类

(a) 线型聚有机硅氧烷:以重复的 Si—O 键为主链的线型硅氧低聚物或高聚物,可用 $R(R_2SiO)_nSiR_3$ 表示,n 表示聚合度,R 表示连接到硅原子上的有机取代基,可以相同也可以不同。

硅油通常是指以 Si—O—Si 为主链具有不同黏度的线型聚有机硅氧烷,室温下为液体油状物。硅油是无毒、无嗅、无腐蚀性、不易燃烧的液体,品种繁多,应用范围甚广。改变聚硅氧烷的聚合度及有机基的种类或使聚硅氧烷与其他有机物共聚,可以制得具有防水、消泡、均泡、乳化、润滑、耐高低温性、耐老化等基本特性的硅油。硅油经二次加工,还可制成硅脂、硅膏、消泡剂、脱模剂等二次产品。

(b) 环状聚有机硅氧烷:可用通式 $\overline{\lfloor (R_2SiO)_n \rfloor}$ 表示,n 为重复单元所表示的环的大小,称为环(聚)硅氧烷。如八甲基硅氧烷(Octamethyl Cyclotetrasiloxane),简称 D4,结构式如下:

```
Me      Me  Me      Me
  \    /      \    /
   Si ——— O ——— Si
   |               |
Me O               O Me
  \|               |/
   Si ——— O ——— Si
  /                 \
Me                   Me
```

b. 聚硅烷:分子以 Si—Si 键为主链的有机硅高分子化合物,分为线型聚硅烷和环状聚硅烷。

c. 杂链聚有机硅氧烷:以重复的 Si—Y 为主链的聚合物,Y 代表除氧原子外的元素或基团。

d. 有机硅共聚物:不同类型结构单元结合到一个大分子中形成的聚合物。

② 按离子性分类

a. 阳离子型:指氨基改性聚硅氧烷(简称氨基硅油)和氨基硅烷。氨基硅油整理后的织物具有疏水性,高温下易黄变,通过改变氨基种类解决黄变问题,如用环己氨基或哌嗪基代替伯氨基，另外还可用酸酐、卤代烷、丙烯酸等封闭伯氨基。提高氨基硅油亲水性的途径，可在氨基硅油分子上同时接入亲水的聚醚、羧酸基、磺酸基或将亲水的聚醚硅烷偶联剂与有机硅单体共聚，也可将带反应性基团的聚醚接枝到氨基硅油上。

b. 非离子型：指聚醚改性型硅油。主要用于织物亲水整理剂、消泡剂、亲水护肤、护发剂、硅油乳化剂。

c. 阴离子型：有羧酸型、磺酸型、硫酸酯型、磷酸酯型，通过带不饱和键的相应酯与含氢硅油的硅氢加成反应得到，也可以通过环氧基中间体转化。

d. 两性离子型：包括甜菜碱型、氨基酸型、咪唑啉型。其特点更温和、更易配伍，广泛用于个人护理洗发剂。用作香波调理剂时，对皮肤无刺激，配伍性好、头发梳理性好、并有光泽。

(2) 有机硅乳液

有机硅乳液(主要指硅油乳液)是重要的有机硅产品之一，是最理想的织物整理剂。可用于防水整理、柔软整理、平滑整理、抗静电整理、阻燃整理、仿丝整理、抗菌整理、涂层整理、深色加工整理，满足纺织品在耐磨、耐褶皱、回弹性、免熨烫、柔软、丰满、滑爽、舒适性等要求，提高纺织品的档次。

① 有机硅乳液的类型

按照聚硅氧烷的种类通常分为三种类型：

a. 非活性聚硅氧烷类：如聚二甲基硅氧烷，硅原子上所连的全为非活性的甲基，不能自身交联，也不能与纤维交联，耐久性较差。

b. 活性聚硅氧烷类：如聚甲基氢硅氧烷、羟基硅油等。聚甲基氢硅氧烷中的Si—H基(活泼氢)在催化剂作用下发生水解、加成、缩合，形成网络大分子包覆在纤维外层；羟基硅油、氨基硅油中的活泼氢能与纤维中的极性基团反应，提高整理织物的耐久性，且羟基硅油多为阴离子型，与大多数染料、助剂有较好的相容性。

c. 改性聚硅氧烷类：改性基团一方面与纤维活性基反应，牢固结合；另一方面赋予织物特殊功能。如表1-1-3所示。

表1-1-3　改性聚硅氧烷类型及功能

改性基类型	功　　能
环氧基	白色或浅色织物风格整理
聚　醚	亲水、抗静电
氨　基	天然纤维、合成纤维织物以及混纺织物的柔软平滑整理
羧　基	仿麻、聚酯纤维风格整理
氨基(羧基)-聚醚	夏装类吸水、吸汗整理
环氧-聚醚	吸水、柔软整理

② 有机硅乳液的制备方法

a. 机械乳化法

将合成的硅油、乳化剂、水加在一起，经机械设备乳化，使硅油分散到连续水相中，得乳白色乳液。20世纪70年代以前的第一代有机硅织物整理剂多是用此法获得。机械法得到的乳液一般稳定性较差，特别是摩尔质量较高的硅油，难以用机械法使之变成稳定的乳液。机械乳化法所用的乳化剂主要是非离子型表面活性剂，如 AEO、Tween 等。

乳化工艺举例：

搅拌釜 1 中加入 10 份水和 2～8 份 AEO＋Tween 混合物，在与搅拌釜 1 连通的高压均化器中于一定压力下循环 20 min，在搅拌下加 15 份含氢硅油，得到的混合物再于一定的压力下再均化，送入搅拌釜 2；

搅拌釜 2 搅拌下加 15 份含氢硅油，一起均化后，送入装有 58～52 份水的搅拌釜 1，多次反复均化，得有机硅乳液。

产品指标：

含油量(m%)：　　30±5%；

颗粒：　　＜3 μm；

pH：　　3～4；

贮存稳定性：　　3 个月以上不破乳、不分层。

b. 乳液聚合法

乳液聚合法将环状硅氧烷等单体在乳化剂、催化剂存在下，于水介质中聚合成高度分散的聚硅氧烷乳状液。该法将聚硅氧烷的聚合和乳化两步操作一步完成，不使用特殊乳化设备就解决了高相对分子质量聚硅氧烷的乳化问题，所得乳液粒径小，稳定性好，应用效果好，相对分子质量易用反应温度和时间控制。根据催化剂类型可分为：阳离子、阴离子、非离子、复合离子乳液聚合。

(a) 阳离子乳液聚合

阳离子乳化剂常有十二烷基苄基溴化铵、十二烷基苄基溴化铵等；催化剂有 NaOH、KOH 等；乳化剂除起乳化作用外，还能与碱作用，生成活性极强的季铵碱起催化作用。聚合步骤：环硅氧烷在催化剂作用下开环聚合生成低相对分子质量羟基封端聚硅氧烷；低分子羟基封端聚硅氧烷间相互缩合成高分子；反应完毕用 HAc、H_3PO_4 中和碱催化剂，中止反应即得。

阳离子羟基硅油乳液可用于各种纺织品的后整理，具有改善织物手感，提高织物弹性及滑爽、挺括之性能，可作为织物理想的防水剂，防水性能和耐久性较好。

(b) 阴离子乳液聚合

用阴离子乳化剂进行的聚合。阴离子乳化剂在碱性溶液中较稳定，遇酸、金属盐、硬水等会形成不溶于水的酸或金属皂，使乳化剂失效，利用此性质可用酸或盐来破乳。常用的乳化剂是十二烷基苯磺酸钠，催化剂是十二烷基苯磺酸，既是催化剂，又起乳化作用；阴离子乳液聚合时，加入非离子表面活性剂、少量电解质均有利于乳液稳定。

工艺举例：

850 质量份水，100 质量份十二烷基苯磺酸和 100 质量份的 D4，在加压下通过匀化器处理，得到乳液，然后在 48℃下进行乳化聚合反应 2 h，反应完后加入氨水溶液中和，得阴离子有机硅乳液。

用十二烷基苯磺酸钠做乳化剂、十二烷基苯磺酸和过硫酸钾做催化剂、水做分散介质、D4 和甲基丙烯酸酯为单体在 85℃下进行阴离子乳液聚合，可得到聚硅氧烷-丙烯酸酯接枝共聚阴离子乳液。

(c) 非离子乳液聚合

用非离子乳化剂所进行的乳液聚合。阳离子或阴离子乳液在具体应用中，遇到反离子有时会产生配伍性差的问题，非离子有机硅乳液与离子型相比，则适应性强、稳定性更好。所用的乳化剂为不同 *HLB* 值的非离子表面活性剂，如 AEO、Span、Tween、聚氧乙烯醚膦酸酯等。所用的催化剂为路易斯酸或碱。非离子乳液聚合反应过程基本同阳离子乳液聚合，D4 在碱催化下进行非离子乳液聚合，可制得摩尔质量较高、稳定性较好的非离子有机硅乳液。

非离子羟基硅油乳液可用作合成纤维和各类纤维及织物的整理剂，整理后的织物手感滑糯，提高织物的耐磨性和弹性，使织物具有适度的缝纫性及抗皱性。

另外还有复合离子型乳液聚合，该类有机硅乳液稳定性好，使用面广，可与 2D 树脂、$MgCl_2$、增白剂等同浴使用，乳液稳定，适用于化纤、纯棉、混纺、丝绸等整理。

(d) 有机硅微乳液

普通有机硅乳液应用广泛，但易破乳、漂油、贮存稳定性差，从而影响其使用。乳胶粒径很小的有机硅微乳液，可弥补以上不足，具有良好的贮存稳定性和优良的渗透性，微乳粒径一般小于 0.15 μm，外观呈半透明状至透明状，是介于乳液与溶液之间的一种状态，微乳液的开发进一步拓宽了有机硅乳液的应用市场。

微乳液的聚合工艺与普通的有机硅乳液聚合反应不同，D4 不是直接与水、乳化剂、催化剂简单混合然后进行开环聚合反应，而是先要将 D4 与水、乳化剂一起均质化，然后再进行滴加反应，获得比普通有机硅乳液更微细、更稳定、更透明的有机硅微乳液。

将计量的乳化剂加入水中，完全溶解后，加入计量的 D4，混匀后在高压均质机中于一定压力均质若干遍，得预乳化液。将计量的水与催化剂混合，缓慢升温至乳化剂完全溶解后，升温一定温度，在此温度和快速搅拌下，以一定的速度将预乳液滴加其中进行聚合反应。加完后保温反应一段时间，冷却，中和至 pH 值为 7 左右，得有机硅微乳液。

例如：计量的 D4、正硅酸乙酯、甲基丙烯酰氧丙基二甲氧基硅烷、水和十二烷基苯磺酸钠加入均质器中均化得到预乳化液，然后将预乳化液滴加入 85℃得十二烷基苯磺酸水溶液中进行聚合反应，反应结束后，用氨水中和，得平均粒径为 0.03 μm 的微乳液。

3. 高分子表面活性剂

相对分子质量在数千以上且具有表面活性的物质。高分子表面活性剂与低分子表面活性剂相比，一般特征为：

(1) 表面张力、界面张力降低能力小，多数情况下不形成胶束；

(2) 渗透能力差；

(3) 有乳化能力，多能形成稳定的乳液；

(4) 起泡力低，稳泡性好；

(5) 分散力或凝集力好；

(6) 多数毒性小。

高分子表面活性剂按其亲水基团的性质可分为阴离子、阳离子和非离子三大类；按其来源又分为天然类、半合成类和合成类三类。

高分子表面活性剂如在水中溶解，其离子的离解状态因液体性质而异，溶解度和水溶液黏度也发生变化。以聚丙烯酸钠盐水溶液为例，在 pH 值低的状态下，因为羧基离解不充分，对水的溶解性差，分子呈卷缩状，当 pH 值升高时，离子的离解度增加，阴离子的相互排斥作用增强，分子扩展使溶液黏度上升；当 pH 值更高呈碱性时，阳离子包围在聚合物阴离子周围，起到隔离作用，使阴离子间排斥力削弱，分子收缩，黏度重新降低。

表 1-1-4　高分子表面活性剂分类

分类	天然	半合成	合成
阴离子型	海藻酸钠 果胶酸钠	羧甲基纤维素 羧甲基淀粉 甲基丙烯酸接枝淀粉	(甲基)丙烯酸共聚物 马来酸共聚物
阳离子型	壳聚糖	阳离子淀粉	乙烯吡啶共聚物 聚乙烯基吡咯烷酮 聚乙烯亚胺
非离子型	淀粉	甲基纤维素 羟乙基纤维素	聚环氧乙烷聚环氧丙烷醚 聚乙烯醇 聚丙烯酰胺

高分子表面活性剂在降低表面张力和界面张力能力方面以及渗透力方面均较低分子表面活性剂弱，而其乳化稳定作用却有显著提高。高分子表面活性剂的表面活性不仅取决于其相对分子质量和分子结构，也与使用浓度密切相关。在较高使用浓度下，对于高相对分子质量化合物，分子内或分子间相互缠绕面呈丝球状，被表面吸附的分子要比相对分子质量小的时候来得少，所以降低表面张力的能力小；在低浓度情况下，分子间的作用力消失，表面活性剂的相对分子质量越高，在表面上定向吸附的倾向越大，降低表面张力的能力也越大。

在分散与凝聚功能方面，由于高分子表面活性剂相对分子质量高，因而其一部分可吸附于粒子表面，其他部分则溶解于作为连续相的分散介质中。聚合物相对分子质量较低时，具有立体保护作用，能够阻止粒子间缔合所产生的凝聚，发挥分散剂功能。对于分散亲油性固体粒子的水溶体系，阴离子高分子表面活性剂可在固体粒子表面定向吸附使其亲水化，有助于使粒子分散带电荷并形成双电层，使体系分散稳定；而在高相对分子质量领域则吸附于许多粒子上，在粒子间产生架桥，形成絮凝物。通常相对分子质量在数万以下的高分子表面活性剂适于作分散剂，百万以上的适于作絮凝剂。另外，高分子表面活性剂一般很少形成胶束，其本身的起泡性不好，但保水性强，因而泡沫稳定性优良，成膜性和黏附性也很好。

高分子表面活性剂被广泛用作胶乳稳定剂、增稠剂、破乳剂、防垢剂、分散剂、乳化剂和絮凝剂等，其中许多应用是低分子表面活性剂难以替代的。在日用化学品工业中，天然高分子化合物如蛋白质、纤维素等可以通过水解和化学改性，生产许多高分子表面活性剂。它们对皮肤刺激性很低或没有刺激性，常和其他低分子表面活性剂配合使用，特别是用于生产发用化妆品上显示出优异的使用性能和独特的优点。

4. 双联型表面活性剂

用连接基将两个表面活性剂分子联在一起，从而使表面活性剂分子中带有两个亲油基及亲水基，称为双亲油基—双亲水基表面活性剂(Gemini surfactants)。

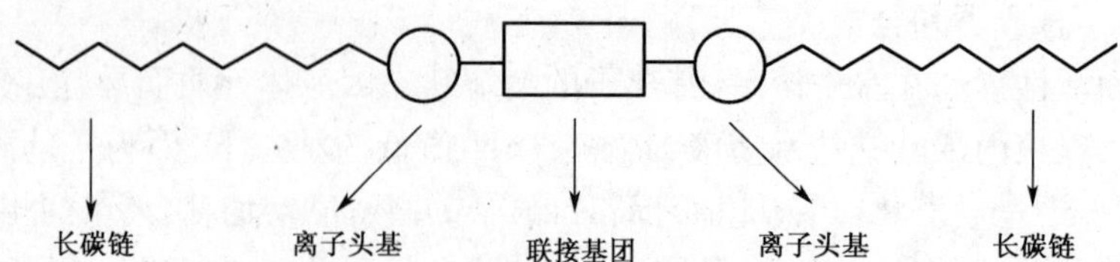

连接基可以是亲水性，也可以是亲油性，可以是烷烃，也可以是芳环。这类表面活性剂具有很高的表面活性，其水溶液具有特殊的相变行为及流变性，是发展前景广阔的新型表面活性剂。

五、表面活性剂的性能及复配技术

表面活性剂的应用领域十分广泛，应用技术也在不断发展。有时为了实现某一过程和目的，一种表面活性剂难于满足实用的要求，这就逐渐形成了表面活性剂的复配技术。

（一）表面活性剂的亲水亲油平衡

1. 亲水-亲油平衡(Hydrophile lipophile balance, *HLB*)

在选择表面活性剂时，必须使它能发挥最大的效能。如亲水性太强，在水中的溶解度过大，不利于表面吸附；如疏水性太强，就不能在水中溶解，而失去应有的效能。例如，在庚烷-水体系中，若以己酸钠 $C_5H_{11}COONa$ 为表面活性剂，由于它亲水性太强，疏水性不够，故不易吸附于界面上，因而不能有效地降低这一体系的界面张力。因此，要求分子中亲水基的亲水性和疏水基的疏水性要有一定的比例，也即整体亲水性、亲油性应适当。

$$\text{亲水亲油平衡值} = \frac{\text{亲水基的亲水性}}{\text{疏水基的疏水性}}$$

对相同疏水基，若亲水基不同，则其亲水性也不同。例如，十二烷基硫酸钠的亲水性比十二烷基羧酸钠强。另一方面，当表面活性剂的亲水基相同时，疏水基越长，则亲水性就越差。例如，十八烷基磺酸钠比十二烷基磺酸钠难溶于水。

为定量地表示表面活性剂的亲水亲油性，通常用 *HLB* 值进行衡量。*HLB* 值越高，其亲水性越强。*HLB* 值范围与应用的关系见表 1-1-5。

表 1-1-5　表面活性剂 *HLB* 值及对应用途

HLB	用　途
1.5～3	消泡作用
3.5～6	乳化作用(W/O)
7～9	润湿作用
8～18	乳化作用(O/W)
13～15	洗涤作用
15～18	加溶作用

表 1-1-6　表面活性剂 *HLB* 值与溶解性的关系

HLB	水溶性
0～3	不分散
3～6	微分散
6～8	强力搅拌下乳浊
8～10	较稳定的乳浊
10～13	半透明至透明分散
13～20	透明溶解

2. *HLB* 值计算

HLB 值没有绝对值，它是相对于某个标准所得的值。*HLB* 值的获得方法有实验法和计算法两种，后者较为方便。

一般以石蜡的 *HLB* 值为 0、油酸的 *HLB* 值为 1、油酸钾的 *HLB* 值为 20、十二烷基硫酸钠的 *HLB* 值为 40 作为标准，阴、阳离子型表面活性剂的 *HLB* 值在 1～40 之间。

(1) 非离子型表面活性剂

$$HLB=\frac{\text{亲水基的相对分子质量}}{\text{表面活性剂的相对分子质量}}\times\frac{100}{5}$$

$$=\frac{\text{亲水基相对分子质量}}{\text{疏水基相对分子质量}+\text{亲水基相对分子质量}}\times\frac{100}{5}$$

对石蜡,由于没有亲水基,所以 HLB 值等于 0;对聚乙二醇,由于没疏水基,所以 HLB 值等于 20。非离子型表面活性剂的 HLB 值在 0~20 之间。

(2) 离子型表面活性剂

由于亲水基种类繁多、亲水性大小也各不相同,计算比较复杂。

$$HLB=7+\sum(\text{亲水基基团数})+\sum(\text{亲油基基团数})$$

(3) 混合表面活性剂

混合表面活性剂的 HLB 值一般可用加合的方法计算:

$$HLB=\frac{w_A\cdot HLB_A+w_B\cdot HLB_B+\cdots}{w_A+w_B+\cdots}$$

式中 W_i、HLB_i 分别为混合表面活性剂中 i 组分的质量百分比和 HLB 值。

表 1-1-7 表面活性剂各种基团的 *HLB* 值

亲水基团	*HLB* 值	亲水基团	*HLB* 值	疏水基团	*HLB* 值
$—SO_4Na$	38.7	—COOH	2.1	=CH—	−0.475
—COOK	21.1	—OH(自由)	1.9	—CH—	
—COONa	19.1	—O—	1.3	$—CH_2—$	
$—SO_3Na$	11	$—(CH_2CH_2O)—$	0.33	$—CH_3$	
—COOR	2.4	$—(CH_2CH_2CH_2O)—$	0.15	$—CF_2—$ $—CF_3$	−0.870

(二) 表面活性剂的复配

1. 与无机电解质的混合

在表面活性剂中加入电解质,往往可使溶液的表面活性提高。因为中性盐电离后所产生的表面活性剂的反离子浓度增加(对于 $R—COO^-$ 的反离子是 Na^+),影响表面活性剂离子胶团的扩散双电层(减小平均厚度),从而使胶团容易形成,使 *CMC* 下降,同时表面张力也明显下降。对非离子表面活性剂,无机盐的添加对其性质的影响较小。

2. 与极性有机物的混合

在表面活性剂溶液中,若混有少量的极性有机物,则导致其 *CMC* 明显变化,增加其表面活性,甚至出现表面张力最低现象。比如十二烷基硫酸钠的提纯物与含十二醇的十二烷基硫酸钠相比,前者的表面活性远不及后者。脂肪醇的存在对表面活性剂溶液的表面张力、临界胶团浓度、起泡性、乳化性、加溶作用都有显著的提高。

3. 阳离子与阴离子的混合

一般认为阴离子表面活性剂不得与阳离子表面活性剂混合使用,否则会发生沉淀失去表面活性。在染整加工中，凡有阴离子物质存在的场合，必须采取一定的措施，即加入防止沉淀产生的非离子表面活性剂才可混入阳离子物质，反之亦然。

实践表明，将阴、阳离子表面活性剂适当地混合，它们的正、负离子之间必然发生强烈的电性作用，其结果类同与脂肪醇和表面活性剂之间的相互作用，甚至更加强烈，从而使表面活性得到改善。如将阴离子（或阳离子）表面活性剂同少量的阳离子（或阴离子）表面活性剂混合，可使溶液的表面张力显著下降，当等比例混合时，则表面张力达到最低值，且两者的碳原子数相接近时才有更显著的效果。

4. 非离子表面活性剂与阴离子、阳离子表面活性剂的混合

这种情况应用实例很多，一般是非离子表面活性剂中混入阴离子表面活性剂，如在非离子表面活性剂 $C_8H_{17}-C_6H_4-O-(C_2H_4O)_9H$ 中混入 2% 的阴离子表面活性剂 $R-C_6H_4-O-SO_3Na$ 后，非离子表面活性剂的浊点可提高 20℃。

如果在离子型表面活性剂中混入非离子表面活性剂时，则离子型表面活性剂的胶团浓度明显下降。其原因是因为非离子表面活性剂与离子型表面活性剂在溶液中形成混合胶团。非离子表面活性剂分子的插入，使离子型表面活性剂的离子头之间的电性斥力减弱，加之两种表面活性剂碳链的疏水作用，容易形成胶团，故使 *CMC* 下降。

任务二　常见表面活性剂的制备

一、十二烷基苯磺酸钠(LAS)的制备

1. 制备原理

十二烷基苯与发烟硫酸或三氧化硫磺化，再用碱中和制得。用发烟硫酸磺化，反应结束后有部分废酸存在于磺化物料，中和后生成的硫酸钠带入产品中，影响其纯度。近年来国内外常采用气体三氧化硫磺化工艺，用空气稀释到 3%～5%，通入装有烷基苯的磺化反应器中磺化，再进入中和系统中和，最后进入喷雾干燥系统干燥，得到流动性很好的粉末。

工业上直链烷基磺酸盐也不是单一的产物，而是直链烷烃与苯在链中任意点上的相连，其结果产生了不同仲烷基比例的混合物。实验室中由于条件的限制，可用硫酸进行磺化。

$$C_{12}H_{25}-C_6H_5 + H_2SO_4(SO_3) \longrightarrow C_{12}H_{25}-C_6H_4-SO_3H + H_2O$$

$$C_{12}H_{25}-C_6H_4-SO_3H + NaOH \longrightarrow C_{12}H_{25}-C_6H_4-SO_3Na + H_2O$$

2. 主要仪器和药品

(1) 仪器：烧杯、四口烧瓶（500 mL）、滴液漏斗、分液漏斗、量筒（100 mL）、温度计（0～

100℃)、锥形瓶、碱式滴定管、密度计、水浴锅、电动搅拌器。

(2) 药品：NaOH 溶液(质量分数 15%)、NaOH 溶液(0.1 mol・L^{-1})、NaOH(固体)、发烟硫酸、十二烷基苯、酚酞指示剂、pH 试纸。

3. 制备步骤

(1) 磺化：在装有搅拌器、温度计、滴液漏斗的 500 mL 四口反应瓶中，加入十二烷基苯 35 mL(34.6 g)，搅拌下缓慢滴入质量分数为 98%的硫酸 35 mL，温度不超过 40℃，加完后升温至 60～70℃，反应 2 h；

(2) 分酸：将上述磺化混合液降温至 40～50℃，缓慢滴加适量的水(约 15 mL)，倒入分液漏斗中静止片刻，分层，放掉下层(水和无机盐)，保留上层(有机相)；

(3) 中和：配制质量分数为 10%的 NaOH 溶液 80 mL，将其加入四口瓶中约 60 mL，搅拌下慢慢加入上述有机相，控制温度在 40～50℃，用剩下的 10%的 NaOH 调节 pH=7～8，并记录 10%的 NaOH 的用量；

(4) 盐析：于上述反应体系中，加入少量氯化钠，渗圈试验清晰后过滤，得白色膏状产品。

4. 思考与讨论

(1) 磺化反应的影响因素有哪些?

(2) 试计算废酸的量。

(3) 举例说明烷基苯磺酸钠的应用。

二、脂肪醇聚氧乙烯醚的合成

1. 合成原理

脂肪醇聚氧乙烯醚是由脂肪醇(C10～18 的伯醇或仲醇)在碱催化剂(苛性碱或甲醇钠)存在下和环氧乙烷加成反应而得。

环氧乙烷又称为氧化乙烯，沸点 10.8℃。在常温下为无色带有刺激性气味的气体，气体的蒸汽压高，30℃时可达到 141 kPa，穿透力较强。气体易燃易爆，闪点<0℃，空气中环氧乙烷浓度高于 30 g/L 即可发生燃烧爆炸，国家规定使用环境中含量应低于 2.0 mg/m^3。

在低温加压条件下将环氧乙烷液体装入耐压钢瓶内或小量密封于玻璃瓶内(10～20 mL)。盛装容器必须能耐一定的压力，玻璃瓶能耐 6 kg/cm^2，2.5 kg 以下装量的铝制钢瓶须耐 47 kg/cm^2压力，装量大的需要更好的耐压钢瓶。实验室使用时必须密封。

伯醇的反应速率大于仲醇，而伯醇与环氧乙烷反应生成一加成物的速率接近于聚氧乙烯醚链增长的速率，造成最终产品实际上是包括了未氧乙基化的原料醇、不同聚合度的聚氧乙烯醚的混合物。

脂肪醇聚氧乙烯醚的应用性能很大程度上取决于聚氧乙烯醚的聚合度，所以要得到 n 最窄的分布曲线，是提高产品质量的关键。催化剂对分布曲线影响很大，碱性催化剂得到的分布曲线较宽，采用酸性催化剂，如三氟化硼、四氯化锡、五氯化锑等，得出较窄的分布曲线，但酸性催化剂会造成副产物增多和设备腐蚀问题，所以至今还未大规模的采用。

$$C_{12}H_{25}OH + n\underset{\diagdown\,O\,\diagup}{CH_2{-}CH_2} \longrightarrow C_{12}H_{25}{-}O(CH_2CH_2O)_n{-}H$$

2. 合成步骤

在装有搅拌器、温度计、冷凝管、通气管的 250 mL 四口瓶中，加入 46.5 g(0.25 mol)月桂醇，0.2 gKOH，搅拌，加热升温至 120℃，通入 N_2，置换空气，然后继续升温至 160℃，边搅拌边滴加 44 g(1 mol)液体环氧乙烷，在 1 h 内加完。控制反应温度在 160℃，保温反应 3 h，冷却至室温，放料。

3. 思考与讨论

(1) 非离子表面活性剂有何特点？

(2) 举例说明脂肪醇聚氧乙烯醚的应用？

三、十二烷基二甲基苄基氯化铵的合成

N, N-二甲基十二烷基胺(N, N-dimethyl octadecyl amine)又叫十二叔胺，是浅草黄软蜡质固体或浅棕色黏稠液体，凝固点 22.8℃，易溶于醇类，不溶于水。

本品用作季铵盐类阳离子表面活性剂的重要化学中间体，可与环氧乙烷、氯化苄等反应生成不同的季铵盐类阳离子表面活性剂。还可用作乳化剂、破乳剂、织物柔软剂、抗静电剂、染料固色剂、匀染剂、金属除锈剂、缓蚀剂等，在医药部门也有应用。

1. 合成原理

以十二胺为原料，与甲醛和甲酸经歧化反应制备 N, N-二甲基十二烷基胺。其反应式为：

$$C_{12}H_{37}NH_2+2HCHO+2HCOOH \longrightarrow C_{12}H_{37}N(CH_3)_2+2H_2O+2CO_2$$

$$C_{12}H_{25}-N(CH_3)-CH_3 + C_6H_5CH_2Cl \longrightarrow \left[C_{12}H_{25}-N(CH_3)_2-CH_2-C_6H_5\right]^+ Cl^-$$

2. 主要仪器和药品

(1) 仪器：电动搅拌机、电热套、托盘天平、球形冷凝管、分液漏斗、量筒(100 mL)、温度计(0～100℃)、250 mL 四口烧瓶；

(2) 药品：十二胺、氢氧化钠(质量分数 30%)、pH 试纸、无水乙醇、甲醛、甲酸、氯化苄。

3. 合成步骤

(1) N, N-二甲基十二烷基胺的合成

在装有温度计、球形冷凝管和电动搅拌器的 250 mL 四口烧瓶中，加入 24 mL 无水乙醇和 25 g 十二胺，加热溶解，开启搅拌。

降温至 35℃时，加入 14 g 甲酸，控制温度在 50℃左右，加 20 g 甲醛。

升温至 78～80℃回流 2 小时，用质量分数为 30%的 NaOH 中和至 pH 值为 10～12。

将反应物倒入分液漏斗中静置，分去水层，有机层减压脱除乙醇。

(2) 十二烷基二甲基苄基氯化铵的合成

在装有搅拌器、温度计、回流冷凝管的四口烧瓶中，加入 44 g 十二烷基二甲基叔胺和 24 g 氯化苄，搅拌，升温至 90～100℃，回流反应 2 h，即得产品。

4. 思考与讨论

(1) 反应中为什么要加入乙醇？

(2) 反应温度确定的依据是什么?

(3) 阳离子表面活性剂有何用途?

四、十二烷基二甲基甜菜碱的合成

1. 合成原理

十二烷基甜菜碱(Dodecyl dimethyl betaine),又名 BS-12,为无色或浅黄色透明黏稠液体,有良好的去污、起泡、渗透和抗静电性能。杀菌作用温和,刺激小,在碱性、酸性和中性条件下均溶于水,即使在等电点也无沉淀,在任何 pH 条件下都可以使用,属于两性表面活性剂。适用于制造无刺激的调理香波、纤维柔软剂、抗静电剂、匀染剂、防锈剂、金属表面加工剂和杀菌剂等。

合成原料为 N, N-二甲基十二烷胺和氯乙酸钠,反应式如下:

$$nC_{12}H_{25}NH_2 + 2CH_2O + 2HCOOH \longrightarrow nC_{12}H_{25}N(CH_3)_2 + 2CO_2 + 2H_2O$$

$$nC_{12}H_{25}N(CH_3)_2 + ClCH_2COONa \longrightarrow nC_{12}H_{25}\overset{\overset{\displaystyle CH_3}{|}}{\underset{\underset{\displaystyle CH_3}{|}}{N^+}}—CH_2COO^- + NaCl$$

2. 合成步骤

在装有温度计、电动搅拌器、冷凝管的四口瓶中,加入 10.7 g N, N-二甲基十二烷胺,再加入 5.8 g 氯乙酸钠和 30 mL 质量分数为 50%的乙醇溶液,在水浴中加热至 60~80℃,并在此温度下回流至反应液变成透明为止;

冷却反应液,在搅拌下滴加浓盐酸,直至出现乳状液不再消失为止,放置过夜,第二天,十二烷基二甲基甜菜碱盐酸盐结晶析出,过滤,每次用 10 mL 乙醇和水(1∶1)混合液洗涤两次,然后干燥滤饼;

粗产品用乙醚∶乙醇=2∶1 溶液重结晶,得精制的得十二烷基二甲基甜菜碱,用熔点仪测其熔点。

3. 注意事项

(1) 玻璃仪器必须干燥;

(2) 滴加浓盐酸至乳状液不再消失即可,不要太多;

(3) 洗涤时,溶液要按规定量加,不能太多。

4. 思考与讨论

(1) 两性表面活性剂有哪些类型,有哪些用途?

(2) 甜菜碱型与氨基酸型两性表面活性剂其性质有何区别?

五、表面活性剂产品分析与测试

(一) 液体产品黏度测定(GB/T 15357—1994)

本方法规定用旋转黏度计测定表面活性剂和洗涤剂液体产品的黏度或表观黏度。该标准

适用于黏度为 $5\sim5\times10^4$ mPa·s 的产品，如 5 mPa·s 以下牛顿型样品应采用更精确的方法，如毛细管黏度计法。

牛顿型液体是指在所有剪切速率下，都显示恒定黏度的液体；非牛顿型液体，是指随剪切速率的变化，乃至剪切时间不同，黏度会发生变化的液体。

动力黏度是指液体在一定剪切力下一液层与另一液层做相对流动时内摩擦力的量度，其值为加于流动液体的剪切力(τ)和剪切速率(D)之比，单位为帕斯卡秒(Pa·s)或毫帕斯卡秒(mPa·s)。

采用规定的旋转式黏度计(如上海天平仪器厂生产的 NDJ-1)，在规定的剪切速率下，测定牛顿型液体的黏度(η)或非牛顿型液体的表观黏度(η_a)。将被测试样倒入恒温控制的测量容器内，调节温度至所选定的温度(25±0.1℃)，然后用所选的转子放入测量容器内接到转轴上，转子浸在试样中心，样品液面在转子液位标线，并防止转子产生气泡，按仪器说明书操作。

$$\eta(\text{或 } \eta_a) = K \cdot \alpha$$

式中：η——牛顿型样品在测定温度下的动力黏度(mPa·s)；

η_a——非牛顿型样品在测定温度下的动力黏度(mPa·s)；

K——所选转子及转速对于的系数；

α——仪器读数值。

(二) 表面活性剂在硬水中稳定性的测定(GB 7381—1987)

表面活性剂在硬水中与钙离子进行离子交换形成某种化合物，其溶解度的大小或由于离子力、盐效应等使溶液胶态起变化，本法适用于常温或稍高温度时易于溶解的表面活性剂在硬水中稳定性的测定。

不同浓度的表面活性剂溶液与不同已知钙硬度的硬水溶液混合，将混合液在规定条件下静置，观察其外观可分为：清晰、乳色、浑浊、少量沉淀、大量沉淀。

1. 试剂和仪器

(1) 硬水溶液：按 QB/T 1325—1991《洗涤剂试验用已知钙硬度水的制备》规定配制含 Ca^{2+} 120.24 mg/L(S1)、180.36 mg/L(S2)、240.48 mg/L(S3)硬水溶液；

(2) 50 mL 平底磨口比色管：有磨口塞，在 50 mL 处有刻度(直径 30 mm，高度 200 mm)。

(3) 移液管：5 mL

(4) 恒温水浴锅

2. 步骤

(1) 试液的配制：取 50 g 试样(称准至 0.01 g)溶于 1 000 mL 20℃的蒸馏水中，配成试液。若 20℃时不易溶解，则在 50℃时配制。对含有不溶性无机物的表面活性剂试样，配成溶液后需离心分离，直至清晰，备用。

(2) 测定：取 15 只平底比色管分成 3 组，每组 5 只，用移液管吸取 5.0、2.5、1.2、0.6、0.3 mL试液分别置于每组的各个试管中，在 3 组试管中分别加入 S1、S2、S3 已知钙硬度的硬水溶液至 50 mL 刻度处，塞住瓶塞将各试管上下翻转，每秒 1 次，重复 10 次，操作时尽量避免产生泡沫。将该 15 只试管在 20℃下静置 1～2 h，观察溶液的外观。

3. 评级

表 1-2-1 液体外观及评分值

液体外观	评分值	液体外观	评分值
清 晰	5	少量沉淀	2
乳 色	4	大量沉淀	1
浑 浊	3		

(三)表面活性剂表面张力的测定

溶液的表面张力是表征液体性质的一个重要参数。影响表面张力大小的因素有:①液体的种类。不同液体的分子间作用力不同,分子间作用力大,表面张力就大。水具有较大的表面张力,而油的表面张力较小。②温度。当温度升高时,液体分子间引力减弱,同时其共存蒸气的密度加大,表面分子受到液体内部分子的引力减小,受到气相分子的引力增大,表面张力减小。③一种溶剂中溶入其他物质,表面张力会发生变化。如果在纯水中加入少量表面活性剂,其表面张力就会急剧下降。表面活性剂浓度的高低也会影响表面张力的大小。

表 1-2-2 某些液体的表面张力值(20℃)

液 体	表面张力(mN/m)	液 体	表面张力(mN/m)
汞	484	乙 醇	22.27
水	72.75	正辛烷	21.77
苯	28.88	乙 醚	17.10

液体表面张力的测定方法分静力学法和动力学法。静力学法有毛细管上升法、旋滴法、最大气泡压力法;动力学法有震荡射流法、毛细管法等。由于动力学法本身较复杂,测试精度不高,而先前的数据采集与处理手段都不够先进,致使此类测定方法成功应用的实例很少。因此,迄今为止,实际生产中多采用静力学测定方法。拉脱法是测量液体表面张力系数常用的方法之一。该方法用秤量仪器直接测量液体的表面张力,方法直观。此处介绍较为简便的白金板法。

感测白金板的表面张力远大于液体表面张力,以便液体能有效润湿白金板能在板上爬升。液体会在白金板周围形成一个角度的弧形液面,表面分子力发生作用,并将白金板往下拉。此时,存在以下平衡:

平衡力(向上)=白金板的重力(向下)+表面张力总和(向下)-白金板受到的浮力(向上)

将白金板浸入待测液体,白金板周围受到液体表面张力的作用,将白金板尽量往液体方向拉。当液体的表面张力及其其他相关的力与平衡力达到均衡时,感测白金板就会停止向液体内部浸入,这时,仪器的平衡感应器就会测量浸入深度,并将它转化为液体的表面张力值。

测试步骤:将白金板浸入液体,浸入状态下,由感应器感测平衡值,将感应到的平衡值转化为表面张力值,并显示出来。

1. 试液和仪器

(1) 待测溶液、一定浓度的表面活性剂溶液。

(2) 仪器设备:烧杯(100 mL)、量筒、天平、BZY-1 表面张力仪等。

2. 操作步骤

(1) 测试前确保主机预热 30 min,等系统稳定后方可使用。

(2) 根据被测试样黏度的大小,设定修正值。一般经验参数:低黏度试样设定为 5.0,高黏度试样设定为 8.0。可通过设定 1、设定 2 按键设置。

(3) 使用前将吊钩和白金板挂好,按去皮归零。

(4) 每次测定前确保白金板和玻璃皿干净。

白金板清洗:夹取白金板的钩子,用流水冲洗,注意与水流保持一定的角度,原则为尽量使水流洗干净板的表面且不能让水流使得板变形;用酒精灯烧白金板,一般与水平呈 45 度角,直到白金板变红为止,时间 20~30 s;通常情况为用水清洗即可,但遇有机液体或其他污物用水无法清洗时用丙酮清洗或用 20%HCl 加热 15 min 进行清洗,然后再用水冲洗,烧红即可。

(5) 第一次使用或使用一段时间后需进行满量程校正:

将吊钩和白金板挂好→按"去皮"操作,显示"0.0"→按"校正"键,显示"CAL"→挂上随机所附的 400 mN 或 200 mN 标准砝码,5 秒钟左右即出现 400 或 200 mN,听到"嘟"的声音后校正结束。

(6) 样品皿中加入测量液体(最好用移液管从待测液的中部取样,并确保取样前样品皿的干净度),将被测样品放于样品台上;观察液晶屏显示值是否为 0,如不为 0,则按去皮键,作清零处理。

(7) 按"自动/手动"按键(自动时指示灯亮,手动时指示灯暗),将表面张力仪调至自动状态。

(8) 按"向上键"自动测试表面张力,待显示屏的数值稳定后可读取液晶显示屏上的表面张力值。

(9) 完成测试:按"向下"键完成一次测量过程。如需重复测量,则按"向下"键,表面张力仪样品台逐渐下降,白金板脱离被测样品后,可先按"停止"键,再重新按"向上"键测试,分析测试的重复性。

3. 注意事项

(1) 每次测试前应确保白金板和玻璃皿的干净(非常重要);

(2) 测试液最好进行温度控制;

(3) 玻璃皿中测试液的多少不会影响测量值的准确性,但为了妥善起见,应确保液体有 5 mm高度,约 15 mL 左右。

(四) 表面活性剂临界胶束浓度测定(GB 11278—1989)

测定一系列不同浓度的阴离子和非离子表面活性剂溶液的表面张力,其浓度包括临界胶束浓度。绘制以表面张力为纵坐标,溶液浓度为横坐标的曲线,曲线上的突变点即为临界胶束浓度(*CMC*)。

1. 仪器和试剂

(1) 不同浓度的表面活性剂溶液;

(2) 仪器设备:烧杯(100 mL)、量筒、天平、BZY-1 表面张力仪等。

2. 步骤

(1) 配制 10 个不同浓度的表面活性剂溶液,包括预期临界胶束浓度。每个溶液取 50 g;

(2) 清洗仪器(同上);

(3) 仪器校正(同上);

(4) *CMC* 测定:盛有试样的每只烧杯各用一块表面皿盖上,将烧杯置于控温水浴中(20±1℃),静置 3 h 后测定表面张力。

3. 绘制曲线

以表面张力值为纵坐标,表面活性剂浓度(g/L)的对数为横坐标,绘制曲线,每个浓度测定值为 3 次连续测定的平均值。根据曲线,求出 *CMC*。

任务三　表面活性剂的应用

表面活性剂的应用十分广泛,此处仅介绍表面活性剂在纺织和洗涤剂中的应用。

一、表面活性剂在纺织中的应用

除棉、毛、丝、麻等天然纤维外,在涤纶、腈纶、锦纶等合成纤维从原料到产品的一系列加工工序中,也都要涉及到纺丝、上(退)浆、洗涤、煮练、漂白、染色、加油、整理、印花、软化、脱胶、给湿等操作过程,为了使各过程顺利进行,提高纺织品的各项性能,大多需要加入表面活性剂或其他助剂。

(一) 在合成纤维生产及加工中的应用

现已开发成纤并且工业化的合成纤维有聚酯、聚酰胺、聚丙烯、聚丙烯腈、聚乙烯醇、聚氨酯等。与天然纤维不同,合成纤维纺丝成形后的纤维表面不含脂质和蜡质,所以加工时摩擦力很大,极易产生静电,且由于它们的吸湿性差,对加工中产生的静电不能传递出去,从而会造成静电积累,这就给加工和穿用带来麻烦。因此要在合纤表面施加合纤油剂,以减少纤维与金属之间的摩擦、调节纤维与纤维之间的摩擦,减少与释放纺丝过程中产生的静电,控制丝束之间的抱合力,防止磨损,使纺丝能顺利进行,并使纺出的纤维能满足后道工序以及织造加工的需求。此外,化学纤维染色比较困难,所以在加工中需使用一些表面活性剂,以改善加工性能、提高适用性。

1. 合成纤维油剂的组成

合成纤维油剂一般由平滑剂、抗静电剂、乳化剂、集束剂、油膜增强剂、金属防腐剂、杀菌剂、抗氧剂、黏度调节剂、pH 调节剂、消泡剂、油剂均相调节剂等组分组成。

(1) 平滑柔软剂:用量 40%~60%。主要有:

① 矿物油、高级醇、合成酯类:流动石蜡、矿物油、高级醇以及硬脂酸辛酯、已二酸二油醇酯等合成酯,由近乎直链的脂肪族碳氢结构部分使其具有良好的平滑性,能有效降低动摩擦系数,部分还用于纺丝油剂中。为使其乳化,需要加入乳化剂使之成为乳液使用。该类平滑剂不属于表面活性剂范畴。

② 脂肪酸聚氧化乙烯酯类:常用的脂肪酸为 C_{12}、C_{16}、C_{18} 酸或油酸,环氧乙烷加成分子数

一般在 6～10。酸的碳链越长，摩擦系数越小，即平滑作用越好，但水溶性变差。随环氧乙烷加成数的增加，其动、静摩擦系数逐渐增大。单酯水溶性好，乳化性好，而双酯平滑性好。

③ 多元醇类非离子表面活性剂：多元醇分子中 1 个羟基或部分羟基和脂肪酸形成酯，剩下的羟基具有亲水作用，或剩下的羟基部分加成环氧乙烷后具有更好的亲水性。最为常见的有 Span 类和 Tween 类，它们是合纤油剂的重要组分，不仅是良好的乳化剂，也是相当好的耐热平滑剂。

④ 聚醚：环氧乙烷(EO)和环氧丙烷(PO)的共聚物产品，通称为聚醚表面活性剂。在合纤油剂中，聚醚作为性能良好的平滑剂和乳化剂正在取代脂肪酸酯，成为第三代油剂的主要成分。

(2) 抗静电剂：用量为 5%～20%，绝大多数是表面活性剂。常用品种有：

① 阴离子型抗静电剂：阴离子型的抗静电剂品种最多，价格便宜，对染色的影响少，无毒性，在纺织加工中广为应用。常用的有：肥皂类、磺酸酯盐类、硫酸酯盐类、磷酸酯盐类。

② 阳离子表面活性剂：阳离子型抗静电剂在纺织加工中占有重要地位。它可作为纤维的抗静电剂、染色助剂和柔软加工剂。主要有：季铵盐化合物、氧化胺、亚胺醚、咪唑啉、脂肪胺和脂肪酰胺类季铵盐等。十二烷基三甲基溴化铵和十六烷基三甲基溴化铵分别简称为 1231 和 1631，是常用的抗静电剂，三丁基十六烷基溴化铵是聚酰胺纤维的有效抗静电剂。抗静电柔软剂 AS 属咪唑啉季铵盐，用于聚酯纤维、聚丙烯腈纤维和聚酰胺纤维。

阳离子表面活性剂除具有优良的抗静电效果外，还能有效地降低纤维之间的静摩擦系数，使纤维具有良好的平滑性和柔软性，此外，季铵盐型的阳离子表面活性剂还有杀菌作用，可部分防止油浴及织物的发霉。但是阳离子型表面活性剂价格较贵，会使染料变色，耐日晒牢度较低，对设备腐蚀较大，毒性强，对皮肤有刺激性，使用受到一定的限制。它一般不能与阴离子表面活性剂共用，很少用于纺丝油剂，主要用于织物的后整理。

③ 非离子表面活性剂：非离子型表面活性剂的烃链和疏水合成纤维结合，而其聚氧化乙烯醚能与空气中的水相结合，所以能增加纤维的吸湿性，使纤维外层保持一层吸湿膜，从而具有抗静电性。但它不像膦酸酯盐和季铵盐那样有可移动离子，所以与阴离子、阳离子、两性离子性表面活性剂相比，抗静电性能稍差。但一般的非离子表面活性剂具有优良的乳化性能，与阴离子、阳离子表面活性剂的配伍性很好，多用作副抗静电剂使用。其种类主要有：脂肪醇聚氧乙烯醚、烷基酚聚氧乙烯醚、脂肪醇聚乙二醇酯、环氧乙烷和脂肪胺的缩合物和聚醚等。

④ 两性离子表面活性剂：主要有羧酸型(N-烷基甜菜碱系列)和咪唑啉型两大类。与阳离子表面活性剂相比，一般生物毒性小，杀菌力更强，且耐硬水、耐热性好，能与任何表面活性剂混用，是优良的纤维抗静电柔软剂，但价格昂贵，使用范围不广。

(3) 乳化剂：用量为 30%～50%。

除帘子线生产中部分使用油剂原油上油之外，一般纺丝油剂都是分散于水中或溶于水，把其水乳液或水溶液用于纺丝工序，要使乳液稳定，乳化是关键一步。合成纤维油剂中的平滑剂有时是非极性的长链烷烃、极性小的合成酯或有机硅油等，它们不溶于水，需要乳化剂将它们在水相中形成稳定的乳状液。表面活性剂的亲水亲油平衡值(*HLB* 值)是考虑其应用的一个重要参考依据。

乳化剂中含有离子型表面活性剂有助于获得较为稳定的乳液，因为离子型乳化剂可使乳液粒子带电，相同的电荷互相排斥，增加了乳液的稳定性。选用与被乳化物(平滑剂)分子结构相似的乳化剂和混合乳液比选用单一乳化剂乳化效果好。乳化剂还会使不易溶于平滑剂的组分溶于其中,使原油均匀透明。表面活性剂在水溶液体系中对有机物的增溶现象是由于形成胶束所致。

合成纤维油剂通常是多种组分复配而成的,要求清澈透明,稳定性好,能贮存 1 年甚至更长时间不分层。常用的有:锦纶 6 号、乳化剂 OP、乳化剂 BY、Span 60、Tween 60 等。

(4) 集束剂

在纺丝、牵伸工序,单丝之间分离的倾向大,尤其在细旦丝和产业用粗旦丝生产过程中,这种离散现象更易发生。由静电产生的丝离散可用行之有效的抗静电剂解决。而提高长丝集束性一种行之有效的方法就是使用集束性高的油剂,使纺丝织造过程中,毛丝、断头大大减少,提高效率和最终产品的质量等级。

2. 合成纤维纺丝油剂示例(按质量分数)

(1) UDY 涤纶长丝纺丝油剂

癸醇聚氧化乙烯醚磷酸酯钾盐	9.0
十八酸丁酯	39.0
月桂醇聚氧化乙烯(4)醚	36.5
十三烷醇聚氧化乙烯(6)醚	15.5

(2) 锦纶长丝 UDY 长丝油剂

矿物油(120S)	50
油醇聚氧化乙烯(3)醚	15
壬基酚聚氧化乙烯(7)醚	10
聚氧化乙烯(3)蓖麻油醚	10
油醇聚氧化乙烯(8)醚磷酸酯钠盐	10
辛醇磷酸酯三乙醇胺盐	5

3. 合成纤维油剂的评价

合成纤维油剂是一个较为复杂的多组分复配物,对于这些组分本身就应该有严格的质量、外观、性状要求,否则复配的油剂质量控制就无从谈及。

评价一种合成纤维油剂的优劣最重要的标准是看它能否满足特定的纺丝工艺的要求,亦即具有的可纺性和后加工性,涉及到油剂的平滑性、耐热性、扩散性、抱合性、油剂的油膜强度以及和浆料的适应性等等。除此之外,以下要素也是评价一种油剂优劣所必需的:

(1) 外观:在室温下呈清澈透明状。

(2) 色泽:无色透明,也可为浅黄色。

(3) 凝点:一般凝点低较好,不致于在 10℃ 环境下就凝成固体状,以免影响水溶液的配制。

(4) 原油稳定性:一般要求存放 12 个月不分层。在低温环境下,若原油凝固,但经熔化后稍加搅拌,其各组分仍能很好很快地互溶,否则也不适用。

(5) 水(乳)液稳定性:一般合成纤维油剂是加水配制成水溶液或乳状液使用,要求油剂易溶解或乳化,且水(乳)液要稳定。

(6) 水(乳)液 pH 值:要求 pH 值在 7 左右,否则对机器和化学纤维本身不利。

(7) 防锈性:对纺机的金属部件不应锈蚀。

(8) 抗菌性：要求原油和水液抗菌，否则细菌会引起油剂或水液的霉变腐败。

(9) 安全性：因为油剂在化学纤维生产中都是在敞开系统中使用，所以要求油剂的闪点高，不会自燃和着火。

(10) 环保性：符合大气污染防护、水质污染防护等要求，也要无毒、无恶嗅，符合劳动安全保护的规定。

（二）在经纱上浆剂中的应用

机织布织造时，对经纱要进行上浆处理，降低断头率，提高织造效率。常见的浆料有天然(改性)淀粉类、聚乙烯醇类、聚丙烯酸酯类。为弥补经纱主浆料的缺陷，满足织造要求，还需在经纱上浆剂中加入各种助剂，主要有柔软剂、平滑剂、抗静电剂、防腐剂、后上蜡、浆纱分解剂等。这些助剂大部分是非离子型表面活性剂和阴离子型表面活性剂，阳离子型表面活性剂易与浆料中其他组分反应，一般很少使用。浆纱助剂除具有弥补主浆料不足的特点外，还应满足浆料的一般要求，如化学稳定性要好，不能同其他组分的浆料发生化学反应，在高温条件下性能不发生变化，混溶性要好，不发生漂浮和分层，退浆时应容易去除，不污染环境，不影响浆液的色泽等。辅助材料根据具体情况使用，随品种、气候、生产条件、原材料的变化应有所改变。在满足织造要求条件下，应尽量减少助剂的种类和用量。

1. 柔软剂

浆纱柔软剂在调浆时使用，一般用量为主浆料量的 1%～8%，可改善浆纱的柔软性，使浆纱富有一定的弹性。柔软剂分子插在高聚物分子链之间，把高分子链的距离拉开，削弱分子间引力，使浆料分子间结合松弛，浆膜柔软。

浆纱柔软剂虽使浆纱更富有弹性，但同时也使浆膜强度有所降低，用量越大，强度降低也越多，在确定柔软剂用量时，应从主浆料品种、织物品种、生产条件等方面考虑，对不同情况应选用不同的用量。常有：动物油脂的乳化物、硬脂酸的乳化物、非离子表面活性剂和阴离子表面活性剂的复配产品等。

(1) 浆纱膏：由精选牛油、羊油或猪油乳化而成的一种柔软剂，乳化剂可采用烷基酚聚氧化乙烯醚或脂肪醇聚氧化乙烯醚。在高速搅拌釜中(1 400 r/min)，先加入适量温水，然后加入烷基酚聚氧化乙烯醚和少量 C. M. C.，使其完全溶解。边搅拌边加入精制油脂，加入速度先慢后稍快，最后在高速搅拌下乳化成均匀的白色膏状物。

(2) 固体浆纱乳化油：主要成分有精选牛油、脂肪醇聚氧化乙烯醚、氢氧化钠等。生产方法基本同浆纱膏。加入氢氧化钠使膏状休的硬度增加，调整其用量可调整成品的硬度。固体浆纱乳化油便于运输、方便操作。

(3) 柔软剂 101：是多种有机化合物与水的乳化物，主要成分是硬酯酸、石蜡、平平加 O 等。在高速搅拌釜中加入硬脂酸、石蜡、平平加 O，加热熔解成一体，开动搅拌，加入溶有 *CMC* 的热水，待搅拌至水油成为均一的乳液时，保温 1～1.5 h，冷却，出料，即得成品。

2. 平滑剂

多用于涤棉、纯化纤等品种的浆纱，牛仔布等高密度产品有时也有使用，用量一般为 1%～2%。浆纱在织造时要经受纱线间、纱线机械间反复的摩擦，平滑剂的使用赋于纱线一定的平滑性，减小了纱线的摩擦系数，从而减少了因摩擦而引起的起毛起球和经纱断头现象。常用的平滑剂有：自乳化型矿物油、纺织乳蜡、非离子和阴离子表面活性剂的复配产品等。

（1）浆纱平滑剂：主要成分为白油或精制机油、脂肪醇聚氧化乙烯醚和少量的阴离子表面活性剂。在40～50℃下，于反应釜中投入原料复配而制得成品。

（2）乳化蜡：主要成分为石蜡、硬脂酸、乳百灵A、抗静电剂，在90℃以下复配而成。

（3）水溶性平滑剂：主要成分为聚醚和聚酯型非离子表面活性剂，在95℃以下复配而成。

3. 抗静电剂

用以减少由静电产生的纱线间的黏连，减少布面毛球，减少织造疵点。一般纯棉等亲水性纤维不使用抗静电剂，疏水性纤维浆纱时才使用，用量为主浆料量的0.2%～0.5%。在后上蜡时使用，用量一般为蜡量的10%～15%。常用的抗静电剂为非离子表面活性剂和阴离子表面活性剂。

（1）抗静电剂PK：主要成分为烷基磷酸酯钾盐，由脂肪醇与五氧化二磷发生磷酸化作用，生成磷酸醇酯的缩合物，再用氢氧化钾中和至pH=7～8而制成。

（2）非离子表面活性剂：主要成分为烷基酰胺类非离子表面活性剂、脂肪醇聚氧化乙烯醚。

4. 防腐剂

根据浆料的品种、生产季节、气候、仓储期、经销商的要求等来确定防腐剂的使用。淀粉等浆料都富含营养成分，非常有利于微生物繁殖，在织物上形成霉斑，在浆料配方中需加入一定量的防腐剂。防腐剂种类很多，一般都有一定的毒性。用量为淀粉量的0.2%～0.4%，化学浆量的0.1%～0.2%。主要品种有二萘酚、苯酚、菌霉净(5,5′-二氯-2，2′-二羟基二苯甲烷)。

5. 其他助剂

（1）浸透剂：促进浆料的浸透，常有非离子类表面活性剂平平加O、JFC，阴离子类的拉开粉、磺化琥珀酸二辛酯钠盐等，用量为浆料用量的1%～2%。

（2）淀粉分解剂：为降低普通淀粉的黏度，便于操作，需加入淀粉分解剂，如酸、碱、硼砂、氧化剂等。主要有两种：一种是硅酸钠，另一种是淀粉酶。

（3）吸湿剂：使浆纱吸湿性能加强，保持一定的弹性和柔软性。根据气候条件、车间温湿度等来确定是否添加和添加多少吸湿剂。常用的吸湿剂有：丙三醇(甘油)，用量为淀粉浆量的1%～2%。

（4）消泡剂：当浆桶或浆槽中产生较多泡沫时应使用。消泡剂能使浆液表面气泡的强度、韧度降低，从而使泡沫破裂，得以消除。常用消泡剂有：乙醚、辛醇、非离子表面活性剂、硅类消泡剂等。

（三）在棉/麻织物加工中的应用

1. 前处理加工

棉/麻织物的前处理加工分为纯物理加工和化学加工。纯物理加工如为去除布面绒毛的烧毛加工，以及为达到棉涤、麻涤尺寸稳定为目的的热定型加工。化学加工则是用化学药剂、助剂在特定的加工条件下，对坯布进行加工，如退浆，煮练、漂白、丝光加工等。退浆和煮练液中除含退浆剂和煮练主剂外，都将加入表面活性剂及复配物作退浆、煮练助剂，以增强润湿、渗透、乳化等性能。

2. 染色

棉/麻织物的染色加工，根据染料品种不同，所需表面活性剂类别及用量也不尽相同。如用还原染料染棉织物，常加入拉开粉 BX、平平加 O 等。

3. 后整理

棉/麻织物的后整理加工包括丝光、柔软、防污等。丝光整理液由碱液和表面活性剂组成。柔软整理所用表面活性剂有含硅阳离子表面活性剂、甜菜碱等。防污整理一般采用含氟丙烯酸酯与阳离子分散剂配制的溶液。

(四) 在毛织物加工中的应用

毛织物的加工可概括为原毛准备、毛纺、染色、织造及整理等工艺单元。

1. 原毛准备

包括羊毛拣选、洗毛、炭化、再生毛制备、羊毛脂回收等工序。涉及到表面活性剂应用的有洗毛和炭化工序。

(1) 洗毛

原毛上的污垢一般由羊毛脂、羊毛汗和土杂等组成。羊毛脂主要是高级脂肪酸、脂肪醇和脂肪烃的混合物，约有 180 种脂肪酸和 74 种脂肪醇，脂肪烃只占羊毛脂的 0.5%；羊毛汗由各种脂肪酸钾盐及磷酸盐和含氮物质组成，含量约占原毛的 5%～10%；土杂主要是风沙、尘土。

工业经典洗毛方法是乳化水洗法，通过表面活性剂和无机盐的作用，使羊毛油脂乳化，从纤维上分离达到除脂目的。典型的工艺有弱碱性洗毛（皂碱洗毛和合成洗涤剂加纯碱洗毛）、酸性洗毛、铵碱洗毛和中性洗毛。

(2) 炭化

羊毛除草杂的方式有机械除草杂和化学除草杂两类。前者是利用梳毛装置将草杂梳理清除，多用于含草杂少的羊毛。对于草杂较多的羊毛，则采用化学除草法。化学除草法也有两种，一种是酶法除草，即利用木质素酶和纤维素酶对草杂的专一性，使草杂解体，羊毛不受损伤。另一个是化学除草方法，即利用羊毛和草杂对硫酸的不同耐性，使浓硫酸夺取草杂中的水分而变黑炭化，称为炭化工艺。

炭化工艺有三种，即在原毛准备阶段进行的炭化为散毛炭化、在毛条制条后纺纱前进行的炭化为毛条炭化、在织造后进入整理阶段的炭化为匹布炭化。虽然在不同加工阶段对不同形式的羊毛进行炭化，但主要工艺步骤是相同的：浸酸→脱酸→焙烘→轧炭→水洗→中和→水洗→烘干。

该工序中加入表面活性剂，对羊毛不仅有提高润湿、渗透性，还有对硫酸或与羊毛大分子官能团结合而形成的化学反应性的保护作用。

2. 在羊毛纺纱、织造中的应用

(1) 和毛油：用于羊毛纺纱的助剂。和毛油剂起润滑作用，降低纤维的动摩擦系数，以便于梳理和牵伸；赋予纤维抱合性能，以减少纤维分散、意外牵伸和断条；赋予纤维抗静电作用，消除或减少纤维在纺纱过程中的静电。

(2) 织造用蜡：用于毛纺织造的助剂。其作用在于束敛纱线的毛羽，使纱线表面光滑易通过织机，降低纱线的表面摩擦，减少织造的断头，提高工效。

二、表面活性剂在洗涤剂中的应用

据统计，表面活性剂总产量的40%以上用于各种民用与工业洗涤剂的生产。洗涤剂的基本作用：一是降低污垢与物体表面的结合力，具有促使污垢脱离物体表面的能力；二是具有防止污垢再沉积的功能。

（一）洗涤剂用表面活性剂

1. 阴离子型表面活性剂

该类表面活性剂在洗涤剂中的应用最广、最多，工艺成熟，产品质量稳定，价格较低，与碱性助剂配用可提高洗涤效果，在低温下有良好的溶解度，在较低浓度下具有出色的去污力。主要有：

(1) 十二烷基硫酸钠(FAS)：在低硬度水中具有较高的去污力，泡沫丰富且脱脂能力低，洗涤手感好，常用于丝毛织物、地毯及玻璃器皿的清洗。对钙镁离子较敏感，在高硬度水中的去污能力明显下降。用于重垢型洗涤剂，一般与LAS、AEO等复配，且体系中加入三聚磷酸钠(STTP)等螯合助剂。

(2) 直链十二烷基苯磺酸钠(LAS)：多采用万吨级的工业装置，产品来源稳定，价格较低。具有出色的表面活性，对颗粒污垢、蛋白质污垢和油性污垢都有显著的去污效果，对天然纤维上的颗粒污垢洗涤作用尤佳，其去污力常随洗涤温度的升高而增强，对蛋白质污垢的洗涤作用高于非离子型表面活性剂；泡沫丰富，适于配制高泡产品。

但耐硬水性较差，去污性能可随水的硬度急剧降低，因此以其为主活性物的洗涤剂必须与适量的螯合助剂配用；脱脂能力较强，手洗时对皮肤有较强的刺激，且洗后衣物手感较差，宜用阳离子表面活性剂作柔软漂洗。为了获得更好的综合洗涤效果，LAS常与AEO等非离子表面活性剂复配使用。

(3) AES：多采用C12～C14 、EO摩尔加成数2～4的AES作洗涤剂的活性物。其洗涤性能不因水中电介质和硬度的增加而下降，且水溶性极好，对人体皮肤较LAS温和。最适宜配制低温重垢型液体洗涤剂和低磷无磷液体洗涤剂，AES与LAS复配后有助于总去污效果的提高，有助于高浓度非离子型表面活性剂的增溶，有助于荧光增白剂对织物的吸收，还有助于改进合成洗涤剂的泡沫特性和表观黏度。两者复配形成的各类硬表面清洗剂，在大量油污中仍能保持稠厚的泡沫和较强的去污力。

(4) 肥皂：肥皂水泡沫丰富，去污力强，但不耐硬水，在硬水中易形成钙皂而沉积在基质上并失去洗涤性能。以脂肪酸钠配以多种助剂生成的肥皂粉和以脂肪酸钾为主配制的液体皂正日益占领肥皂市场。

除上述四个用量较大的阴离子表面活性剂品种外，脂肪酸甲酯 α-磺酸盐(MES)和烯基磺酸盐(AOS)等新的阴离子活性物将是未来洗涤剂用表面活性剂的新品种。

2. 非离子表面活性剂

常用于配制液体洗涤剂和超浓缩洗衣物，与阴离子表面活性剂复配使用。由于非离子表面活性剂不存在电荷且基团庞大，使阴离子表面活性剂很容易嵌入其中，形成混合胶束，易在两者接触的界面上形成一种复合膜，减少了阴离子表面活性剂亲水基团之间同性排斥，更容易缔合，也较为稳定。复配的合成洗涤剂的去污力随着非离子表面活性剂配入量的增加而增强，其泡沫量则随非离子表面活性剂配入量的增加而降低，并易形成大泡。

(1) 脂肪醇聚环氧乙烷醚(AEO)：一般 AEO 分子中聚环氧乙烷含量越高，则其水溶性越好，对水硬度的敏感性越低，毒性也越低，而起泡性却越小。

AEO 的去污力相当高，一般 R 为 C12～C15 时，含 9～10 个环氧乙烷的产品具有最大的去污力，尤其对疏水性合成纤维织物的洗涤效果更佳，易去除油性污垢和皮脂污垢。具备冷水溶解性和低温洗涤效果，特别适合配制低磷、无磷液体洗涤剂产品；在粉状洗涤剂配方中，一般与阴离子表面活性剂复配使用，用量不超过 5%，否则会使粉体过黏，影响外观流动性和视密度。

(2) 烷基酚聚环氧乙烷醚：常用的品种是壬基酚聚环氧乙烷(10)醚 (OP-10) 和辛基酚聚环氧乙烷(10)醚 (Tx-10)。它们在酸碱及氧化剂中均很稳定，易溶于水，具有极强的渗透力和洗涤能力。一般常与 AEO 配合使用，配制轻垢型液体洗涤剂和硬表面清洗剂，也常与 LAS 复配生产洗衣粉，或与 LAS、AEO 复配生产超浓缩型洗衣粉。

(3) 烷基醇酰胺(6501)：具有较强的稳泡和携污性能，对金属具有缓解作用，不过份脱脂，其洗净力介于 AEO 和 LAS 之间，但在酸性条件下会产生凝胶。与 LAS 或 FAS 复配以发挥其去污增效和稳泡作用，同时它可有效提高 NaCl 对体系的增黏效果，一般使用量为2%～5%。

3. 两性表面活性剂

一般在高档液体洗涤剂中出现，不作为主剂使用。主要利用它兼有阴离子表面活性剂的洗涤性质和阳离子表面活性剂对织物起柔软作用的性质来改善洗后手感，或利用它们在酸性溶液中的稳定作用来配制特种清洗剂。

(1) 十二烷基甜菜碱(BS-12)：易溶于水，具有优良的杀菌能力和出色的增泡稳泡作用，去污力适中，且与其他表面活性剂复配后的增效作用显著。

(2) N-酰胺丙基二甲基羧甲基铵甜菜碱：对皮肤有良好的亲合吸附性，可在广泛的 pH 值内使用，与阴离子表面活性剂复配可有效减轻对皮肤黏膜的刺激性，并可提高产品的黏度，改善洗涤去油能力，主要用于餐具洗涤剂生产。

4. 洗涤剂用阳离子表面活性剂

大多数污垢和纤维在水中带有负电荷，在洗涤剂中加入阳离子表面活性剂对去污不利。阳离子型表面活性剂的应用主要表现在：

(1) 与非离子表面活性剂复配，被油性污垢污染的织物纤维所带的负电荷先期被吸附在其上的阳离子表面活性剂所中和，更有利于非离子表面活性剂的吸附，使去油效果颇佳。此外，还可使洗涤剂具有杀菌活性。

(2) 在衣物洗涤后的漂洗过程中单独使用，如双十八烷基二甲基氯化铵，利用其在清洁衣物上的吸附所形成的“油膜”，提高衣物表面的抗静电性和柔软性。

(二) 洗涤剂用助剂

洗涤剂中除表面活性剂外还要有各种助剂，才能发挥良好的洗涤能力。助剂本身的去污能力很小，或根本没有去污能力，但加入洗涤剂中后可使洗涤的性能得到明显改善，或可使表面活性剂的配合量降低。因此，可称之为洗净强化剂或去污力增强剂，是合成洗涤剂特别是家用洗涤剂不可缺少的重要成分。

洗涤助剂的功能：①对金属离子的螯合作用，即与水中的碱金属离子螯合，将钙、镁离子等封闭起来使其失去作用；②起碱性缓冲作用，即使有少量酸性物质存在，由于助剂的作用，洗涤液的碱性也不会发生显著改变；③分散作用，即在洗涤过程中使污垢向水中分散，防止污垢再沉积。

除了上述对去污效果起直接作用的物质外，为提高洗涤剂的商品价值还要添加其他助剂，如增大溶解度、提高黏度、稳定泡沫、抗结块、降低对皮肤的刺激、增白及其他效果的物质。

洗涤助剂一般分为无机助剂和有机助剂两大类：

1. 无机助剂

无机助剂在洗涤剂中占较大比例，详见表 1-3-1。

表 1-3-1　无机洗涤助剂的种类及作用

助剂	作用	助剂	作　用
三聚磷酸钠(STTP)	硬水软化、金属离子螯合、提高去污力	硫酸钠(芒硝)	降低表面张力、提高溶解能力
碳酸钠	碱性缓冲、提高去污力	氯化钠(食盐)	降低表面张力、提高溶解能力
硅酸钠	乳化、增大黏度、防锈	沸石	与金属离子交换作用、抗污垢沉积
硼砂	pH 调节	氢氧化铝、钛白粉	分散、防结块、提高白度
过碳酸钠　过硼酸钠	氧化增白剂	尿素	增溶

2. 有机助剂

有机助剂在洗涤剂中用量较小，但其作用却不容忽视。依据有机助剂在洗涤剂中的作用可分为：螯合助剂、抗再沉积剂、泡沫稳定剂、荧光增白剂、增稠剂、增溶剂及其他助剂等七类，详见表 1-3-2。

表 1-3-2　有机洗涤助剂及作用

类别	品种	作　用
螯合剂	EDTA、三乙酸胺(NTA)、柠檬酸钠	螯合钙镁离子
抗再沉积剂	羧甲基纤维素钠(CMC) 聚乙烯吡咯烷酮(PVP)	防止污垢沉积、提高起泡力、稳泡性、提高黏度
泡沫稳定剂	6501、氧化叔胺 OA	稳泡、增效、除污垢
荧光增白剂	二氨基-二磺酸双三嗪型	增白、增艳
增稠剂	羧甲基纤维素钠(CMC) 甲基羟丙基纤维素	增稠、稳泡

从增强去污的综合性能看，三聚磷酸钠(俗称五钠)是最为出色的。然而自 70 年代以来，有关它对江河湖水的过营养化作用的争论，使它在洗涤剂中的使用受到极大影响。目前，性能较理想的三聚磷酸钠的代用品有：4A 沸石(一种框架结构的含水硅铝酸矿物)，三乙酸胺(NTA)和乙二胺四乙酸(EDTA)等。

（三）典型洗涤剂配方设计

1. 轻垢型液体洗涤剂

表 1-3-3　液体轻垢型洗涤剂典型配方

组　分	中国		日本	美国	英国
	配方 1	配方 2	配方 3	配方 4	配方 5
LAS	6	8	6		16
十二烷基苯磺酸三乙醇胺(LAT)			6	20	6
AES	5	10	6		
AEO-9	6				2
6501	2	2		1.5	2
NaCl	1	1.5	1.5	1.5	1.0
遮光剂		1.0		0.5	
次氯酸钠			0.7	0.6	0.6
尿素	1.5	2.0			0.5
EDTA	0.5	0.5			0.1
水	78	75	79.8	75.9	91.8

在通用的洗涤剂中加入酶、过氧化物、柔软剂、杀菌剂、增白剂等功能性添加剂，即可将其改性成为相应的功能性洗涤剂。

2. 厨房用洗涤剂

厨房用洗涤剂包括餐具、炊具、蔬菜瓜果、鱼禽肉类等专用洗涤剂，主要清除对象包括各类油脂、淀粉、蛋白脂、烟尘、炭黑、农药及微生物等。

该洗涤剂在配方构成上与衣物用洗涤剂差异较大，除要求对上述污垢有上述去污力外，还要求所有原料有较高的安全性。目前我国应用较普遍的当属餐具洗涤剂。根据洗涤方式的不同，餐具洗涤剂又分为手洗和机洗餐具洗涤剂。前者以液体制品居多，为了迅速去除硬表面上的油性污垢，要求洗涤剂具有良好的渗透性和乳化去污性能。其主要成分：①表面活性剂，如LAS、FAS和AES等；②助溶剂，如乙醇、异丙醇、甲苯磺酸盐、和尿素等；③增泡剂，如烷醇酰胺非离子表面活性剂；④增稠剂，如偏苯乙基纤维素、甲基纤维素及氯化钠等。

表 1-3-4　几种手洗餐具洗涤剂配方

组分	中　国		日　本	英　国
	配方 1	配方 2	配方 3	配方 4
LAS	5		10	10
AES		15	5	7
6501		5	3	2
AEO-9	5	5	2	
苯甲酸钠	0.5	2		
甲苯磺酸钠	4		3	3

（续　表）

组分	中国		日本	英国
	配方 1	配方 2	配方 3	配方 4
乙醇		3	5	3
CMC				1
NaCl	0.5	1.0		
尿素		2.0		5
香精	0.1	0.1	0.1	0.1
水	85	67	72	69

3. 发用洗涤剂

表 1-3-5　一种洗发香波的配方

配方结构	原　料	用量(%)
主洗涤剂	AES	14
助发泡剂	BS-12	4
	6501	3
协条理剂	烷基二甲基氧化胺(OB/ZA)	2
增稠剂	聚乙二醇 400(PEG400)	2
爽滑剂(调理剂)	硅烷季铵盐聚合物	3
增香剂	香精	0.3
富脂剂	羊毛脂	0.2
澄清剂	乙醇	0.3
pH 调节剂	柠檬酸	0.2
溶剂	纯水	余量

将 AES、BS-12、6501、OB/ZA 等按配比加入到盛有适量蒸馏水的烧杯中，搅拌溶解，加热并升温至 60～70℃，待乳化剂等全部溶解后，自然冷却至 45～50℃，慢慢加入添加剂(富脂剂、调理剂、增稠剂)及适量的香精，最后用柠檬酸调节 pH 至 5～7。

(四) 餐具洗涤剂配制

餐具洗涤剂又叫洗洁精，是无色或淡黄色的透明液体。由表面活性剂、溶剂和助剂组成。主要用于洗涤各种食品及器具上的污垢。特点是去油腻性好、简易卫生、使用方便。

1. 餐具洗涤剂的基本要求

对餐具洗涤剂的配制时，要满足以下基本要求：对人体安全无害；能高效地除去动植物油垢，并不损伤餐具、灶具等；用于洗涤蔬菜、水果时，无残留物，不影响外观和原有风味；产品长期贮存稳定性好，不会发霉变质。另外，为了使用方便，餐具洗涤剂要制成透明状，并有适当的浓度和黏度。

2. 原料

主要包括溶剂(水或有机溶剂)、表面活性剂和助剂等。溶剂主要为水，水作溶剂，溶解力和分散力比较大，不可燃，无污染，但对油脂类污垢溶解能力差，表面张力大。表面活性剂主要包括阴离子表面活性剂（如十二烷基苯磺酸钠、脂肪醇聚氧乙烯醚硫酸钠等）和非离子表面活性剂（如壬基酚聚氧乙烯醚、脂肪（椰油）酸二乙醇胺等）。助剂主要包括增稠剂、螯合剂、香精以及防腐剂等。

3. 主要仪器与试剂

（1）仪器：水浴锅、电动搅拌器、反应瓶等；

（2）试剂及用量

试 剂	规 格	质量分数(%)
十二烷基苯磺酸	工业级	5.0
脂肪醇聚氧乙烯醚(3)硫酸钠(AES)	工业级	5.0
脂肪醇聚氧乙烯醚(AEO-9)	工业级	1.5
脂肪(椰油)酸二乙醇胺(6501)	工业级	4.0
氢氧化钠	分析纯	0.5
氯化钠	分析纯	0.5～1.0
EDTA	分析纯	0.2
香精		适量
蒸馏水		加至100

4. 配制步骤

在四口瓶加入适量的蒸馏水，用水浴锅加热到50℃，加入EDTA，不断搅拌，溶解后加入十二烷基苯磺酸，搅拌溶解，加入氢氧化钠中和，使其完全反应至pH=7。

再加入脂肪醇聚氧乙烯醚(3)硫酸钠(AES)，搅拌完全溶解。依次加入脂肪醇聚氧乙烯醚(AEO-9)、脂肪(椰油)酸二乙醇胺(6501)，并搅拌完全溶解，加入防腐剂、香精，最后增稠，得到餐具洗涤产品。

5. 产品试验及检测(GB 9985—2000)

（1）外观：液体上下不分层，无悬浮物或沉淀；

（2）气味：不得有其他异味，加香产品应符合香型；

（3）稳定性：液体产品于−3～−10℃冰箱中放置24 h，取出恢复至室温无结晶，无沉淀；40℃保温箱中保温放置24 h，取出立即观察不分层、不浑浊，且不改变气味；

（4）pH值(25℃，1%溶液)：4.0～10.5；

（5）总活性物含量%：不低于15%；

（6）去污力测定：参阅相关标准。

6. 思考与讨论

（1）餐具洗涤剂配方设计依据是什么，各组分起什么作用？

（2）查阅餐具洗涤剂产品有关国家标准（质量标准及测试标准）。

（3）调查原料的市场价格，核算其成本。

思考与讨论

1. 表面活性剂按亲水基的不同分哪些类型？举例说明。
2. 说明阴离子表面活性剂的结构特点，主要品种有哪些？
3. 说明非离子表面活性剂的结构特点，主要品种有哪些？
4. 说明阳离子表面活性剂的结构特点，主要品种有哪些？
5. 说明两性表面活性剂的结构特点，主要品种有哪些？
6. 表面活性剂的复配技术有哪些？
7. 洗涤剂配方中常用到哪些助剂，有何作用？
8. 调研报告：以一种特定表面活性剂为例，介绍其主要生产工艺、性能和应用领域。

项 目 二

染料和有机颜料的制备

教学内容　染料基本性质及制备原理；常见染料的制备及检测；有机颜料性质及制备原理；常见有机颜料的制备及检测。

学习目标　归纳染料的化学结构、发色原理和主要类型；了解染料生产的一般过程、偶氮染料制备原理和性质；掌握常见染料的制备及检测方法；分析有机颜料性质、制备及颜料化方法；掌握有机颜料的制备及检测方法。

任务一　染料基本性质及制备原理

染料是指在一定介质中能使纤维或其他物质获得鲜明而坚牢色泽的有机物质。主要用于纺织纤维染色，也可用于皮革、毛皮、纸张、橡胶、化妆品等染色，还少量用于生物着色剂、指示剂。染料在染色过程中必须对被染的材料有亲和力，能吸附或溶解于基质中，使染色物具有均匀而坚牢的颜色。

一、染料的化学结构与发色

1. 颜色的基本属性

物质的颜色是由于物质对可见光选择性吸收而在人视觉上产生的反应。我们感觉到的颜色不是吸收波长的光谱色，而是其反射光的颜色，是反射光作用于人眼视觉而造成的。有色物质在可见区域的吸收波长在 400～760 nm 之间。

比如吸收波长为 580～595 nm 的光线（光谱色为黄光），人感觉到物质为蓝色。相反，吸收蓝光的物质呈黄色。另外，不吸收可见光的物质为白色，吸收全部可见光光谱的物质是黑色。光谱与补色之间关系可用颜色环的形式来描述，见图 2-1-1。

颜色环周围所注明的波长标度无物理意义，但可看出，每块扇形的对顶处，都有另一块扇形，它们互为补色。例如紫色的补色是黄光绿，即紫色光和黄光绿混合得到的是白光。如果某一物质的吸收波长小于 400 nm 或大于 760 nm 则该物质在紫外光及红外光部分有吸收。

染料的结构不同，其最大吸收波长（λ_{max}）也不同，染料的颜色为其最大吸收波长光的补色。如 λ_{max} 向长波方向移动，称为“红移”，颜色变深，又称为深色效应；反之，λ_{max} 向短波方向移动，称为“蓝移”，颜色变浅，称为浅色效应。

物质对某一波长光的吸收程度由摩尔吸光系数 ε 表示，在最大吸收波长处的摩尔吸光系数为 ε_{max}，它决定颜色的“浓淡”。若染料对某一波长的吸收强度增加，称为“浓色效应”，反之为“淡色效应”。

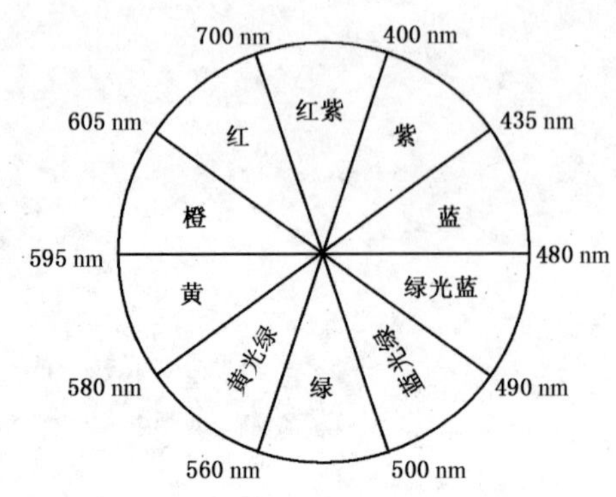

图 2-1-1　光谱颜色环

2. 染料的化学结构与发色

（1）发色原理

有机染料分子一般存在三种价电子（以甲醛为例，σ、π 和未共用电子对的 n 电子）、五个能级。

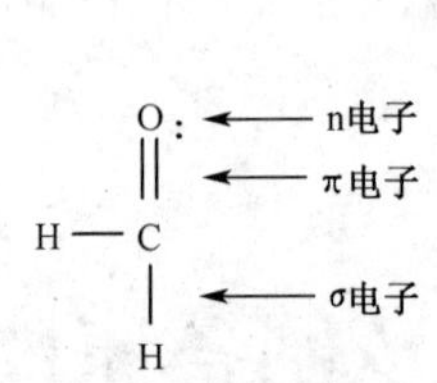

图 2-1-2　价电子类型

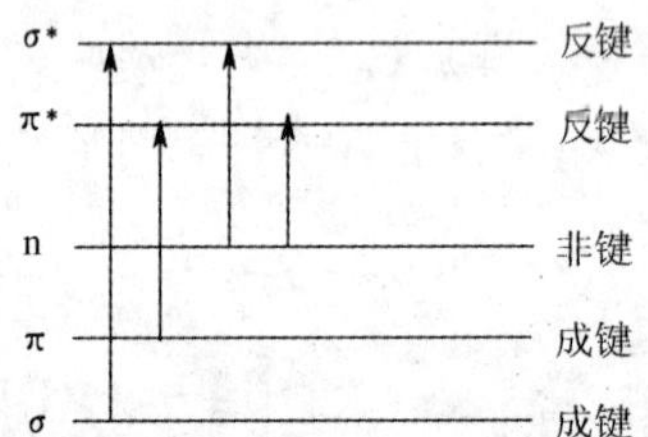

图 2-1-3　分子轨道及跃迁示意图

当受到紫外光的辐射后，这些原来在 σ、π 成键轨道及 n 非键轨道的电子就会发生跃迁，至能级较高的 σ^*、π^* 轨道上，产生六种跃迁（$\sigma\rightarrow\pi^*$，$\pi\rightarrow\sigma^*$，$\sigma\rightarrow\sigma^*$，$n\rightarrow\sigma^*$，$n\rightarrow\pi^*$ 和 $\pi\rightarrow\pi^*$）。

当发生 $\sigma\rightarrow\sigma^*$ 和 $n\rightarrow\sigma^*$ 跃迁时，所需能量较大，一般在紫外区才有吸收。而 $n\rightarrow\pi^*$ 和 $\pi\rightarrow\pi^*$ 跃迁所需的能量较小，吸收光的波长可能在可见区，其中 $\pi\rightarrow\pi^*$ 轨道处于同一平面，跃迁较为容易。

有机化合物（染料）的颜色与分子中的发色团和助色团有关，在发色团（如—C═C—，—C═O，NO_2，N═O，—N═N—和芳香环）和助色团（如—NH_2，NHR，—OH，—OR 等）等作用下，吸收波长可落在可见区范围内，从而该物质会呈现出某种颜色。

（2）影响染料颜色的因素

① 共轭体系的大小

分子共轭体系愈大，则 $\pi\rightarrow\pi^*$ 跃迁的激发能愈低，所以染料分子中要有 π 键且多具有共轭结构。染料分子结构中，常有多个烯烃或苯环稠合体系，其目的是加大共轭系统，使染料颜色加深。一般红、黄浅色为共轭体系小的染料，而大共轭体系的染料则为蓝、绿发色体。分子结构相似的一系列有机化合物，随着共轭体系增大，λ_{max} 出现红移，而其颜色则发生深色效应。

橙色　　　　红色

② 取代基的影响

绝大多数的染料分子中都含有—NR_2，—NH_2，—OR 等给电子取代基和—NO_2、—C═O、—CN 等吸电子取代基。其作用是加深染料发色和加强染料对纤维的亲和力。

取代基上给电子基的未共用电子对与相邻的 π 键发生共轭，可增大共轭体系，使 ΔE 变小，染料颜色发生深色效应。

而取代基上的吸电子基团对共轭体系的诱导效应，可使染料分子的极性增加，从而使激发态分子变得比较稳定，也可降低激发能而使 λ_{max} 发生红移，染料颜色也会发生深色效应。

也就是说取代基的共轭效应和诱导效应，都会使染料原有的体系中电子云密度重新分布，使染料颜色有所加深。

黄色　　　　橙色

红色　　　　紫色

在染料分子共轭系统两端同时存在给电子和吸电子取代基时，深色作用会更明显。

黄色　　　　红色

③ 杂原子的引入

染料分子中常有杂原子参加共轭的发色体系，除了 $\pi\rightarrow\pi^*$ 跃迁外，还有 $n\rightarrow\pi^*$ 跃迁。$n\rightarrow\pi^*$ 跃迁比 $\pi\rightarrow\pi^*$ 跃迁所需的能量要小得多，λ_{max} 红移，染料颜色较深。

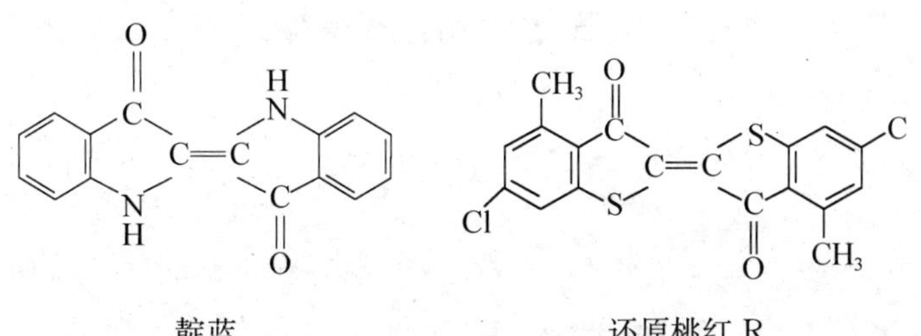

靛蓝　　　　还原桃红 R

④ 金属原子的引入

金属原子引入染料分子时，一方面以共价键的形式与染料分子结合，另一方面又与具有未共用电子对的原子形成配位键，从而使整个共轭体系的电子云发生很大的变化，改变激发态和基态的能量，颜色发生变化(常常使颜色加深)。另外，同一染料分子与不同金属原子形成配合物后，具有不同的颜色。

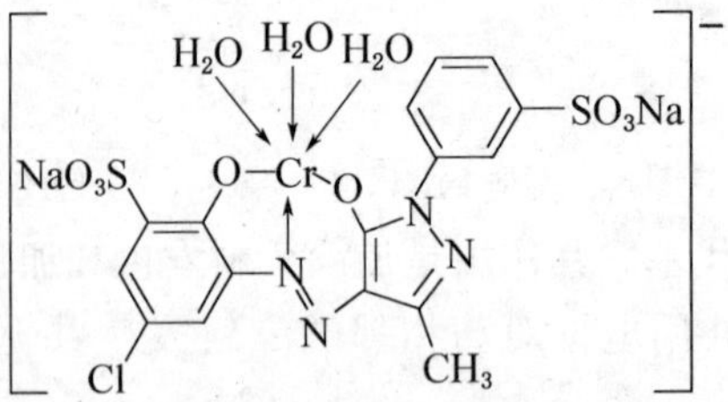

酸性络合红 GRE

除上述因素以外，染料分子在酸、碱等介质中发生离子化，也会引起最大吸收波长红移或蓝移。如染料分子中含吸电子基时(如 C＝O、C＝NH)，当介质的酸性增强时，分子转变成阳离子，增强了吸电子性，颜色变深。含有给电子基(如—OH)的分子中，增加碱性，由于羟基氧原子失去质子，转变成阴离子，给电子性增强，颜色也会加深。

二、染料的分类

染料的分类主要有两种方法：一种是按化学结构分类，另一种是按应用分类。

1. 按化学结构分类(共轭体系结构)

(1) 偶氮染料

分子结构中含有偶氮基—N=N—的染料。根据偶氮基的数目多少可分为单偶氮、双偶氮染料和多偶氮染料。这是整个染料品种中最多的一类，约占全部染料的 50%左右，已经超过2 000 个。如：

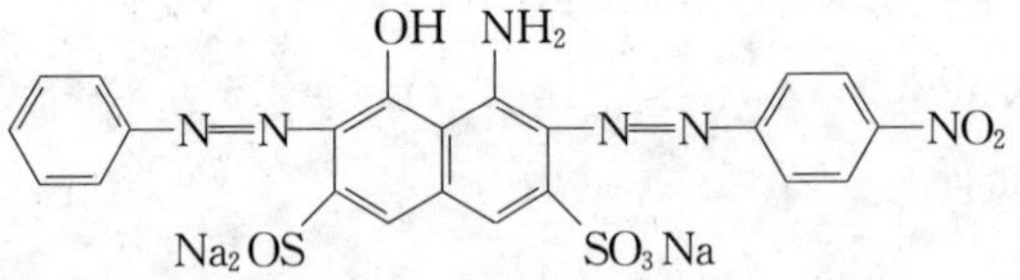

酸性蓝黑 10B(C. I. 酸性黑 1；C. I. 20470)

(2) 蒽醌染料

含有蒽醌结构(有一个或多个羰基和至少包含三个环的共轭体系相连)的衍生物的染料，数量上仅次于偶氮染料，包括还原、分散、酸性、阳离子等染料，颜色以中、深色较多。

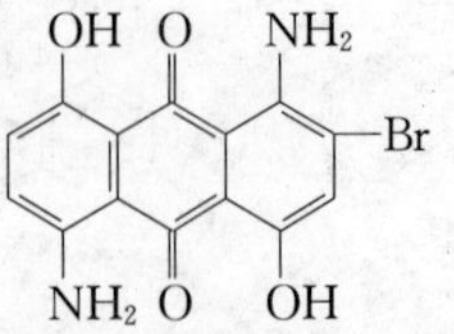

分散蓝 2BLN(分散蓝 56；C. I. 68285)

（3）靛属染料

这类染料都含有靛蓝和硫靛的结构。为还原染料，以蓝色和红色为多。

另外，还有芳甲烷、硫化、二苯乙烯、酞菁、次甲基、三芳甲烷类染料等。

2. 按应用性能分类

根据染料对纤维的应用性能和应用方法的共性进行分类，方便染料使用者对其应用性能的研究。为用户着想，商品染料的名称大多是根据染料的应用进行分类的。染料的性能往往与染料分子的结构有关，故结构分类与应用分类又常常结合使用。

（1）直接染料（Direct Dyes）

染料分子中含有可溶性基团和—NH_2、—OH 等极性基团，可溶解于水。能在中性或弱碱性水溶液中，不需要任何媒染剂即可直接对纤维素纤维染色，所以叫直接染料。该类染料染色方法简便，大部分属于偶氮结构，染料分子较大，分子共平面性好，对称性好，色谱齐全。但染色后色光不太鲜艳，染浓色耐晒、湿处理牢度较差。

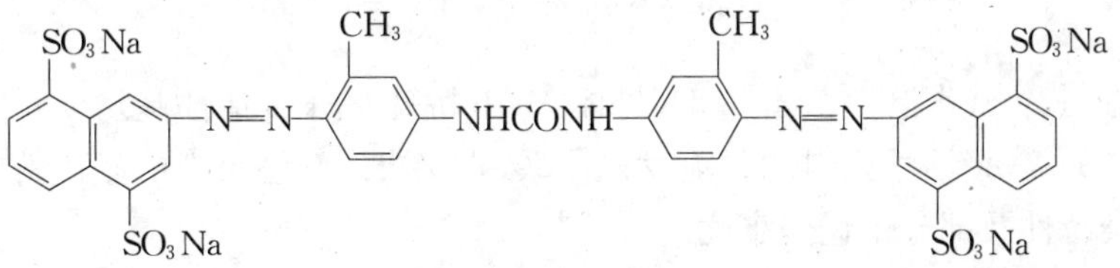

直接耐晒黄 RS

（2）酸性染料（Acid dyes）

一类可溶于水的阴离子染料，最初这类染料需要在酸性染浴中进行染色，故称之为酸性染料。主要用于羊毛、蚕丝、聚酰胺纤维的染色，也可用于皮革、纸张的染色。它色泽鲜艳，色谱齐全，一般牢度较好。也有一些染料，其染色条件和酸性染料相似，但须通过某些金属盐（铬盐）的作用，在纤维上形成螯合物才能获得良好的耐洗牢度，称为酸性媒染染料。

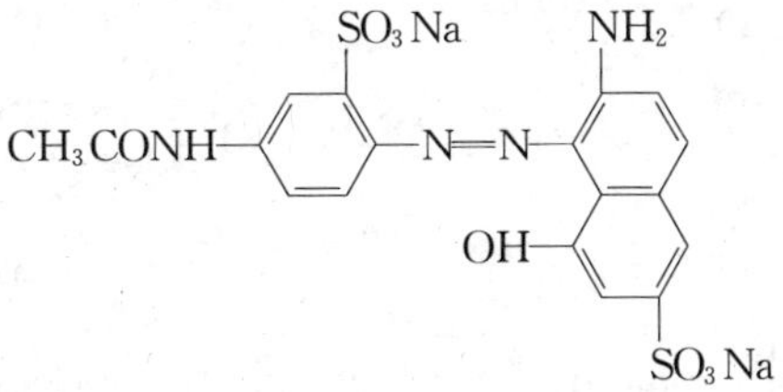

酸性红 BG200

（3）分散染料（Disperse dyes）

分子结构中不含水溶性基团，是一类水溶性很小的非离子型染料。染色时需用分散剂将染料分散成极细颗粒的染料。主要用于化学纤维中疏水性纤维的染色，如涤纶、锦纶、醋酸纤维等。

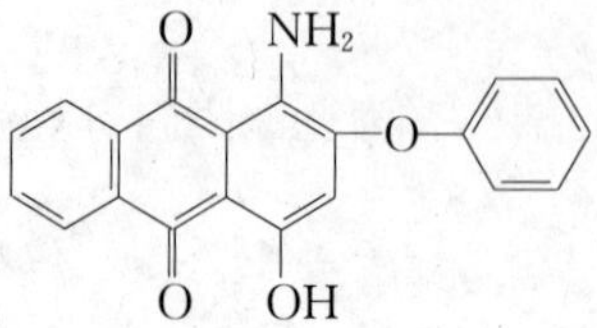

分散红 3B

(4) 活性染料(Reaction dyes)

含有活性基团的水溶性染料。由染料母体、能与纤维官能团反应的活性基,以及连接染料母体与活性基的连接基(或桥基)三部分组成。分子中含有能与纤维分子中的—NH_2、—OH等发生化学反应的基团,染色时在一定条件下(一般是碱性条件)和纤维生成共价键。活性染料能溶解于水,色谱齐全,颜色鲜艳,牢度特别是湿处理牢度优良,用于纤维素纤维、蛋白质纤维的染色。

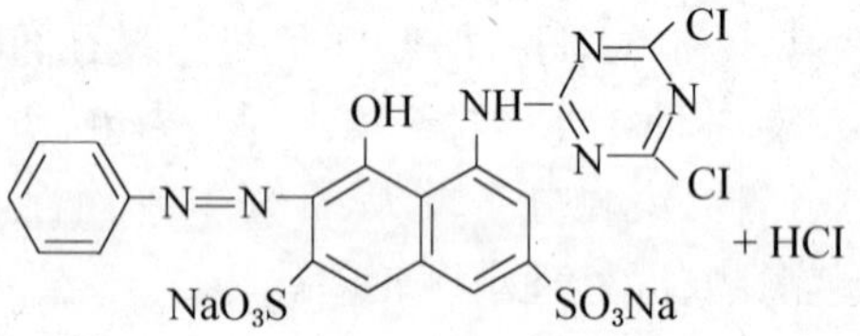

活性艳红 X-3B

化学结构通式:S(水溶性基团)—D(母体)—B(桥基)—Re(活性基)。

染料母体 D——是活性染料的共轭发色体系,直接决定活性染料的颜色特征、染料对纤维的直接性、上染特性及部分染色坚牢度。

活性基 Re——决定了活性染料的反应活泼性,能和纤维素纤维上的羟基,蛋白质纤维及聚酰胺纤维上的氨基等发生化学反应,在染料和纤维之间生成共价键结合,成键的稳定性影响到印染产品的各种湿处理牢度。

(5) 还原染料(Vat dyes)

这类染料不溶于水,除个别品种外,分子中都含有羰基(C=O)。染色时需在含有还原剂的溶液中被还原成"隐色体"才能溶解进入纤维,经过氧化反应重新成为原来的不溶性染料而固着在纤维上。主要用于纤维素纤维的染色,其耐晒、耐洗牢度很好。

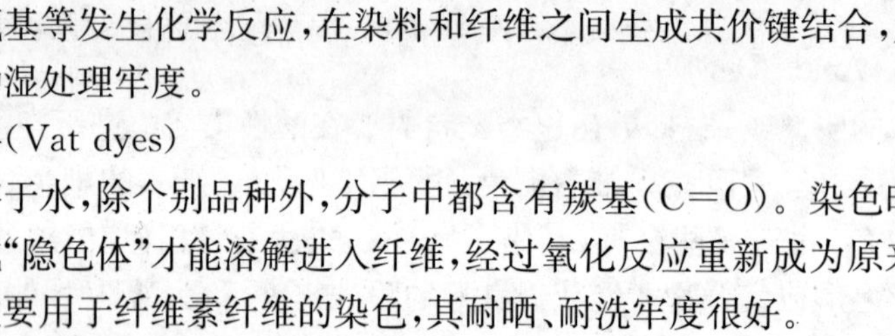

另外,还有阳离子染料(Cationic dyes)、冰染染料(Azoic dyes)、硫化染料、缩聚染料、氧化染料等。

三、染料一般生产过程

染料生产的过程,大体分为以下三个步骤:

1. 中间体合成

将简单的基本有机原料(苯、甲苯、萘、蒽等不饱和芳香烃或一些杂环化合物等)引入特征官能团,使其成为具有反应活性的中间体。包括:

(1) 苯系染料中间体:如苯酚、苯胺、对硝基苯酚等;

(2) 萘系染料中间体:如2-萘酚、萘胺、萘酚磺酸、萘胺磺酸、氨基萘酚磺等;

(3) 蒽醌系染料中间体:蒽醌、1-氨基蒽醌、1,5-二氨基蒽醌、1,5-二羟基蒽醌;

(4) 杂环系和稠环系染料中间体:三聚氯氰、萘四甲酸酐等。

2. 原染料生产

中间体经重氮化、偶合、取代、磺化、硝化、卤化、酰化、氨化、烷基化等各种有机单元反应,以及氧化、还原、碱溶等常规反应,将中间体进一步合成具有一定长度的共轭体系,并在共轭体系上引入相应的特征基团作为助色团,制成各种染料,这时所得的染料通常称为"原染料"。

原染料经过分离、浓缩处理,成为原染料滤饼,它是商品染料的主要成分。

3. 染料商品化

染料作为商品,需将原染料经过一系列商品化加工处理,即染料的标准化,最终得到符合规定的色调、深度及物理性能的商品染料。商品化过程中根据染料的性质、剂型和应用要求,以及加工时的特定要求,需要加入各种助剂,如:

(1) 分散剂(扩散剂):是染料加工过程中的主要助剂,不论加工过程还是对染料的应用性能,分散剂都起到举足轻重的作用。许多分散剂除具有分散作用外,还兼有润湿、稀释、匀染作用以及调整染料强度作为填充剂。分散剂多为表面活性剂,且阴离子表面活性剂为多,如木质素类、NNO、扩散剂 N、扩散剂 MF 等亚甲基萘磺酸类、酚醛缩合磺酸盐类;

(2) 填充剂(稀释剂):对加工过程或产品质量无明显作用的助剂,作用是为了调整产品的强度,达到规定的商品标准,以满足商业上的需要。如水溶性染料加工中使用的硫酸钠(元明粉)、食盐、磷酸钠等,水不溶性染料加工中使用的木质素等;

(3) 乳化剂、匀染剂:乳化剂可使两种互不相容的物质形成乳化体系或对体系起稳定作用;匀染剂可分为亲纤维型和亲染料型两种。一个好的加工配方,如果加工过程允许,应加入匀染剂,提高染料的综合质量,但应根据染料和纤维类型的不同选择相应的匀染剂;

(4) 助溶剂:尿素、硫脲、甘油等;

(5) 软水剂:磷酸盐、六偏磷酸钠、EDTA 等;

(6) 消泡剂:为防止浆状染料在高速搅拌时产生泡沫,使研磨效率下降,喷雾干燥时泡沫进入泵腔造成系统不稳定,染浴泡沫造成染色斑点等。常用的消泡剂有低级醇类、膦酸酯类、脂肪酸及脂肪酸酯类、有机硅类;

(7) 防尘剂:防止染料在干燥、粉碎、拼混、包装和使用过程中产生粉尘飞扬,利用防尘剂的黏结力克服颗粒间的排斥力,黏附在一起后形成粒径较大的聚集体,加快沉降速度达到防尘的目的,常用醇类、太古油、矿物油、豆油、月桂酸、油酸酯等,但用量一般严格控制在0.1%~0.5%。

四、偶氮类染料制备原理

染料中间体经各种有机化学反应,即可生产出不同种类、不同结构、不同色泽、不同用途的原染料。

偶氮类染料占了染料的绝大多数，约占全部染料品种的 50%～60%，其应用商品涵盖了直接、活性、酸性、分散、不溶性偶氮、媒介、阳离子染料以及有机颜料等大多数领域。偶氮结构是合成染料中最常见的特征基团。在此以偶氮类染料为例介绍此类染料的合成原理。

重氮化与偶合反应是偶氮类染料和有机颜料生产过程中最常见的两个反应。

（一）重氮化反应

芳香族伯胺和亚硝酸作用生成重氮盐的反应，称为重氮化反应。芳伯胺称为重氮组分，亚硝酸称为重氮试剂。

亚硝酸不稳定，通常用亚硝酸钠和盐酸或硫酸使反应时生成亚硝酸，立即与芳伯胺反应，避免亚硝酸分解，重氮化反应后生成重氮盐。若以硫酸代替盐酸，则得重氮苯酸式硫酸盐。

$$C_6H_5-NH_2 + 2HX + NaNO_2 \xrightarrow{<5℃} C_6H_5-N\equiv NCl + NaX + 2H_2O$$

1. 伯芳胺溶解

一般先将伯芳胺溶解于 HCl（或 H_2SO_4），在冰浴冷却下保持 0～5℃，后搅拌下逐渐加入 $NaNO_2$ 溶液。

2. 酸的作用及用量

重氮化反应中，酸的作用体现在：①使芳胺溶解；②与亚硝酸钠作用生成 HNO_2，后生成重氮盐；③维持体系的酸性。重氮盐一般容易分解，只有在过量的酸性液中才比较稳定，所以反应过程中酸的用量要比理论值过量很多，常达 3 mol（2.5～3 mol），反应完毕时介质应呈强酸性（pH 约 3 左右），对刚果红试纸呈蓝色（刚果红试纸 pH 值变色范围 3.0～5.2 蓝～紫～红）。

在重氮化过程中要经常检查介质的 pH 值，如果反应时酸的用量不足，生成的重氮盐易和未反应的芳胺偶合，生成重氮氨基化合物。这是一种自我偶合反应，不可逆。一旦生成，即使补加酸液也无法使重氮氨基物转变成重氮盐，而使重氮盐质量变坏，产率降低。另外，在酸不足的情况下，重氮盐易分解，温度越高，分解越快。

3. HNO_2 的用量

重氮化反应中必须保持亚硝酸稍过量，否则也会引起自我偶合反应。重氮化反应速度是由加入亚硝酸钠溶液的速度来控制的，须保持一定的加料速度，如果过慢，则来不及作用的芳胺会和重氮盐作用发生自我偶合反应。

反应时检查亚硝酸过量的方法是用淀粉碘化钾试纸试验，一滴过量的亚硝酸可使之变蓝。

$$2HNO_2 + 2Kl + 2HCl \longrightarrow I_2 + 2KCl + 2H_2O + 2NO$$

由于空气在酸性条件下也可使 KI 淀粉试纸氧化变色，所以实验时间以 0.5～2 s 内显色为准。HNO_2 过量对下一步偶合反应不利，所以过量的 HNO_2 常加入少量的尿素除去。

$$NH_2CONH_2 + 2HNO_2 \longrightarrow CO_2 + 2N_2 + 3H_2O$$

4. 反应温度

重氮化反应一般在 0～5℃进行，这是因为大部分重氮盐在低温下时较稳定，在较高的温度下分解速度加快。另外，亚硝酸在较高温度下也易分解。

重氮化反应的温度取决于重氮盐的稳定性，而稳定性与苯环上的取代基及重氮盐中的酸根有关。取代基为卤素、硝基、磺酸基的重氮盐稳定性增加，芳基重氮硫酸盐又比盐酸重氮盐稳定。如：对氨基苯磺酸重氮盐稳定性较高，可在 10～15℃进行反应，1-氨基萘-4-磺酸重氮盐更高，可在 35℃进行。

一般重氮化反应都在水溶液中进行，得到的重氮盐往往不须从水溶液中分离，而直接应用于下一步的合成反应中。

（二）偶合反应

芳香族重氮盐与酚类、芳胺作用，生成偶氮化合物的反应称为偶合反应。酚、芳胺称为偶合组分，偶合反应是制备偶氮染料的基本反应。

$$Ar-N_2Cl+Ar'OH \longrightarrow Ar-H=N-Ar'-OH$$
$$Ar-N_2Cl+Ar'NH_2 \longrightarrow Ar-N=N-Ar'-NH_2$$

芳基重氮正离子是亲电试剂，进攻芳胺或酚环，进行芳环上的亲电取代。由于芳基重氮正离子受芳环共轭的影响，正电荷被分散，亲电能力不强，所以只能和活性高的酚或芳胺等发生亲电取代。若芳基重氮正离子的邻、对位上有拉电子基，则亲电性能增强。

1. 重要的偶合组分

（1）酚：苯酚、萘酚及衍生物；

（2）芳胺：苯胺、萘胺及衍生物；

（3）氨基萘酚磺酸：如 H 酸、J 酸等。

NH_2 OH　HO_3S　SO_3H

H 酸

NaO_3S　NH_2　OH

J 酸

2. 偶合方法

（1）顺偶合法：将重氮盐溶液直接加入偶合组分溶液（或悬浮体）中进行偶合。碱性介质偶合时，如乙萘酚、2-羟基-3萘甲酸、色酚 AS 等，偶合组分呈溶液状态；酸性介质偶合时，如乙萘酚、乙酰基乙酰芳胺、色酚 AS 等，偶合组分经酸析呈悬浮状态。

（2）倒偶合法：将偶合组分溶液加到重氮盐溶液中进行偶合。此法多用于芳胺或酚类在酸性介质中的偶合。有时加入醋酸钠等，以稳定 pH 值和促使反应完全。

（3）并流偶合法：将重氮盐溶液，偶合组分溶液（或悬浮体）和碱液（调节 pH 值用）以一定比例，同时流入到反应器中进行偶合。

3. 影响偶合反应速度的因素

（1）重氮盐

不同的对位取代苯胺重氮盐与酚类偶合时相对活泼性如表 2-1-1 所示。

表 2-1-1　不同对位取代苯胺重氮盐与酚类偶合相对活泼性

P-取代基	$—NO_2$	$—SO_3$	Br	H	CH_3	OCH_3
相对速度	1 300	13	13	1	0.4	0.1

重氮盐芳核上有吸电子取代基存在时，加强了重氮盐的亲电子性能，偶合活性高。反之，芳核上有给电子取代基存在时，减弱重氮盐的亲电子性能，偶合活性较低。

(2) 偶合组分

偶合组分芳核上取代基的性质密切影响偶合活泼性：

酚及芳核上有给电子取代基时(—OH、$—NH_2$)，增加芳核电子云密度，重氮盐常向电子云密度较高的取代基的邻、对位碳原子上进攻；

酚及芳核上有吸电子取代基(Cl、$—SO_3H$、$—NO_2$等)，偶合反应不易进行。

(3) 介质 pH 值

① 与芳胺偶合：一般在弱酸性或中性溶液中进行(pH＝5～7)。在弱酸性范围内，随着介质 pH 的升高，游离的芳胺浓度增加，偶合速度增加，至 pH＝5 时，偶合速度与 pH 值关系不大，pH 增至 9 以上，速度下降。

注意：不宜在强酸性溶液中进行，因为胺生成铵盐：

$$Ar-NH_2 + H^+ \underset{OH^-}{\overset{H^+}{\rightleftharpoons}} Ar-NH_3^+$$

$—NH_3^+$是个强的间定位基，使苯环电子云密度下降，不利于偶合反应。也不宜在强碱性溶液中进行，pH>9 时，活泼的重氮盐转变为不活泼的反式重氮盐，不利于偶合。

② 与酚类偶合：一般在弱碱性溶液中进行偶合(pH＝9～10)，随着介质 pH 值的提高，酚成为苯氧基负离子 $C_6H_5O^-$，更易发生亲电反应，有利于偶合反应进行，偶合速度增加，pH 值至 9 左右时，达到最大值，继续提高 pH 值，偶合速度反而下降。

若碱性太强(pH>10)，则对反应不利。因为重氮盐与碱作用生成无偶合能力的反式重氮钠盐，不能进行偶合反应。

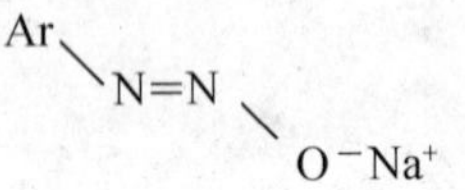

Ar—N=N—O^-Na^+

③ 氨基萘酚磺酸：介质的 pH 值对偶合位置有决定性的影响。在酸性介质中，在氨基的邻位发生；在碱性介质中，偶合主要在羟基的邻位发生。

在羟基邻位发生的偶合速度比在氨基邻位偶合速度要快得多。利用这一性质，可将 H 酸先在酸性介质中偶合生成单偶氮染料，再在碱性介质中进行第二次偶合，生成双偶氮染料。但若 H 酸先在碱性介质中偶合，则不能进行第二次偶合。因为氨基的给电子性质远远比$—O^-$小，—N＝N—也是弱的吸电子基，难于在$—NH_2$侧进行第二次偶合。

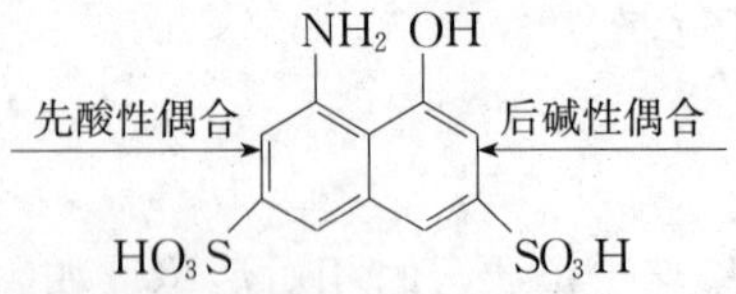

NH_2 OH
先酸性偶合 → ← 后碱性偶合
HO_3S SO_3H

(三) 偶氮类染料的合成控制步骤

1. 重氮化反应控制步骤

(1) 各种原料的测试：对酸、亚硝酸钠、芳胺等进行分析，以控制原料配比。

（2）酸的品种及用量：常用 HCl 或 H_2SO_4，HCl 用得较多。因为芳胺的盐酸盐在水中的溶解度比芳胺硫酸盐大，易配制成溶液，另外重氮化反应的速度用 HCl 比 H_2SO_4 快。酸的用量和浓度与芳胺的结构有关，理论摩尔用量为芳胺的 2 倍。在实际生产中，芳胺的碱性较强时，成盐较容易，酸的摩尔用量为芳胺的 2.25～2.5 倍，随着芳胺碱性的减弱，成盐困难，酸的用量及浓度应相对提高，摩尔用量为芳胺的 5～6 倍甚至更高。

（3）温度：提高温度会加快反应，但重氮化合物的分解也加快。一般碱性强的芳胺，其重氮盐易分解，反应应在低温下进行（0～10℃）；碱性较弱的芳胺和芳胺磺酸盐，其重氮盐较稳定，反应温度可略高（10～30℃）。

芳胺碱性强弱顺序：

对甲苯胺（NH_2，CH_3）＞苯胺（NH_2）＞对氯苯胺（NH_2，Cl）＞对硝基苯胺（NH_2，NO_2）＞2,4-二硝基苯胺（NH_2，NO_2，NO_2）

如对氨基磺酸重氮盐稳定性较高，可在 10～15℃下进行，1-氨基萘-4-磺酸重氮盐更高，可在 35℃下进行。由于反应多数是在低温下进行的，需用冰浴冷却。气温不同，冰的用量也不一样。为恒定重氮化反应温度，不受季节的影响，配制芳胺盐酸盐时，要调整恒定的温度、恒定的体积，然后加入 $NaNO_2$ 进行反应。

（4）浓度：浓度越高，反应速度越快。在工业化生产中重氮化浓度范围通常在 0.1～0.4 mol/L。

（5）$NaNO_2$ 用量、加入速度及反应终点

$NaNO_2$ 用量要略保持过量（不足会引起自身偶合），通常 $NaNO_2$ 应比芳胺过量 1%～5%。$NaNO_2$ 一般配成 30%～35%的水溶液。应在液面下加入到芳胺的盐酸盐溶液中，以防止部分 HNO_2 在未反应前发生分解逸出。

$NaNO_2$ 的加入速度与芳胺的结构有关，一般加入速度保持重氮盐溶液中 HNO_2 稍过量（也就是 $NaNO_2$ 的加入速度须大于重氮化反应速度）。

① 对碱性较强的芳胺：一元胺（如苯胺、甲苯胺、甲氧基苯胺、二甲苯胺及 α-萘胺与二元胺）和二元胺（如联苯胺，联甲氧基苯胺等）中的给电子取代基，降低重氮盐的亲电性能，重氮化速度较慢，$NaNO_2$ 加入的速度不宜过快，否则 HNO_2 来不及反应，浓度增加易发生分解。

② 对碱性较弱的芳胺：如硝基芳胺、硝基甲苯胺、多氯苯胺等，这些芳胺分子中含有吸电子取代基，提高重氮盐的亲电性能，碱性较弱，重氮化速度较快，偶合能力强，$NaNO_2$ 加入的速度要快，否则易产生重氮盐的自身偶合副反应。

为了顺利完成重氮化反应，须保持足够的酸度和 $NaNO_2$ 用量，反应过程中物料检测始终保持刚果红试纸呈蓝色（pH＜3）和 $NaNO_2$ 稍过量（用 KI 淀粉试纸检测）。

（6）搅拌速度

对易溶于稀酸的芳胺，重氮化反应可在溶液中进行，只需中等搅拌速度。对某些只能在悬浮状态下进行（甲萘胺、对硝基苯胺等）需较强的搅拌，才能使反应迅速完成。

（7）重氮盐溶液中杂质的清除

过量的 HNO_2 对下一步偶合反应不利，可加入尿素或氨基磺酸进行破坏。有时若芳胺纯

度不高或部分氧化，重氮化后，重氮盐颜色较深或混浊，此时可加少量（1%～5%）活性碳，搅拌、过滤，除去吸附杂质，提高重氮盐纯度。

2. 偶合反应控制步骤

影响偶合反应速率的因素有：重氮盐和偶合组分的浓度、重氮组分性质和偶合组分性质。重氮组分芳核上有吸电子基存在，如—NO_2、—SO_3H、—C═O、—Cl 等，偶合能力增大；反之，芳核上有给电子基存在，如—CH_3、—OCH_3等，可使偶合能力减弱。偶合组分上具有吸电子取代基，反应不易进行；相反，有给电子基时，反应容易进行。另外，偶合反应的速率还与介质的 pH、反应温度及空间障碍等因素有关。

偶合反应的工业实施步骤主要有：

（1）偶合组分的分析和测试：偶合组分要求纯度高，确保配比准确。

（2）偶合组分溶液或悬浮液的配制：在碱性介质中偶合时，常将偶合组分溶于碱中，配成溶液，碱的品种用量根据偶合组分的性质和反应介质来决定；如在酸性介质中偶合时，一般将偶合组分溶于碱后，再加酸析出成为均匀的细颗粒，才能偶合完全。此时酸析的浓度、温度、pH 值、搅拌速度必须严格的控制。

（3）介质 pH 值：偶合反应时，介质 pH 值不仅会影响偶合反应的速度、反应完成的程度、也会影响重氮盐的形成和其他副产物的产生。对芳胺类，宜在弱酸性或中性溶液中进行；酚类，在弱碱性溶液中进行。工业生产中，偶合时的介质的 pH 值都是变值，通常用加入缓冲剂的方法来稳定 pH 值，控制在较小的范围内变化。在酸性介质偶合时，常用的缓冲剂有甲酸钠和醋酸钠；碱性介质偶合时，常用的缓冲剂有氯化铵和碳酸钠。

（4）反应温度：提高温度，能加快反应速度，同时重氮盐的分解速度相应加快，每提高 10℃，偶合反应速度增加 2～2.4 倍，而重氮盐的分解速度增加 3.1～5.3 倍。特别在碱性介质中，pH 值较高时，不但重氮盐分解加快，有时还形成不活泼的反式重氮盐，二者都不利于偶合反应的完成。一般说来，在碱性介质中，偶合能力较强，可采用较低的偶合温度（5～15℃）；在酸性介质中，偶合能力有所减弱，但重氮盐比较稳定，可采用略高的反应温度（15～35℃）以加速偶合反应的完成。

（5）反应物浓度：偶合反应的速度与反应物的浓度成正比，但过高的浓度会使偶合时物料黏稠，搅拌困难，导致偶合不全。工业上常用的偶合组分的浓度大约为 0.10～0.25 mol/L。

（6）加料速度：偶合反应的速度与物料加入的速度有关，而偶合反应的速度又取决于重氮组分和偶合组分的偶合能力、偶合时介质的 pH 值和温度。所以偶合反应速度较快时，加料速度可相应加快；在酸性偶合中，偶合速度较慢，加料速度也应减慢。

（7）搅拌速度：偶合反应自始至终保持强烈的搅拌，以增加重氮盐阳离子与酚类负离子（或游离胺）的接触机会，防止局部 pH 偏高或偏低，有利于偶合反应的完成，一般加料结束后反应保持搅拌 0.5～1 h。

（8）偶合反应终点控制：偶合反应中，加料的结束并不意味着偶合反应的完成，整个过程应经常抽样检查。检查的方法是取样滴于滤纸上，在其湿润圈边缘一侧，用 H 酸溶液检查，如有红色或紫色带，表示重氮盐尚未反应完全；在润湿圈的另一边缘，用一滴对硝基苯胺重氮盐检查，有红色或黄色色带，表示有偶合组分存在。如果两种组分同时存在，说明偶合反应尚未完全，应持续搅拌一段时间，随着时间的推移，润圈试验的色带逐渐变浅，偶合反应逐渐趋于完全。

一般工业上以重氮组分的消失、偶合组分的微过量作为反应终点。然而，在酸性介质偶合中，有时遇到两种组分同时并存，长时不退，这说明偶合条件选择不当，反应缓慢，一般可采用加入稀碱液、醋酸钠或其他弱碱溶液，来提高 pH 值，以促使反应完成。

五、偶氮染料的一般性质

偶氮染料中偶氮键的化学性质活泼，耐还原能力较差，在还原剂的作用下容易导致偶氮键的断裂，分子结构破坏生成两分子氨基化合物而变色。

$$\mathrm{Ar{-}NH{=}HN{-}Ar'} \xrightarrow{[H]} \mathrm{Ar{-}NH{-}HN{-}Ar'} \xrightarrow{[H]} \mathrm{Ar{-}NH_2 + H_2N{-}Ar'}$$

纺织品的拔染印花就是利用偶氮染料的这一性质，用雕白粉（次硫酸氢钠甲醛 $NaHSO_2 \cdot CH_2O \cdot 2H_2O$）、保险粉（连二亚硫酸钠 $Na_2S_2O_4$）或氯化亚锡等还原剂将偶氮染料的偶氮键还原，使染料变成无色芳胺，达到雕白的目的。在染料结构的剖析中，也是利用还原剂将偶氮键还原成两个或多个芳胺，根据生成的芳胺，确定偶氮染料的结构。

任务二　常见染料的制备及检测

一、酸性染料

（一）酸性蓝黑 B 的合成（偶氮型）

酸性染料是一类在酸性介质中进行染色的染料，染料分子内所含的磺酸基、羧基与蛋白纤维分子中的氨基以离子键结合。主要用于羊毛、蚕丝、皮革等染色，也可用于纸张、墨水等。

1. 合成原理

酸性染料为水溶性阴离子染料，染料分子中含有磺酸基、羧酸基等水溶性基团，染料溶于水中能电离成有色阴离子，可使蛋白质纤维染色。

酸性蓝黑 B 的合成原理：

（1）对硝基苯胺重氮化

$$O_2N{-}C_6H_4{-}NH_2 + NaNO_2 + 2HCl \xrightarrow{<5℃} O_2N{-}C_6H_4{-}N_2^+Cl^- + NaCl + 2H_2O$$

（2）第一次偶合（酸性偶合）

$$O_2N{-}C_6H_4{-}N_2^+Cl^- + \text{(1-氨基-8-萘酚-3,6-二磺酸钠: } NH_2,\ OH,\ NaO_3S,\ SO_3Na) \xrightarrow{H^+}$$

NH_2 OH

O_2N—⟨苯环⟩—N=N—⟨萘环⟩ $+HCl$

NaO_3S SO_3Na

（3）苯胺重氮化

$$\text{C}_6\text{H}_5\text{—NH}_2 + NaNO_2 + 2HCl \longrightarrow \text{C}_6\text{H}_5\text{—N}_2^+Cl^- + NaCl + 2H_2O$$

（4）第二次偶合（碱性偶合）

NH_2 OH

O_2N—⟨苯环⟩—N=N—⟨萘环⟩ $+$ ⟨苯环⟩—N_2^+Cl $\xrightarrow{OH^-}$

NaO_3S SO_3Na

NH_2 OH

O_2N—⟨苯环⟩—N=N—⟨萘环⟩—N=N—⟨苯环⟩ $+HCl$

NaO_3S SO_3Na

2. 合成步骤

（1）在 500 mL 四口烧瓶中加入 60 mL 水、7.5 mL 30%盐酸，慢慢加入 3.5 g 对硝基苯胺，稍微加热（不超过 50℃），使对硝基苯胺全部溶解，再加 30 mL 水。将溶液冷却至 0～5℃，滴入 1.8 g 亚硝酸钠（配成 30%溶液），并在 5～10℃搅拌 0.5 h，得澄清淡黄色溶液。（该溶液应对刚果红试纸呈蓝色；淀粉碘化钾试纸呈微蓝色。过量的亚硝酸用少量尿素破坏，并应对淀粉碘化钾试纸不显色）

（2）在 150 mL 烧杯中加入 8.3 克 H 酸、30 mL 水，逐渐加入 1.3 g 碳酸钠，使 H 酸全部溶解。将此溶液装入滴液漏斗，慢慢滴加到上述重氮盐溶液中。加毕反应液，pH 应在 3～4 之间，然后在 5～10℃下搅拌 2～2.5 h，直至反应液中重氮盐消失为止（用 2-萘酚作渗圈试验）。然后在搅拌下慢慢加入 8.8 g 碳酸钠，冷却至 5℃待用。

注：做渗圈实验时，取一小滴反应液于干净的滤纸上，在液滴渗出的无色边框周围滴一滴 2-萘酚，观察交接处有无颜色变化。

（3）在 150 mL 烧杯中加入 2.3 g 苯胺、13 mL 水和 7.5 mL 30%盐酸。冷却至 0～5℃，在 10～15 min 内加入 1.7 g 亚硝酸钠（配成 30%溶液），搅拌 5 min。

注：溶液应对刚果红试纸呈蓝色，淀粉碘化钾试纸呈微蓝色，过量的亚硝酸用少量尿素破坏，并对淀粉碘化钾试纸不显色。

（4）将苯胺重氮盐溶液用滴液漏斗慢慢加入到上述反应液中，加完后 pH 应在 8 左右。在 5℃下搅拌 0.5 h，直至偶合组分和重氮组分均消失为止。

（5）最后加热至 70℃，按反应液总体积的 10%加入食盐约 16 g 进行盐析。再搅拌0.5 h，当染料全部析出（渗圈为无色），趁热过滤，抽干、干燥得产品，计算得率。

在试纸上滴一滴盐析后的染料，如染料已经完全析出，则外圈应无色或仅有杂质的颜色，如染料没有完全析出，则需再加食盐；某些偶氮染料在碱性介质中易溶于水，以至于不能用盐析的方法使之全部析出，此时可通过适当降低体系的 pH 值，使染料全部析出。

3. 注意事项

(1) 严格控制重氮化温度和偶合时的 pH 值；

(2) 好的重氮盐应是澄清淡黄色溶液。

4. 思考与讨论

(1) 为什么第一次偶合在酸性条件下，而第二次偶合则在碱性条件下进行？

(2) 重氮液对刚果红试纸呈蓝色，淀粉碘化钾试纸呈微蓝色说明什么？

(3) 如何作渗圈试验？

(4) 无机酸在重氮化反应中的作用是什么？

(二) 酸性纯天蓝 A 的合成(蒽醌型)

酸性纯天蓝 A 为蓝色粉末，溶于丙酮和醇类，微溶于苯，不溶于硝基苯和二甲苯。于硫酸中为暗蓝色，稀释后呈蓝色沉淀。主要用于丝、毛、锦纶及其混纺的染色，也用于皮革、皮毛的染色，主要用于锦纶，是锦纶的配套染料。

该染料属于蒽醌型强酸性染料，具有良好的日晒牢度，色谱为深色，以蓝、紫为主。

1. 合成原理

(1-氨基-4-溴蒽醌-2-磺酸) + $H_2N-C_6H_5$ $\xrightarrow[89\sim90℃]{Na_2CO_3,\ CuSO_4}$ (1-氨基-4-苯氨基蒽醌-2-磺酸钠) $+NaBr+H_2O+CO_2$

2. 合成步骤

在装有搅拌器、温度计、回流冷凝管的 250 mL 四口瓶中，加水 90 mL，溴氨酸 9.5 g(质量分数 100%，0.025 mol)，碳酸钠 3.3 g，硫酸铜 1.5～2 g，苯胺 8.8 g(质量分数 100%，0.095 mol，d=1.024)。在搅拌下打浆，约 20 min 左右升温至 80℃，在 80～85℃，保温 1 h。在 90℃，保温 30 min。在 95℃，保温 30 min。然后将反应物降温至 50℃过滤。

滤饼用质量分数为 20%的盐酸 350 mL 分数次洗涤，直到滤液呈淡红色。

将滤饼加至 230 mL 的水中，加入碳酸钠约 1 g 左右，使染料溶液的 pH=7～8，升温至 80～85℃，加入总体积 4%的氯化钠(约 10 g)，进行盐析，并趁热过滤。

滤饼用含质量分数为 5%的碳酸钠和质量分数为 5%的氯化钠的溶液约 250 mL 洗涤，直至滤液接近无色。然后用纸色谱法检验产品纯度(展开剂为正丁醇：乙醇：氨水=6：2：3)。染料在 80～85℃干燥，计算得率。

3. 思考与讨论

(1) 强酸性染料的结构特征是什么？

(2) 合成产物用20%的盐酸洗涤，目的是什么？是否会洗掉产物？为什么？

(3) 碳酸钠溶液洗涤的目的是什么？

(三) 弱酸性黑BR的合成

弱酸性黑BR为蓝黑色粉末。溶于水呈红光蓝至黑色，溶于乙醇为藏青色，微溶于丙酮，不溶于其他有机溶剂。遇浓硫酸呈灰蓝至黑色，将其稀释后呈暗绿光蓝色；遇浓硝酸呈红光棕后转为黄色。它的水溶液加浓盐酸呈绿光蓝色；加浓氢氧化钠呈枣红色。染色时遇铜离子色较绿暗，遇铁离子也较暗。

弱酸性染料在弱酸性介质中染色，与酸性染料相比，在偶氮染料分子的适当位置引入适当的长链烷基、磺酸酯、苄醚等，可使染料相对分子质量增大，提高染料对纤维的直接性，提高湿处理牢度。双偶氮染料的相对分子质量较大，同样可使染料对纤维的直接性有所提高，在弱酸性溶液中就能上染纤维，并增加了疏水部分的含量，引起染料的溶解度降低，使湿处理牢度得到提高。

应用于毛织物的染色，特别适用于粗毛制品和毛/黏混纺织物，也适用于锦纶、丝和皮革的染色，其钡盐可作颜料。

1. 合成原理

(1) 第一次重氮化

2 (5-氨基萘-1-磺酸: NH_2, HO_3S) $+Na_2CO_3 \xrightarrow[60\sim65℃]{pH=7.5\sim8}$ 2 (NH_2, NaO_3S) $+H_2O+CO_2$

(NH_2, NaO_3S) $+NaNO_2+2HCl \xrightarrow{10\sim12℃}$ ($N\equiv N^+$, ^-O_3S) $+2NaCl+2H_2O$

(2) 第一次偶合

(NH_2) $+HCl \xrightarrow{93\sim95℃}$ ($NH_2\,HCl$)

($N\equiv H^+$, ^-O_3S) $+$ ($NH_2\,HCl$) $\xrightarrow[酸化介质]{10\sim12℃}$ (HO_3S, $N=N$, NH_2) $+HCl$

(HO_3S, $N=N$, NH_2) $+NaOH \longrightarrow$ (NaO_3S, $N=N$, NH_2)

(3) 第二次重氮化

$$2\ NaO_3S\text{-}C_{10}H_6\text{-}N{=}N\text{-}C_{10}H_6\text{-}NH_2 + 2NaNO_2 + 2H_2SO_4 \xrightarrow{5\sim8℃} 2\ NaO_3S\text{-}C_{10}H_6\text{-}N{=}N\text{-}C_{10}H_6\text{-}N{\equiv}N^+ + 2Na_2SO_4 + 4H_2O$$

（4）第二次偶合

$$2\ {}^-O_3S\text{-}C_{10}H_6\text{-}N{=}N\text{-}C_{10}H_6\text{-}N{\equiv}N^+ + C_6H_5\text{-}NH\text{-}C_{10}H_6\text{-}SO_3Na \xrightarrow[10\sim12℃]{NaAC+Na_2CO_3} 2\ {}^-O_3S\text{-}C_{10}H_6\text{-}N{=}N\text{-}C_{10}H_6\text{-}N{=}N\text{-}C_{10}H_5(SO_3Na)\text{-}NH\text{-}C_6H_5$$

2. 合成步骤

（1）1-萘胺-5-磺酸重氮化

在 400 mL 烧杯中，加入冰水 30 mL，工业盐酸 15 g，降温至 10℃。在搅拌下将质量分数为 100%的 10.4 g 1-萘胺-5-磺酸（配成 16%的钠盐溶液）和质量分数为 100%的 3.3 g 亚硝酸钠（配成质量分数为 30%的溶液）混合液加入烧杯中，加料速度控制在 2 h，温度控制在 10～12℃。加毕，继续搅拌 2 h，重氮化过程应保持亚硝酸钠过量。反应完毕，用 1-萘胺-5-磺酸平衡过量的亚硝酸至微过量，淀粉碘化钾试纸呈淡蓝色。

（2）第一次偶合

在 200 mL 烧杯中加入水 45 mL，加热至 95℃，加入质量分数为 30%的盐酸 6.4 g，再加入甲萘胺（质量分数为 100%）6.3 g，搅拌至全溶，温度 90～95℃，体积 65 mL。

（3）第二次重氮化

将单偶氮化合物加冰降温至 2～3℃，加入质量分数为 100%的 3.8 g 亚硝酸钠（配成质量分数为 30%的溶液），搅拌均匀后，在液面下迅速加入质量分数为 22.5%的硫酸冷溶液 52 g，重氮化温度 5～8℃，亚硝酸钠过量，搅拌 2 h 后，加入食盐盐析，继续搅拌 30 min，体积约 700 mL，过滤。

（4）重氮盐的调浆

在 400 mL 烧杯中加水 45 mL 及适量碎冰，搅拌下把重氮盐滤饼倒入烧杯中，调浆，搅拌均匀，温度 5～10℃，体积 190～200 mL 备用。

（5）第二次偶合

在 200 mL 烧杯中加水 40 mL，加热至 40℃，加入碳酸钠 1.6 g 及醋酸钠 10 g，搅拌使其全溶解。

在 400 mL 烧杯中加水 10 mL，加热 80～85℃，在搅拌下加入浆状苯基周位酸（质量分数 100%）12.8 g，溶解后，用稀盐酸和醋酸钠混合液调至 pH=6，溶液过滤，弃渣。

将滤液倒入 1 000 mL 烧杯中，加冰及水调整体积至 150 mL，温度 12℃，在 2 h 内将重氮盐悬浮液加入，进行偶合，待 pH 值降至 4.4 时，加碳酸钠与醋酸钠混合液并流，控制 pH 值 4.4 ～4.6(用精密 pH 试纸或 pH 计)，温度 10～12℃，继续搅拌 4 h，反应过程中苯基周位酸应始终过量，总体积 450～500 mL。

向上述染料溶液中加入质量分数为 10%碳酸钠溶液 18 g，pH＝8～8.2，继续搅拌 30 min 后，按体积的 23%加入氯化钠，温度 12℃，搅拌 1 h 后，过滤，干燥，粉碎，称重。加入无水硫酸钠标准化，得标准化染料(100 分)约 80 g。

3. 思考与讨论

(1) 弱酸性染料的结构特征是什么？

(2) 弱酸性染料与强酸性染料比有何优点？

(3) 弱酸性染料的主要应用及染色机理。

二、活性染料

活性染料的分子结构由母体染料与活性基两部分组成。活性染料分子结构可用以下通式表示：S—D—B—R

S—是增加溶解的水溶性基团(Water solubilizing group)；

D—发色母体(Parent dyes)，一般为偶氮、蒽醌、菁类做母体；

B—活性基团与母体连接的桥基(Bridge link)；

R—活性基团(Reactive group)。

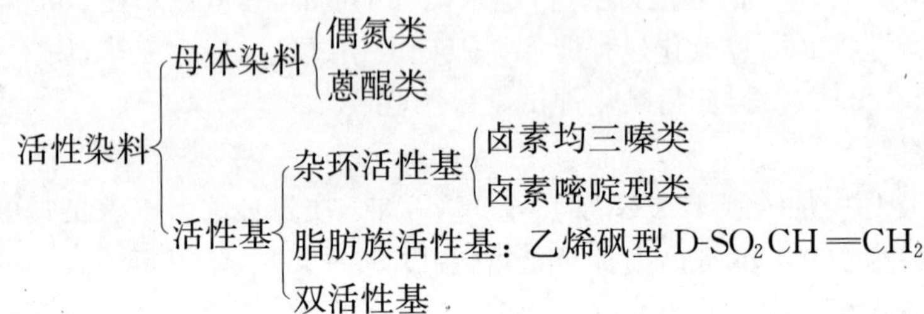

(一) 活性艳红 X－3B 的合成

活性艳红(Reactive red)X－3B 是枣红色粉末，溶于水呈蓝光红色。染料在 20℃时的溶解度为 80 g/L，50℃时为 160 g/L。遇铁对色光无影响，遇铜色光稍暗。本品用于棉、麻、黏胶纤维及其他纺织品的染色，也可用于蚕丝、羊毛、锦纶的染色，还可以用于丝绸印花，并可与直接酸性染料同用。还可与活性金黄 X－G、活性蓝 X－R 组成三原色，拼染各种中、深色泽，如橄榄绿、草绿、墨绿等，色泽丰满。X 型活性染料的反应性较高，在碱性条件下，较低温度时(30～40℃)即能和纤维发生亲核取代反应。本品贮存稳定性差。

1. 合成原理

活性艳红 X－3B 母体染料的合成方法一般按酸性染料的合成方法进行，活性基团的引进一般可先合成母体染料，然后再和三聚氯氰缩合。若氨基萘酚磺酸作为偶合组分，为了避免发生副反应，一般先将氨基萘酚磺酸和三聚氯氰缩合，这样偶合反应可完全发生在羟基邻位。其反应方程式如下：

（1）缩合

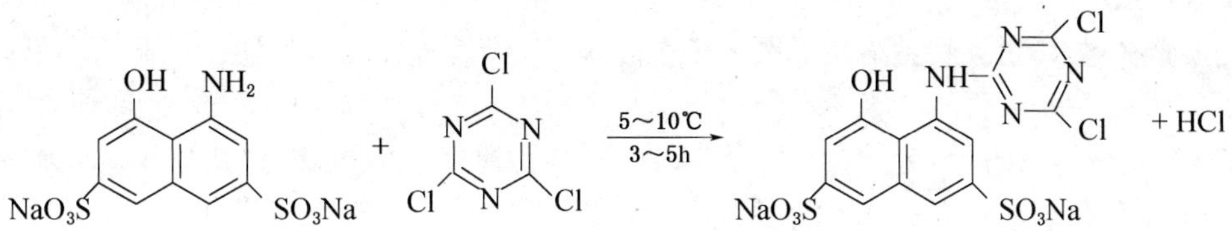

$$\text{H酸单钠盐} + \text{三聚氯氰} \xrightarrow[3\sim5h]{5\sim10℃} \text{缩合产物（NaO}_3\text{S, SO}_3\text{Na, OH, NH-二氯三嗪基）} + HCl$$

（2）重氮化

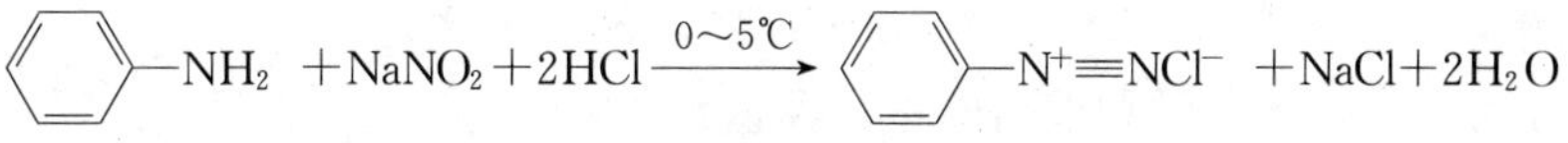

$$C_6H_5-NH_2 + NaNO_2 + 2HCl \xrightarrow{0\sim5℃} C_6H_5-N^+\equiv NCl^- + NaCl + 2H_2O$$

（3）偶合

$$C_6H_5-N^+\equiv N\,Cl^- + \text{缩合产物} \xrightarrow[0\sim5℃]{Na_2CO_3,\ Na_3PO_4} C_6H_5-N{=}N-\text{（偶合产物，含 OH、NH-二氯三嗪基、NaO}_3\text{S、SO}_3\text{Na）} + HCl$$

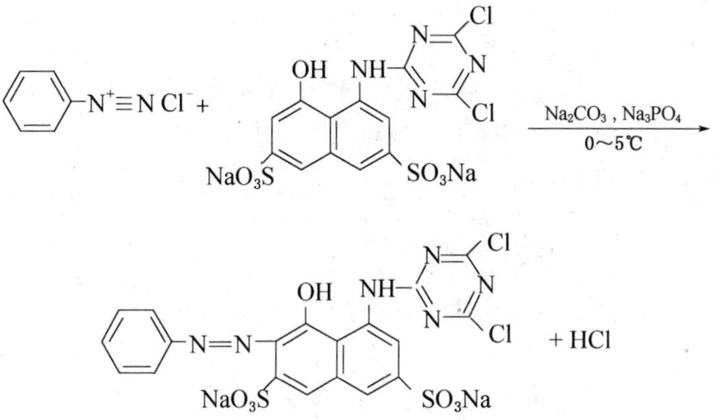

2. 合成步骤

（1）缩合反应

在 250 mL 烧杯中，加 80 mL 水和 17 g H 酸单钠盐（质量分数为 100%），搅拌打浆，并加入碳酸钠溶液（质量分数 15%）调整介质的 pH＝7 左右（约 40 mL），搅拌加热至全溶，冷却至 10℃以下，备用。

在装有电动搅拌器、滴液漏斗和温度计的 250 mL 四口烧瓶中加入 30 g 碎冰和 10 g 三聚氯氰，用冰盐浴冷却使温度降至 0～5℃，在 1 h 内加入上述 H 酸溶液，加完后在 3～5℃缩合反应 2 h，过滤除去未反应的三聚氯氰，得黄棕色澄清混合液，冷却备用（工业生产中控制游离的 H 酸含量 1%以下）。

注意：三聚氯氰具有很强的刺激性，暴露于空气中，会吸收空气中的水分而分解。应尽量减少在空气中的暴露时间。

（2）重氮化反应

在 200 mL 烧杯中加入 50 mL 冰水、质量分数为 30%盐酸 12 mL、苯胺 4.8 mL，不断搅拌，用冰盐浴冷却至 0～5℃，于 15 min 内从液下徐徐加入加入 3.6 g 亚硝酸钠（配成质量分数为 30%的溶液），进行重氮化，加完后在 0～5℃搅拌 30 min，重氮液应保持使刚果红试纸变蓝，淀粉碘化钾试纸变蓝。反应结束后用适量的尿素破坏过量的亚硝酸，得淡黄色澄清重氮液，冷却备用。

（3）偶合反应

在 800 mL 烧杯中，加入 20 g 碎冰和上述缩合液，在 0～5℃下滴入重氮液（10 min 内滴完），用质量分数 15%碳酸钠溶液调节 pH 至 6.8～7，继续搅拌 1 h，用渗圈试验检验偶合反应终点。

加入 3 g 尿素，按体积分数的 25%加入食盐盐析，搅拌 1 h，过滤，滤饼中加入滤饼质量分数 2%的磷酸氢二钠、1%的磷酸二氢钠，搅匀，在 40℃下干燥，称重，标准化。

注：反应完毕前，可用纸色谱法检验活性基是否与 H 酸缩合。展开剂：正丁醇：吡啶：水＝5：3：5。

3. 注意事项

（1）严格控制重氮化温度和偶合时的 pH 值。

（2）三聚氯氰遇空气中水分会逐渐水解并放出氯化氢，用后必须改好瓶盖。使用时注意不要将眼睛近距离的靠近。

4. 思考与讨论

（1）X 型活性染料的结构特点是什么？

（2）H 酸有几个偶合位置，分别在什么介质中进行偶合反应？

（3）盐析后加入磷酸氢二钠和磷酸二氢钠的目的是什么？

（4）活性染料的染色机理是什么？

（二）活性艳红 K－2BP 的制备

活性艳红 K－2BP 染料为紫红色粉末，50℃溶解度为 100 g/L，主要用于棉、麻和黏胶等织物的印花。

1. 合成原理

（1）一次缩合

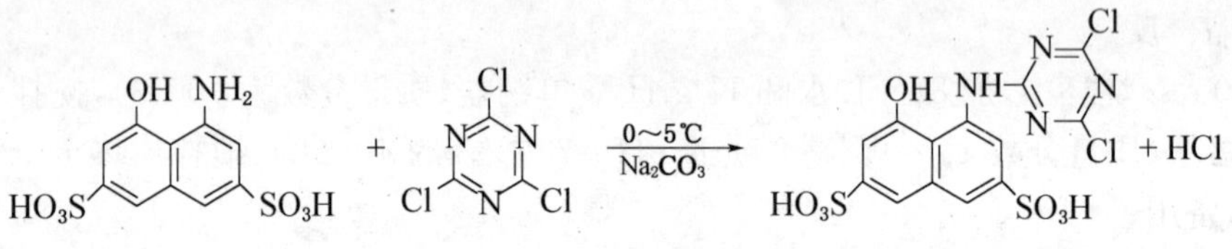

OH NH$_2$ / HO$_3$S SO$_3$H ＋ Cl / N N / Cl N Cl $\xrightarrow[Na_2CO_3]{0\sim5℃}$ OH NH— (Cl, N, N, N, Cl) / HO$_3$S SO$_3$H ＋HCl

（2）偶合

SO$_3$H / $-N^+\equiv N\ Cl^-$ ＋ OH NH— (Cl, N, N, N, Cl) / HO$_3$S SO$_3$H $\xrightarrow[5℃]{pH=6.3}$

SO$_3$H / —N═N— OH NH— (Cl, N, N, N, Cl) / HO$_3$S SO$_3$H ＋HCl

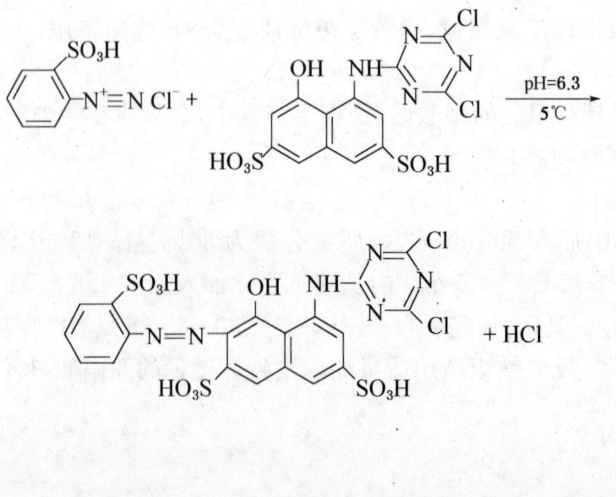

（3）二次缩合

$$\text{(邻磺酸基苯偶氮-H酸-二氯均三嗪缩合物)} \xrightarrow[Na_2CO_3\ 40\sim45℃]{\text{邻氯苯胺}} \text{(一氯均三嗪邻氯苯胺缩合产物)} + HCl$$

2. 合成步骤

（1）一次缩合反应

在 800 mL 烧杯中，加入 150 g 碎冰，9.5 g 三聚氯氰，于 0～5℃搅拌约 20 min，将预先配好的 H 酸溶液，在 30 min 内加入（17.2 g H 酸溶于 50 mL 水中，加质量分数为 15%碳酸钠调 pH=6 左右）。控制在 5～8℃反应 2～3 h，同时质量分数为 15%的碳酸钠调 pH=6.5～7，当不再消耗碱时即为终点。

（2）重氮化、偶合反应

在 250 mL 烧杯中，加冰水约 100 mL，邻氨基苯磺酸 8.7 g 打浆 30 min，加质量分数为 36%的盐酸 13 mL，在 0～5℃下加质量分数为 100%亚硝酸钠（配成质量分数 30%的溶液），控制反应介质为强酸性及亚硝酸微过量。再反应 30 min，过滤，弃渣。

将重氮液在搅拌下一次性加入到 H 酸与三聚氯氰的缩合液中，立即用质量分数为 15%碳酸钠溶液调 pH=6.5～7，当重氮盐消失后，再继续搅拌 30 min，反应结束。

（3）二次缩合反应

在偶合反应液面下，加入 7.5 mL 邻氯苯胺，在 30 min 内升温至 40～45℃，同时用质量分数为 15%的碳酸钠调 pH=6.5～7，并保持 2 h。按体积（约 500 mL）加入 4%氯化钠和 4%氯化钾盐析，过滤。产品在 80℃以下干燥，粉碎，称重，标准化。

3. 思考与讨论

（1）K 型染料有何特点？

（2）本实验中，反应介质始终控制在 pH=6.5～7，为什么？

（三）活性黑 KN-B 的制备

活性黑 KN-B 染料活性基团是β-乙基砜基硫酸酯，具有较活泼的反应性，较好的溶解度。外观为黑色粉末，染料水溶液为蓝光黑色，20℃时溶解度为 200 g/L，染色后的色光为青光黑色。染料的亲和力高，反应性强。可用于棉、麻、蚕丝、黏胶、羊毛和锦纶的浸染、卷染、冷堆、连续法染色，也可用于棉或黏胶的直接和防染印花。

1. 合成原理

（1）重氮化

$$H_2N-C_6H_4-SO_2C_2H_4OSO_3H + NaNO_2 + 2HCl \xrightarrow{5\sim10℃} N^+\equiv N-C_6H_4-SO_2C_2H_4OSO_3^-$$

(2) 偶合(先酸性后碱性)

$$2N^+\equiv N-C_6H_4-SO_2C_2H_4OSO_3^- + \text{H酸}(H_2N, OH, NaO_3S, SO_3Na) \xrightarrow[\text{强酸}]{10\sim15℃}$$

$$NaO_3SOC_2H_4O_2S-C_6H_4-N{=}N-\text{(H酸残基: }H_2N, OH, NaO_3S, SO_3Na) \xrightarrow[pH=6\sim6.5]{15℃}$$

$$NaO_3SOC_2H_4O_2S-C_6H_4-N{=}N-\text{(}H_2N, OH, NaO_3S, SO_3Na\text{)}-N{=}N-C_6H_4-SO_2C_2H_4OSO_3Na$$

2. 合成步骤

(1) 重氮化

在 800 mL 烧杯中,加冰水约 100 mL,及质量分数为 30%的盐酸 36 g,搅拌冷却到 5℃,在 30 min 内加入亚硝酸钠 6.9g(配成 30%的溶液)及溶解好的对-β-乙基砜基硫酸酯苯胺溶液(28.1 g 加水 150 mL,纯碱 5.5 g,室温溶解,pH=7~7.5),进行重氮化,搅拌反应 1~2 h,温度 5~10℃,对刚果红试纸呈蓝色,保持亚硝酸微过量。反应完毕,加入尿素或胺磺酸除去过量的亚硝酸。重氮盐为淡黄色悬浮液。

(2) 偶合

将 16.2 g H 酸溶解,于 1 h 内均匀地细流加入到重氮盐中,进行第一次偶合(氨基邻位),温度 10~15℃,搅拌反应时间 2 h,反应液对刚果红试纸呈蓝色,反应毕,染液为红紫色。然后均匀地加入纯碱 14 g(配成质量分数为 12%的溶液),进行第二次偶合(羟基邻位),反应 1 h,温度不超过 15℃,纯碱加完后,pH 在 8 左右,再搅拌 3 h,染液为蓝黑色溶液,重氮盐消失为终点。最后体积 500~600 mL。进行盐析,过滤,干燥,粉碎,称重,标准化,得标准染料约 80 g。

3. 思考与讨论

(1) 活性 KN-B 的结构特点是什么?

(2) 试比较乙烯砜型活性染料与均三嗪型活性染料的优缺点?

三、分散染料的合成

分散染料的结构特点是由被染纤维的特性决定的。分散染料的主要应用对象是聚酯纤维，它们在水中的溶解度极小，结构中不含离子化的基团，主要是氨基偶氮衍生物、氨基蒽醌衍生物。分散染料的特点和染色性能必须适应被染物质、纤维的特性和要求。由于聚酯纤维分子的线形状态较好，分子上没有大的侧链和支链，经纺丝过程中拉伸和定型作用，使分子排列整齐，结晶度高，定向性好，纤维分子空隙小，吸湿性很差，在水中膨化度差，染色时染料分子不易浸入纤维内部，造成染色困难。因此，必须采用分子结构简单、相对分子质量小的染料，通常是只有两个苯环的单偶氮染料，或者是比较简单的蒽醌衍生物。由于涤纶的高疏水性，要求染料有与纤维相对应的疏水性能，染料分子往往引入非离子性亲水基团，如羟基、氨基等。

偶氮分散染料在工业上都采用重氮、偶合的方法进行来制造，由于生成的染料几乎不溶于水，不需要象水溶性染料那样进行盐析、酸析等操作，得到的偶氮染料结晶基本上无杂质，通常不必精制。但该类染料的商品化，须通过研磨和微粒化操作，并添加阴离子型或非离子型分散剂及胶体保护剂配合使用，以满足染料的细度(颗粒小于 1 μm)、分散性(在水中形成均匀的胶体悬浮液)和稳定性(在放置和高温染色下，不发生凝聚现象)等要求。

常用的高细度的粉碎方法有胶体磨或砂磨。普遍采用的分散剂是“扩散剂 NNO”，为增加商品染料的分散性能，也常增加一些其他助剂，如拉开粉、平平加(十八醇和环氧乙烷的缩合物 $C_{18}H_{37}(OCH_2CH)_{1\sim20}OH$)及烷基苯磺酸钠等。

染料的滤饼和水、扩散剂，在带有升降搅拌装置和玻璃砂的砂磨机中研磨，至取样符合分散要求为止。经研磨后的均匀浆状物料可直接作浆状成品，经干燥后成粉状品或粒状品。分散染料的商品形态有浆状、粉状、液状等。

(一) 分散黄 RGFL 的制备

分散黄 RGFL (Disperse yellow RGFL)的结构式为：

$$C_6H_5-N=N-C_6H_4-N=N-C_6H_4-OH$$

本品为黄棕色粉状物，不溶于水，可溶于丙酮和二甲基甲酰胺(DMF)。在浓硫酸中呈紫色，稀释后呈棕色沉淀；在质量分数 10%的烧碱液中呈橙色。染色时，遇铁颜色无变化，遇铜变绿。

本品主要用于涤纶及混纺织物、乙酸纤维、三乙酸纤维和锦纶的染色，并可用于转移印花，特别适宜与分散红 3B 和分散蓝 2BLN 拼色。本品使拼草绿色和咖啡色的主要分散染料。

1. 合成原理

(1) 重氮化

$$C_6H_5-N=N-C_6H_4-NH_2 + NaNO_2 + 2HCl \longrightarrow$$

$$C_6H_5-N=N-C_6H_4-N_2^+Cl^- + NaCl + 2H_2O$$

(2) 偶合

$$C_6H_5-N=N-C_6H_4-N_2^+Cl^- + C_6H_5-OH \longrightarrow$$

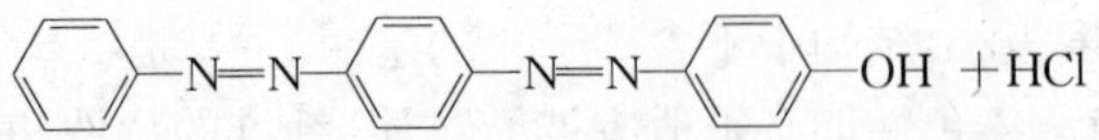

$$C_6H_5-N=N-C_6H_4-N=N-C_6H_4-OH + HCl$$

2. 主要仪器和药品

(1) 仪器：四口烧瓶(250 mL)、球形冷凝管、温度计(0～100℃、−30～100℃)、量筒(10、100 mL)、烧杯(100、200 mL)、滴液漏斗(60 mL)、电动搅拌器、电热套、抽滤瓶(500 mL)、布氏漏斗、水浴锅或 800 mL 大烧杯、研钵、托盘天平、pH 试纸、滤纸；

(2) 药品：对氨基偶氮苯 10 g；苯酚 5.5 g；盐酸(30%)11 mL、亚硝酸钠 4 g；氢氧化钠、纯碱 16.8 g；分散剂 NNO 25 g

3. 合成步骤

(1) 重氮化

将 40 mL 水、7 mL 质量分数为 30%的盐酸、10 g 对氨基偶氮苯加入四口烧瓶中，加热至 30℃，搅拌至全部溶解，再加入 11 mL 30%的盐酸，冷却至 10～12℃，在 1.5 h 内边搅拌边滴加 13.5 mL 质量分数为 30%的亚硝酸钠溶液(称 4 g $NaNO_2$ 配成 30%的溶液，约13.5 mL)，继续反应，控制温度 14～16℃。

待反应完成后，用冰水调整料温在 0℃，体积不超过 200 mL，过滤，滤液为重氮盐溶液。

注：原料一般是对氨基偶氮苯的盐酸盐形式提供，所以事先需要折算一下原料的实际用量，约 11.8 g。重氮化反应液应保持 $NaNO_2$ 和 HCl 过量，如何检测？

(2) 偶合

在四口烧瓶中加 40 mL 水、5.5 g 苯酚(注意原料的颜色是否纯清)及 7.7 mL 质量分数 30% NaOH 溶液，搅拌加热至 40℃，至苯酚全部溶解。再加入 16.8 g 纯碱，搅拌至全溶。

用冰水调整料液体积为 150 mL，料温为 10℃，然后将上述重氮盐溶液在 30～50 min 内滴完，进行偶合反应，控温在 10℃。

偶合完成时 pH 在 9～10，此时苯酚稍微过量。继续搅拌 3 h 并升温至 85～90℃。最后冷却至 60℃，过滤，并用水洗至中性，得基本染料。

(3) 商品化处理

将滤饼放入研钵中，按染料(理论产量)：扩散剂：水：玻璃珠=1：1：5：8(质量比)，研磨至要求细度，在 60℃干燥后即为商品分散黄 RGFL。

(4) 产品性能测试：颗粒细度、扩散性、分散性、水份、提升力。

4. 思考与讨论

(1) 分散染料的结构特点及染色原理？

(2) 分散染料后处理有哪些要求？

(二) 分散黄 SE-5R(C.I. Disperse Yellow 104)

由于分散黄 RGFL 原料对氨基偶氮苯为致癌物，现已禁止使用，分散黄 SE-5R 为分散黄 RGFL 的替代产品。

1. 合成原理

(1) 重氮化

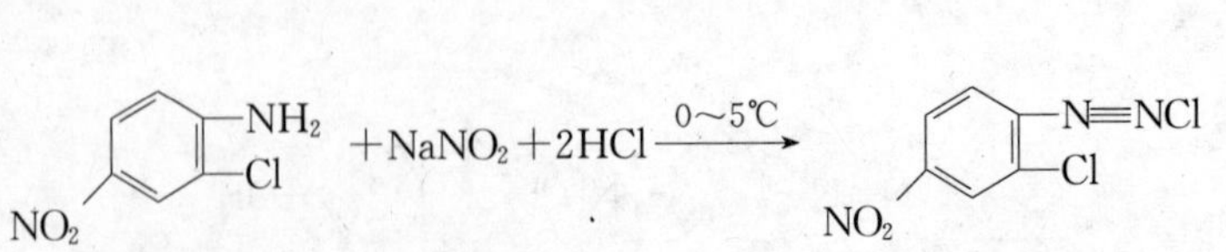

$$\text{(2-Cl, 4-}NO_2\text{)}C_6H_3-NH_2 + NaNO_2 + 2HCl \xrightarrow{0\sim5℃} \text{(2-Cl, 4-}NO_2\text{)}C_6H_3-N\equiv NCl$$

（2）偶合

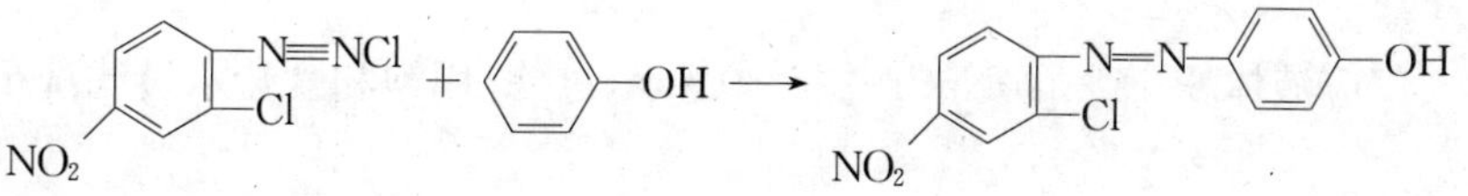

（3）还原

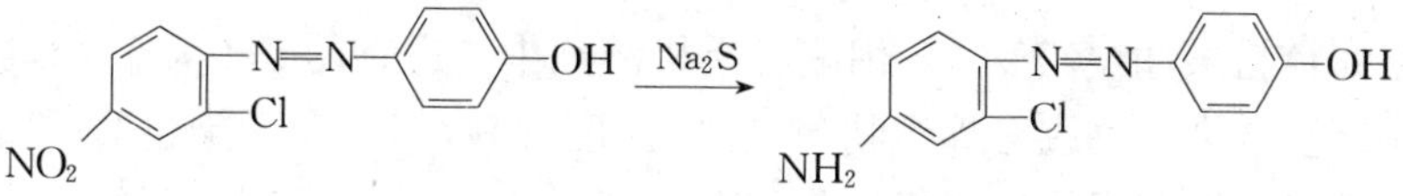

（4）第二次重氮化

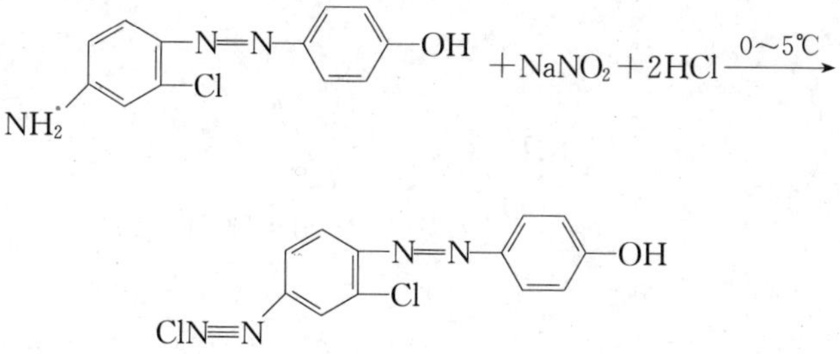

（5）第二次偶合

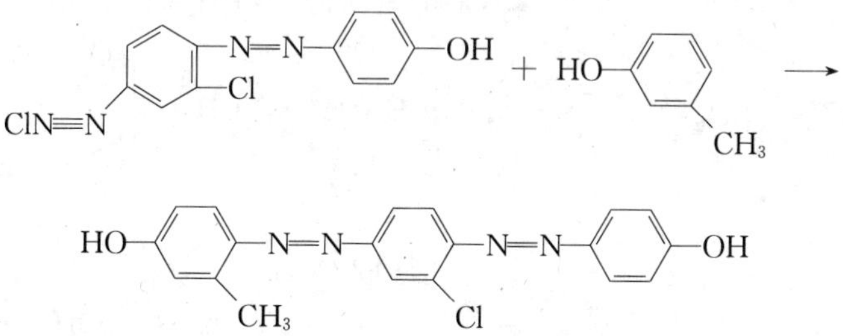

2. 合成步骤

（1）于反应器中加 280 mL 水，30 mL 30％HCl，搅拌加入 30 g 2－氯－4－硝基苯胺(60％)，常温打浆 2～3 h，降温至 0～5℃，于 5～10 min 内均匀滴加 25 mL 30％$NaNO_2$溶液，反应 3.5 h，过滤。过量的$NaNO_2$用 0.5 g 氨基磺酸破坏，得重氮液。

（2）于反应器中加 80 mL 水，搅拌下加入 15 mL 40％的纯碱，升温至 30～40℃，加入 11 g 苯酚(98％)，搅拌至全部溶解。再补加 300 mL 水，25 g 纯碱，1 g 扩散剂 NNO，降温至 0℃，于 0～5℃均匀加入上述重氮液(60 min 内加完)，搅拌 1～2 h，保持 pH＝9～10，得偶合液。

（3）在偶合液中加 108 g Na_2S(30％)，于 1.5h 内慢慢升温至 90℃，保温反应 7～7.5 h，静止 15 min，趁热过滤，用热水洗涤滤饼。

（4）于反应器中加 300 mL 水，32 mL 30％HCl 和还原产物滤饼，搅拌打浆 3 h，降温至 0～5℃，于 5 min 内均匀加入 22 mL 30％ $NaNO_2$溶液，反应 3～4 h，过滤，在滤液中加入 0.5 g 氨基磺酸，得第二重氮盐。

（5）于反应器中加 70 mL 水，搅拌加 15 mL 液碱(40％)和 12.6 g 间甲苯酚，搅拌 10～15 min，补加 300 mL 水，25 g 纯碱及 1 g 扩散剂 NNO，降温至 0～5℃，于 50～80 min 内缓慢加入

上述第二重氮盐，维持 pH＝9～10，加毕继续反应 1.5 h，逐步升温至 85～90℃，保温 1 h，再降温至 35～40℃。

（6）加入反应液体积 15％的 NaCl 盐析 30 min，过滤，用饱和食盐水过滤洗至中性，砂磨，干燥。

（三）分散大红 S-BWFL 的制备

外观为紫酱色粉末，能溶于乙醇、丙酮等有机溶剂中。适宜的 pH 为 5～6，适于热熔法染色、高温高压染色，在染深色或涤棉织物时，上染温度宜高，高温高压染色时，要求在 130℃时间要长。可用于涤棉混纺织物的同浆印花和染色，也可作为拔染印花的底色。

1. 合成原理

（1）羟乙基化

$$\text{(3-}NHCOCH_3\text{)}C_6H_4-NH_2 + 2\,CH_2-CH_2\ (\text{环氧乙烷, }O) \longrightarrow \text{(3-}NHCOCH_3\text{)}C_6H_4-N(CH_2CH_2OH)_2$$

（2）酯化

$$\text{(3-}NHCOCH_3\text{)}C_6H_4-N(CH_2CH_2OH)_2 + 2\,(CH_3CO)_2O \longrightarrow \text{(3-}NHCOCH_3\text{)}C_6H_4-N(C_2H_4OCOCH_3)_2 + 2CH_3COOH$$

（3）重氮化

$$O_2N-C_6H_4-NH_2 + NaNO_2 + 2HCl \longrightarrow O_2N-C_6H_4-N_2^+Cl^- + NaCl + 2H_2O$$

（4）偶合

$$O_2N-C_6H_4-N_2^+Cl^- + \text{(3-}NHCOCH_3\text{)}C_6H_4-N(C_2H_4OCOCH_3)_2 \longrightarrow O_2N-C_6H_4-N{=}N-C_6H_3(NHCOCH_3)-N(C_2H_4OCOCH_3)_2 + HCl$$

2. 合成步骤

（1）重氮化

向250 mL烧杯中加50 mL水，加入7.8 mL质量分数为36%的盐酸，加热至80℃，搅拌下加入3.5 g（0.025 mol）对硝基苯胺，使其全部溶解，用冰盐浴冷却，搅拌下加入5 mL冰水，冷却至0℃，迅速倒入由1.8 g亚硝酸钠和7 mL配成的亚硝酸溶液，在0～5℃下搅拌1 h，用刚果红试纸和淀粉碘化钾试纸检验酸性及亚硝酸的存在。重氮化完毕后，若重氮液不纯清，进行过滤，滤饼用15 mL冰水洗涤，将滤液（重氮盐）倒入400 mL烧杯，保持低温下备用。

（2）偶合

用质量分数为15%的醋酸钠溶液调整pH=4，加入7 mL质量分数为15%的平平加O溶液，在0～5℃下滴加相当于0.025 mol的间乙酰氨基-N，N-二乙酰氧乙基苯胺溶液（质量分数23%）约加35 mL，约30～45 min内加完。偶合过程中，不断用渗圈检验，以重氮盐的消失为终点。达到终点后再搅拌1 h，过滤，滤饼用水洗涤至滤液呈中性，澄清。

（3）商品化

在瓷烧杯中加入一批染料的湿滤饼，按染料（理论产量）∶扩散剂MF∶水∶玻璃珠=1∶1∶5∶8配料比，在室温下砂磨10 h，过筛，干燥，粉碎，称重，商品化。

四、原染料质量检测

染料合成后经液固分离，为后处理车间提供原染料滤饼。不同的染料品种，不同的合成工艺，甚至相同品种不同生产厂家，相同生产厂家不同生产批次产品质量都可能会有一些差异。为了后续染料加工的需要，后处理车间接到滤饼后要对每一批染料都要进行全面测定，为确定出合理的加工工艺提供基础数据。原染料的理化指标主要有：含固率、含杂、pH、强度、色光及晶型等，这些指标对加工过程有不同程度的影响。

1. 滤饼含固率

含固率是指原染料滤饼中含有原染料的湿基质量百分比。经过固液分离去除废液后得到染料的滤饼，在做工艺配方时，染料以滤饼的形态投入到配方中，称量滤饼时要减掉滤饼中的水分，所以必须知道滤饼中的含固率才能准确投料。

测定滤饼含固率的方法目前都采用烘箱法，称取一定量的滤饼放在105 ℃恒温烘箱内，待恒重后计算出滤饼的含固率，也可以用红外线快速水分测定仪测定。

2. 染料含杂

染料中含有杂质主要来自两个方面：一是在化学合成过程中产生的化学杂质，如多余的酸、碱、盐等；二是生产用水带入的各种机械和化学杂质。这些杂质会影响染料的质量，只有认真分析出杂质的性质和来源后才能确定出正确的分离方法以提高纯度。通常采用测量染料液体电导率的方法测定电解质的含量。

例如，在染料中和反应过程中常会产生硫酸钠、碳酸钠、磷酸钠、乙酸钠等无机盐，无机盐含量越高，染料纯度越低。当无机盐含量高时染料的电导率就高，其分散体越不稳定。电导率为66 000～68 000 $\mu\Omega \cdot cm^{-1}$的液状染料，存放几个月后出现严重的黏稠状沉淀，电导率为19 500 ～21 000 $\mu\Omega \cdot cm^{-1}$的样品则无沉淀现象。同时，不同无机盐的电导率也不相同。在相同含盐量情况下，磷酸钠的电导率相对低一些，因此在进行中和反应或加工过程中用磷酸调

pH 容易得到较好的效果。

3. 原染料 pH 值

在染料加工和染料染色过程中，有时受 pH 值影响。如一些染料的研磨效率、干燥时的耐热温度、液状染料的贮存稳定性、染色色光等都与 pH 值有关。测定出染料的 pH 值后，根据不同的需要进行有目的地调整。

4. 原染料相对强度

染料标样是经按一定要求检验合格，并保存的染料样品。在染料生产和质量控制中，作为检验相同品种染料的色光、强度的实物标准。原染料的相对强度是指某种染料赋予被染物颜色的能力相对于染料标准样品的比例。通常用染得相等深度颜色时，染料标样与试样的用量之比。商品染料的强度是最主要的技术经济指标之一，测定出原染料的强度才能通过加入各种助剂调整为一定标准规格的强度。

原染料的相对强度一般用分光光度法测定，水溶性染料测试批样与标样一定浓度的吸光度比值，非水溶性染料则选择合适的溶剂，配制成一定浓度后进行测定，该法相对简便快速。

5. 原染料的色光

色光是指在染色深度一致的条件下，待测染料与标准染料染色物颜色的偏差程度，包括色相、明度、饱和度方面的差异。染料色光共分为五个等级，按优劣顺序分别为：近似、微、稍、较、显较。由于染料合成阶段的中间质量控制和生产工艺不同，造成产品色光出现偏差。商品化后处理的任务之一就是要调整染料的色光，使其达到标准规定的指标。

6. 其他指标

染料的其他指标，如染料的晶型、团粒大小、表面张力、黏度、流变性等。染料滤饼的晶型、团粒大小将对染色性能有重大影响，进一步加工时染料是否需要调整晶型或预分散取决于原染料颗粒的几何形态。表面张力、黏度、流变性等技术参数对染料加工也是必不可少的，将影响加工方法及产品质量。

任务三　有机颜料性质及制备原理

颜料是一种有色的细颗粒粉状物质，一般不溶于水、油、溶剂和树脂等介质中，能分散于各种介质中。它具有遮盖力、着色力，对光相对稳定，常用于配制涂料、油墨以及着色塑料和橡胶等，因此又可称是着色剂。

颜料不同于染料。一般染料能溶解于水或溶剂，而颜料不溶于水。染料主要用于纺织品的染色。不过这种区分也并不十分清楚，因为有些染料也可能不溶于水，而颜料也有用于纺织品的涂料印花及原液着色。有机颜料的化学结构同有机染料有相似之处，因此通常视为染料的一个分支。

颜料产品是制造涂料、塑料、橡胶、建材、油墨、化妆品、文教用品的主要配套材料，而涂料、塑料、橡胶等产品是经济发展支柱产业，是汽车、建筑、船舶等的必需材料。因此，颜料工业在国民经济中占有较为重要的地位。

一、颜料的分类

颜料从化学组成来分类，可分成无机颜料与有机颜料两大类，就其来源又可分为天然颜料和合成颜料。

表 2-3-1　颜料的分类

天然颜料	矿物颜料	朱砂、红土、滑石粉、高岭土等
	生物颜料	动物的胭脂虫红、天然的鱼鳞粉等
	植物颜料	藤黄、靛青等
合成颜料	无机颜料	钛白、锌钡白、铁蓝、红丹等
	有机颜料	大红粉、偶氮黄、靛菁蓝等

无机颜料通常在耐光、耐候、耐溶剂、耐化学腐蚀和耐升华等方面性能优良，主要品种有钛白、铁红、群青、碳黑、硫酸钡等，主要产地在美国、日本、西欧和前苏联，近年来我国的产量也显著增长。有机颜料的耐光、耐热、耐溶剂虽比不上无机颜料，但它具有着色力强、色谱丰富、色彩鲜艳、耐酸碱性好、密度小等优点。尤其是现代高级颜料品种各项性能上大有提高，应用范围日益扩大。

据统计，世界上无机颜料、有机颜料和染料三者的产量比例约 69.5∶4.21∶26.29，三者的产值比例约 54.07∶13.24∶32.69。无机颜料中的钛白在颜料产值产量上均占首要的地位，有机颜料的产量虽然不高，但产值较高。

目前有机颜料有几百种品种，按化学结构可分为四大类：偶氮类颜料、酞菁类颜料、多环颜料、三芳甲烷颜料。偶氮类颜料是有机颜料中的主要大类，占有机颜料总产量的 50%左右，酞菁类颜料占 40%，其他颜料占 10%。

（一）偶氮类颜料

按化学结构分为：不溶性偶氮颜料、偶氮颜料色淀、缩合型偶氮颜料。

1. 不溶性偶氮颜料

（1）乙酰基乙酰芳胺系颜料，如：

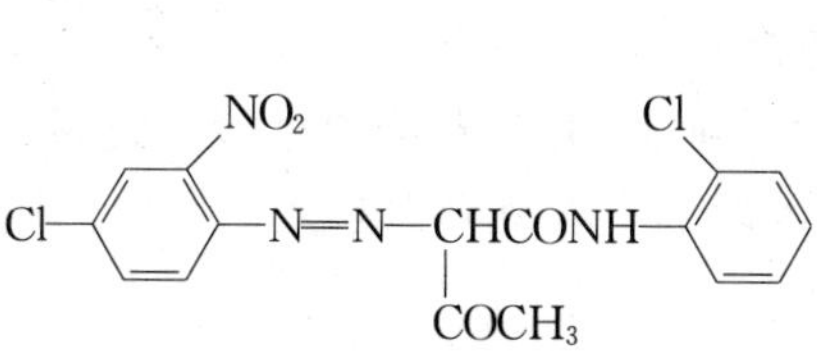

耐晒黄 10G

（2）β-萘酚系颜料，如

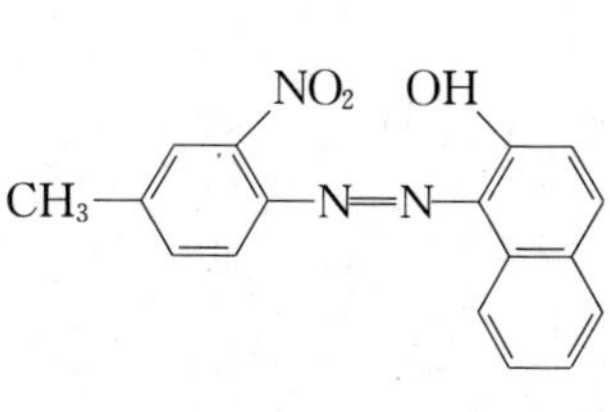

甲苯胺红

（3）芳基吡唑啉酮系，如

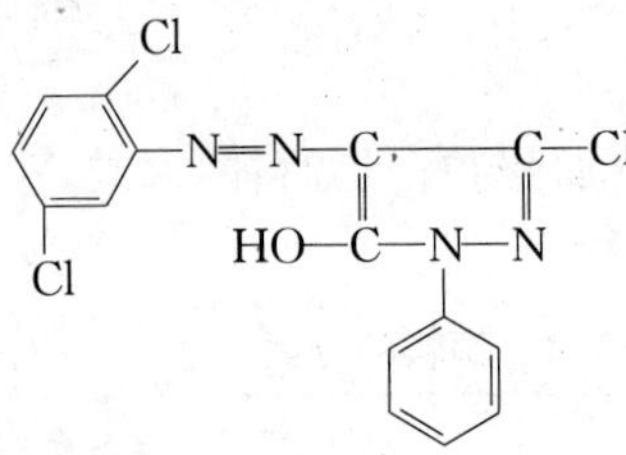

颜料黄 10

（4）2-羟基-3-萘甲酰芳胺系颜料，如

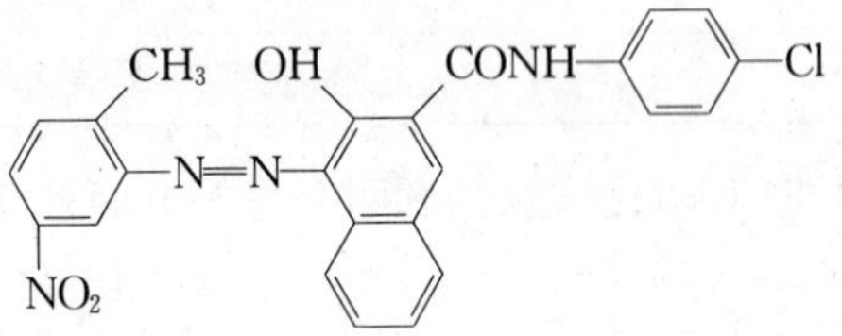

永固红 F4R

（5）双偶氮颜料，如

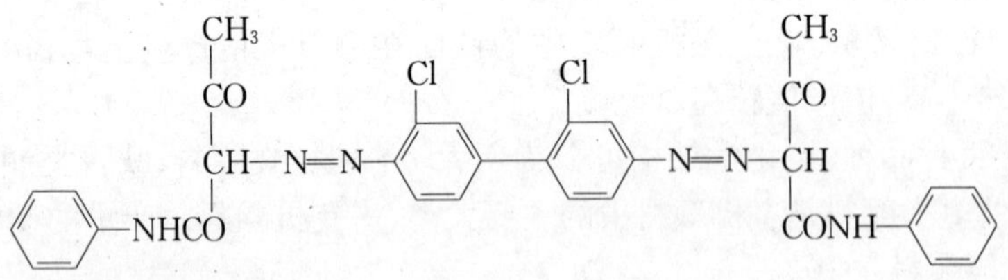

联苯胺黄 G

2. 偶氮染料色淀

偶氮染料色淀是将可溶于水的含磺酸或羧酸基团的偶氮染料转化为不溶于水的钡、钙、锶的盐。不是所有的偶氮染料都能转化为颜料，只有少数特定的结构的染料转化为不溶于水的盐类后，并有颜料特性时，才能成为有价值的颜料商品，这类染料称为"色淀—染料"。由偶氮染料转化生成的颜料称为偶氮染料色淀。

偶氮染料色淀与不溶性的偶氮颜料相比，由于分子内有羧基，所以耐溶剂性有所提高，而耐化学品尤其是耐碱性差，加热时会因内部化学反应引起颜色变化。按化学结构分为五类：

（1）乙酰基乙酰芳胺系，如：

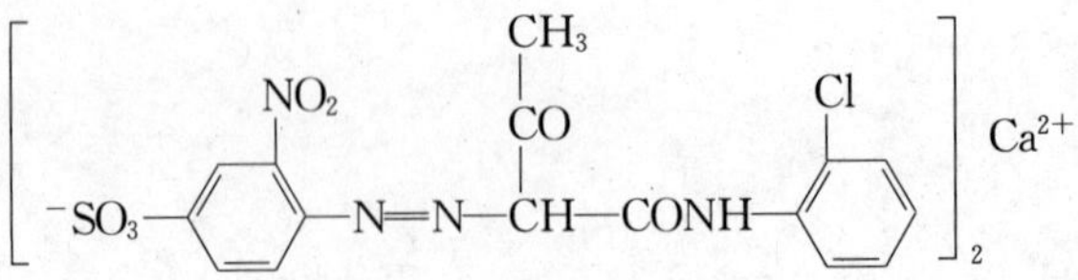

颜料黄 168

（2）β-萘酚系，如：

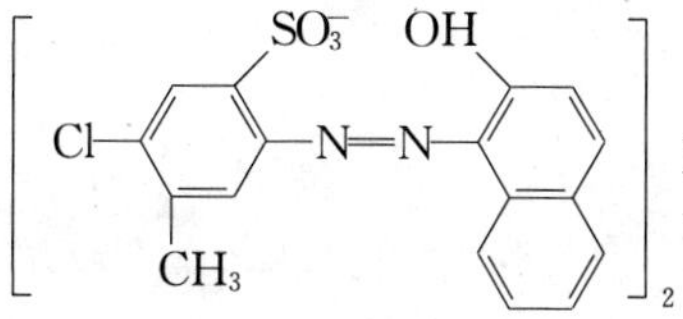

金光红 C

(3) 2-羟基-3-萘磺酸系,如:

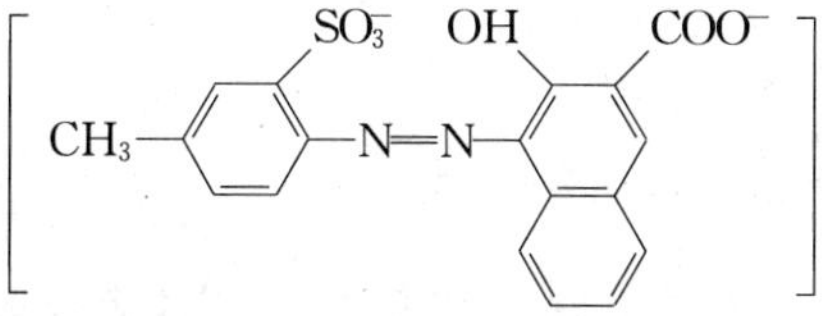

亮胭脂红 6B

(4) 2-羟基-3-萘甲酸芳胺系,如:

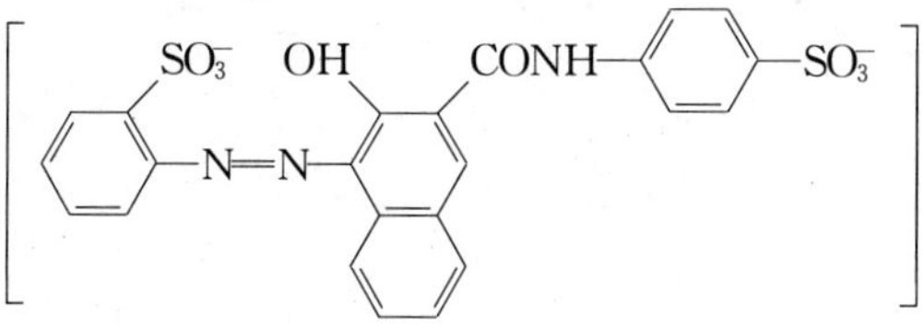

颜料红 151

(5) 萘酚磺酸系,如:

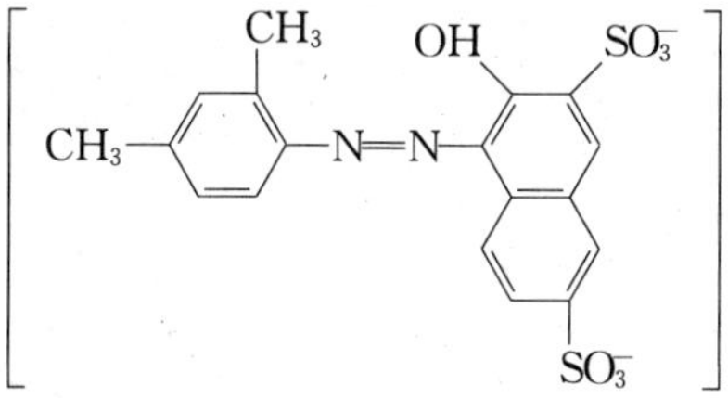

颜料红 2R

3. 缩合型偶氮颜料

一般偶氮颜料在使用时,有渗色和不耐高温的缺点。为了提高耐晒、耐热和耐有机溶剂等性能,可通过芳香二胺将两个分子缩合成大分子的缩合型偶氮颜料,俗称固美脱颜料。

缩合型偶氮颜料的相对分子质量在 800～1 100 之间,由于相对分子质量大且引入酰氨基团,各项牢度均有增加。浅色时也有优良的耐晒牢度、耐热性和耐迁移性,且无毒。适用于塑料、橡胶、氨基醇酸烘漆和丙纶纤维的原液着色。

缩合型偶氮颜料按化学结构可分为:

(1) β-羟基萘甲酰胺类,如:

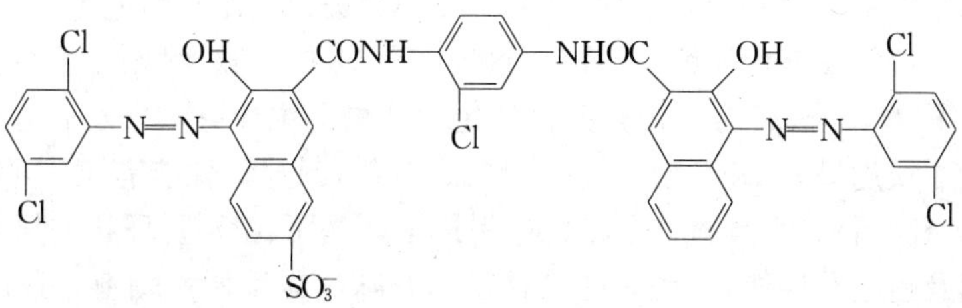

固美脱红 BR

(2) 乙酰乙酰芳胺类,如:

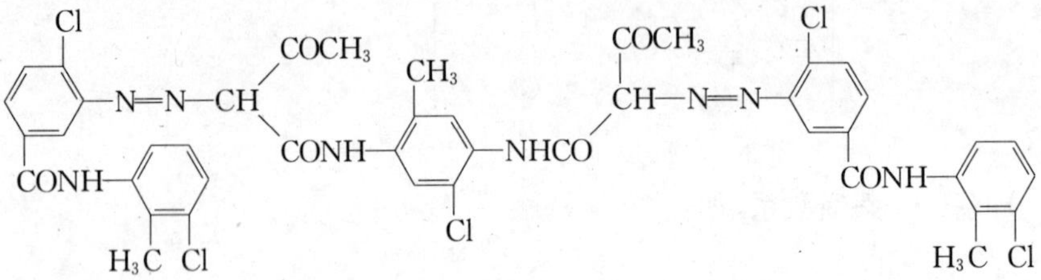

固美脱红 3G

(二) 酞菁类颜料

酞菁颜料含有四氮杂卟吩结构,是一大类高级有机颜料。品种有铜酞菁、氯代铜酞菁、无金属酞菁及铜酞菁色淀。酞菁颜料的色谱从蓝色到绿色,是有机颜料中蓝、绿色谱的主要品种。具有极强的着色力和优异的耐侯性、耐热性、耐溶剂性、耐酸碱性,且色泽鲜艳,极易扩散相加工研磨,是一种性能优良的高级有机颜料。由于大量生产,价格也较便宜。

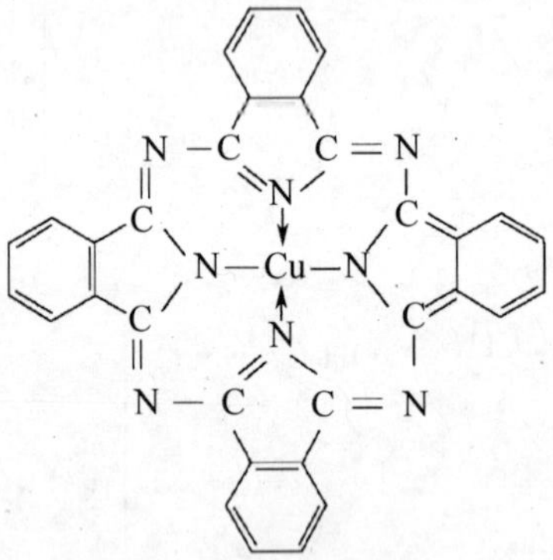

铜酞菁

酞菁颜料几乎可用于所有的色材领域,如印刷油墨、涂料、绘画水彩、涂料印花浆以及橡胶、塑料制品的着色。近年来,酞菁化合物还被用作化学反应催化剂、润滑剂、光敏材料,尤其是酞菁具有半导体性质正予以高度重视。

二、有机颜料的制备原理

(一) 偶氮颜料

偶氮颜料化学结构中含有偶氮基,是有机颜料中主要的大类。偶氮颜料色谱分布较广,有黄、橙、红、棕、蓝等颜色。偶氮颜料色泽鲜艳,着色力强,密度小,体质软,耐光性较好。传统经典品种中的浅色耐光性较差,不耐高温。偶氮颜料从化学结构上主要有两个发展方向:一是增大相对分子质量和相应增加酰氨基团,使耐光、耐热、耐溶剂,耐迁移性能有很大的提高,其代表性品种是缩合型偶氮颜料;二是颜料分子结构中引进杂环基团、特别是环状酰氨基团以改进其耐光、耐热、耐溶剂及耐迁移性能,其代表性品种是苯并咪唑酮系偶氮颜料。这两类颜料使偶氮颜料的应用扩大到合纤熔融纺丝、汽车涂料、需要高温加工的烘漆和热塑性塑料上。

偶氮颜料的基本生产方法是重氮化反应和偶合反应。生产含有磺酸或羧酸基的偶氮染料色淀除了上述二步以外，还需要从钠盐转变成碱土金属盐（或其他金属盐）的转化过程。合成缩合型偶氮颜料除了重氮化反应和偶合反应以外还包括酰氯化反应和缔合反应。某些偶氮颜料如苯并咪唑酮系颜料为了改善颜料的应用性能，往往还需要热处理或溶剂处理以改变颜料的晶型或粒子大小。为了改进颜料的色光、分散性、润湿性等，有时在生产过程中加入少量的表面活性剂或其他添加剂。

偶氮类颜料的典型生产工艺流程见图 2-3-1：

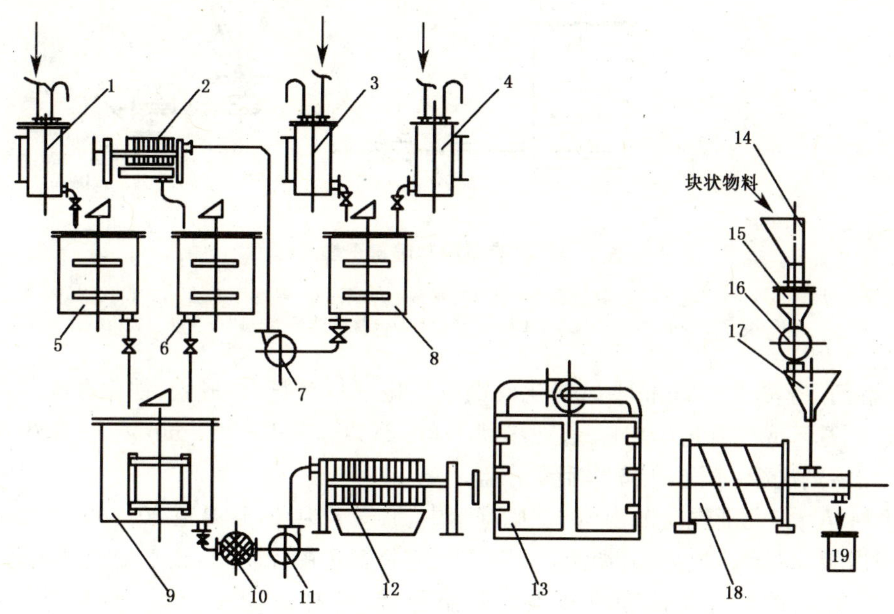

图 2-3-1　偶氮类颜料的典型生产工艺流程

1—液碱计量槽；2—重氮液澄清用过滤机；3—盐酸计量槽；4—亚硝酸钠计量槽；5—偶合组分溶解槽；6—重氮液贮槽；7—泵；8—重氮槽；9—偶合槽；10—过滤器；11—泵；12—压滤机；13—箱式干燥器；14—料斗；15—粗碎机；16—粉碎机；17—料斗；18—鼓形混合机；19—成品

颜料的后处理一般采用喷雾干燥和带式干燥两种流程。喷雾干燥流程如图 2-3-2 所示。

（二）酞菁类颜料的生产

酞菁蓝主要组成是细结晶的铜酞菁，具有鲜明的蓝色和耐光、耐热、耐酸、耐碱、耐化学品的优良性能。着色力强，为铁蓝的 2 倍，群青的 20 倍，是蓝色颜料中主要的一类。

不论用何种方法制得的粗酞菁蓝都是 β 型。由于结晶粗大（约 100 μm），纯度低，必须经过颜料化加工，才能成为颜料。国际上通用的粗酞菁蓝商品规格铜酞菁的含量为 92%～95%，是制造酞菁蓝、绿和酞菁染料的中间产物。粗酞菁蓝的工业制造方法主要有：

1. 邻苯二腈法

（1）烘焙法：将邻苯二腈和氯化亚铜混匀，装入铁盘内，送入用蒸汽加热的密闭烘箱，加热驱除部分空气。待升温至 140℃，即发生放热反应，生成粗酞菁蓝。反应时产生的升华物和烟雾，经排气口排出用水喷淋除去，冷却过夜，出料，收率为 90%～93%。

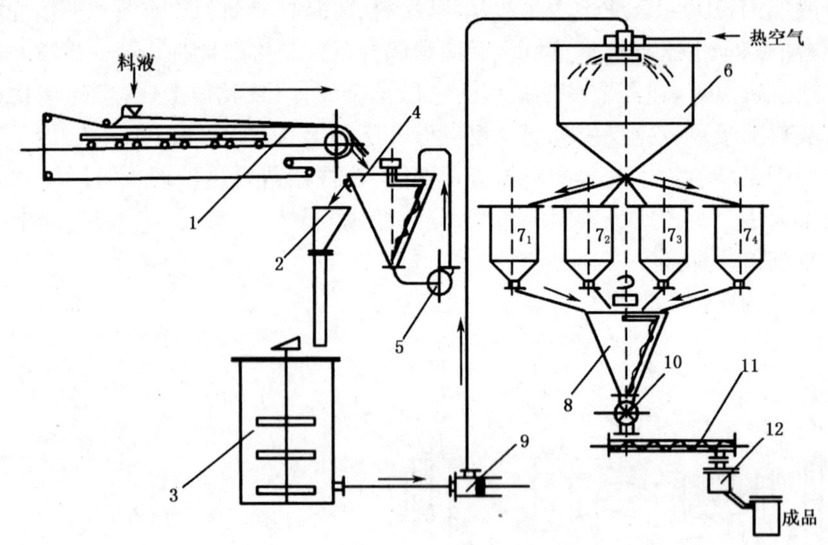

图 2-3-2　有机颜料喷雾干燥流程

1—带式真空过滤机；2—料斗；3—浆料贮槽；4—锥形打浆锅；5—泵；6—喷雾干燥器；7—粉状物料分批贮料斗；8—锥形混合器；9—高压泵；10—星形阀；11—螺旋输送器；12—自动包装机

(2) 溶剂法：邻苯二腈和铜盐(氯化亚铜或氯化铜)，触媒(铂或铁、铁化合物)，在氨气饱和的溶剂(硝基苯或三氯化苯)中一起加热到 170～220℃，在 10～20 min 内，立即生成粗酞菁蓝，过滤，用溶剂洗涤，水洗，干燥得粗酞菁蓝。

如将 14.8 g 氯化亚铜分散于 200 g 硝基苯中，通氨至饱和，升温至 20～40℃，加入邻苯二腈 80 g 和钼酸 250 mg，搅拌，升温至 140℃。反应物颜色由绿转黄，逐渐变成红褐色，当温度到达 146℃，开始放热并生成粗酞菁蓝。升温至沸，搅拌反应 12 min，趁热过滤，滤饼用 200 mL、100℃的硝基苯洗涤，再用 300 mL 甲醇及 15 倍热水洗涤得粗酞菁蓝，收率为 97.2%。

2. 苯酐—尿素法

原料苯酐、尿素价廉易得，成本较低，是主要生产粗酞菁的方法。

(1) 烘焙法：苯酐、尿素、氯化亚铜、钼酸按一定比例混合均匀，或者在反应锅中加热熔化，然后装入金属盘内，放入密闭烘箱内加热，在 240～260℃保温数小时，便生成粗酞菁蓝；冷却后出料。

例如：苯酐 35 kg、尿素 60 kg、氯化亚铜 6.9 kg、钼酸铵 1 kg，放入反应锅内，加热至 140℃使其熔化，搅拌均匀。然后分装在金属盘内，送入电热烘箱，升温至 240℃保温 4～5 h，冷却，出料。

烘焙法收率一般 75%～80%，粗酞菁蓝中铜酞菁含量约 60%左右。由于含量低一般不宜直接使用，可以用酸洗，碱洗等方法加以提纯。经过酸、碱处理的粗酞菁蓝，铜酞菁含量可提高到 90%～92%。

用烘焙法粗酞菁蓝制得的酞菁颜料或酞菁染料，其色光往往不及用溶剂法粗酞菁蓝制得的产品鲜亮，但由于工艺简单，能耗低，国内仍有一定数量的生产。

(2) 溶剂法：是当前国内外普遍采用的生产粗酞菁蓝方法。虽然工艺流程较长，溶剂又要回收利用，因此使用设备较多，投资也大，但收率较高。一般可达 90%～92%，粗酞菁蓝质量也较好，其铜酞菁含量可达 90%以上，其质量和经济性都比较优越。

例如：取苯酐 500 g、尿素 1 050 g、氯化亚铜 100 g 和三氯化苯 1 500 g，搅拌，加热至 130℃，分小量加入无水三氯化铝 125 g 和无水三氯化铁 50 g 的混合物，然后升温至 180～200℃，保持 7 小时。除去溶剂，分离出粗酞菁蓝，其收率为理论量的 98%。

三、颜料的颜料化

有机颜料在使用时，以微粒子状态分布于被着色的介质中。颜料粒子的形状、大小、晶型和表面状态等物理构造和介质的不同都会影响入射光的反射、吸收和散射的比例，从而使颜料表现出不同色光和性能。

颜料的研究内容包括两个方面：

一方面是改变其内部化学成分，如引入新的助色基团，创立新的发色体系颜料等。不同的化学组成的颜料各有其特征的颜色，但颜色还存在着在一定范围内的波动。

另一方面就是改变颜料的物理形态，如晶型、粒径等，以改变其适用性的应用技术研究。固然颜料分子的化学组成对其性能、颜色起决定性作用，然而有时其物理形态（晶体结构、颗粒大小、粒度分布、杂质含量等）对其颜料性能（色光、着色力、遮盖力、透明度）的影响比引入取代基的作用更为明显。

（一）颜料的物理状态对其性能影响

1. 粒径

着色力是某一种颜料与另一基准颜料混合后颜色强弱的能力，通常以白色颜料为基准去衡量各种彩色或黑色颜料对白色颜料的着色能力。着色力的强弱决定于颜料的化学组成。一般说来，相似色调的颜料，有机颜料的着色力比无机颜料要强得多。同样化学组分的颜料，着色力取决于粒子的大小、形状、粒度分布等，一般随着颜料（主要是白色颜料）的粒径减小而加强，当超过一定极限后，其着色力也会随粒径的减小而减弱；对彩色颜料，着色力主要取决于光的吸收，和粒径关系不十分突出。一般颗粒大小在 0.05～0.1 μm 时，有机颜料表现出最优着色性能。

2. 晶型

颜料是细微的粒状物，其原级颗粒的直径大多在十分之几微米到几微米之间，最大不超过 100 μm。绝大多数颜料粒子都是以晶体的形态存在，颜料粒子的微观结构直接影响它的宏观现象，不同的晶型会带来不同的颜料性能。从晶体内部的微观结构到晶体宏观的几何形状，无论在哪一方面有所不同都会带来性能上的差别。如铜酞菁颜料，其 α 型是红光蓝，着色力高，但稳定性差，而 β 型是绿光蓝，稳定性好，但着色力稍差。另外还有如钛白粉、金红石型与锐钛型在性能上存在很大的差异。

粒子的形成程度，必然和粒子结晶成长过程有关。不同的工艺条件，会造成颜料粒子的晶体不同。所以研究结晶成长的规律，利用结晶学的知识，来控制颜料粒子的形态，可以设计必要的工艺条件，形成特定的晶型结构。

(二)有机颜料颜料化

颜料化是大部分颜料生产必不可少的步骤,有机颜料合成以后,粒子在大小、表面状态、表面性质、聚集方式等方面很难一致,不能满足应用要求,须经过颜料化之后才能投入使用。有机颜料的颜料化实质上是通过适当的工艺方法改变粒子的聚集状态或晶型,使之具有所需要的应用性能,如色光、着色力、透明度等。

颜料化是经过一系列化学、物理及机械的方法调整颜料粒子的晶型、粒度大小和表面状态,使其具备良好的使用性能的加工过程。有机颜料的颜料化方法常有:溶剂处理法、酸处理法、研磨法、颜料的表面处理等。

1. 溶剂处理法

溶剂的作用是利用本身的极性或在高温下,使颜料的晶型粒子得以改变或高温调整。所用的溶剂主要有:氯仿、乙醇、丙酮、氯苯、二甲苯及二甲基甲酰胺等。操作方法:把粗品颜料合成后加入到溶剂中,加热到某一温度,或在回流下处理几小时,直到粗晶粒子大小符合要求为止,然后分离出溶剂,制得精品颜料。

2. 酸处理法

使粗品颜料在浓酸中溶解或浸泡膨胀后,再倒入另一种介质中使其结晶,改变结晶条件或加入助剂,达到改变、调整晶型和粒子的目的。常用的酸有:浓硫酸、发烟硫酸、浓乙酸、氯磺酸等。如将 10 g β 型粗铜酞菁与浓硫酸按 1∶10 比例、在 50℃时搅拌 3 h,所得浆料逐渐注入 500 mL 85℃水中,保温 0.5 h,过滤并洗至 pH=7,在真空下 60℃干燥,制得 α 型铜酞菁。

3. 机械研磨法

利用机械碰撞和摩擦剪切力来改变和调整颜料的晶型和粒子。

(1) 盐研磨法:用无机盐($NaCl$、$CaCl_2$、Na_2SO_4等)做助磨剂。在球磨机、砂磨机或捏合机中,加入粗品颜料和无机盐、其他助剂。在强大冲击力、剪切力作用下研磨处理。如在 1 L 球磨机中,加入 720 g 瓷球,加入 β 型粗铜酞菁 10 g、食盐 90 g 及二甲苯 1 g,以 50 r/min 的转速进行研磨,再用 2%硫酸精制 1 h,过滤水洗至 pH=7,真空下 60℃干燥,制得精制的 β 型铜酞菁。

(2) 溶剂研磨法:在溶剂中研磨,根据所要求的颜料晶型和粒度来选择适当的溶剂,如三氯苯、六氯乙烷、二甲苯、二甲基甲酰胺等。

(3) 酸研磨法:粗品颜料与少量浓硫酸一起研磨,优点是用酸量比酸处理法少。

(4) 捏合法:在捏合机中,加入粗品颜料、助磨剂,在搅拌机内捏合处理 5~10 h,有时为增加捏合效果,需再加入水溶性高分子胶化剂物质,如乙二醇、聚乙烯醇等。捏合后再用通常方法处理,可得到高质量的产品。

4. 颜料表面处理法

有机颜料表面处理是在颜料粒子表面上沉积适当的物质,以单分子层或多分子层包覆颜料粒子表面活性区域。一般有机颜料多为亲油性物质,表面处理的主要目的是抑制颜料粒子晶体的成长,改良颜料的分散性、润湿性以及与介质的相溶性,在使用较小剪切力情况下可以获得良好的分散效果。

表面处理的作用:降低粒子聚集,防止颜料粒子在后加工过程中进一步发生聚集作用,获得软质结构。经过表面处理的颜料,一旦产生聚集或絮凝体,由于粒子间的结合力降低,仍可以用低剪切力的分散设备比较容易地重新分散，制备粒度均匀的颜料。根据表面涂层性质不同，使颜料粒子更具亲油性或亲水性，提高颜料在油性介质(展色料)中或水性介质中的相容性，改进其润湿性与分散性。由于特定添加剂的作用，处理后的颜料粒子更容易为展色料润湿、保护，对光照氧化作用有屏蔽作用，提高了耐晒、耐气候牢度。

(1) 松香酸处理

将松香酸溶于碱性水溶液中，溶液呈透明状态，将其加至反应液中，偶合反应完成后加入碱土金属盐($CaCl_2$)，使松香酸以钙盐形式吸附在粒子表面，其产品具有微细粒子、松软结构、着色力高的特性。

(2) 有机胺表面处理

有机胺中氨基有较高的极性，对颜料分子的极性表面有较大亲和力，起着锚基作用，可吸附在粒子表面上，另一端的长链亲油基团伸向使用介质中，容易被油基油墨所润湿，同时起到空间同电排斥效应，阻止颜料粒子聚集。

(3) 表面活性剂处理

表面活性剂分子中具有亲油和亲水基团，可以降低颜料表面与使用介质之间的表面张力。表面活性剂可以是阴、阳及非离子型，还可以是高分子表面活性剂。

某些有机颜料、偶氮颜料及某些色淀颜料容易分散在水中，如果加入阴离子表面活性剂，可以明显提高颜料的分散性，以及在分散介质中的分散稳定性。亲油性有机颜料不易在水中分散，加入适量亲油型非离子表面活性剂，可有效吸附在非极性的颜料粒子表面，另一端亲水的聚氧乙烯链与介质溶剂化，形成水化层包围颜料粒子，防止颜料粒子的聚集，改进其分散性能。

常用的非离子表面活性剂有：脂肪醇、烷基胺化合物与环氧乙烷的加成物、失水山梨醇型 Span 以及与环氧乙烷加成产物吐温 Tween。

四、颜料的主要应用

颜料的应用面很广，目前大量用于涂料、油墨、塑料、橡胶、纺织、陶瓷等方面。新的用途还在不断地增加，如化妆品、磁带、食品、黏合剂、静电复印等方面。

1. 颜料在涂料中的应用

颜料常赋予涂料一定的色彩。涂料中所用的颜料以无机颜料为主，也用一部分耐候性良好的有机颜料，特别是红色颜料和蓝色颜料。

2. 颜料在油墨中的应用

油墨的质量很大程度上取决于颜料的质量，如油墨的色彩、黏度、流动度、印刷性能等。油墨要求颜料有鲜艳的颜色、高的着色力、良好的分散性、适当等级的耐光性，油墨对颜料的颜色要求更为严格，要求颜料的颜色鲜艳而不带暗萎。油墨中颜料的用量，有机颜料占 15%～20%，无机颜料占 50%～70%。油墨行业常是有机颜料最大的用户，适用的主要品种有立索尔红、联苯胺黄、耐晒黄、酞菁蓝及绿、色淀红 C、碳黑，此外也用一些金属颜料和荧光颜料。

3. 颜料在塑料中的应用

颜料作为塑料的着色剂，使用量在 0.1%～5%之间，由于塑料生产的数量极大，耗用的颜料的量还是相当可观的。塑料的品种繁多，产量最大的品种有聚乙烯、聚丙烯、聚氯乙烯、聚苯乙烯和丙烯腈-丁二烯-苯乙烯共聚体（ABS 塑料）等，每种塑料加工条件各不相同，对颜料均有其特殊要求，如耐热性、耐光性、耐酸性、耐碱性及抗迁移性等。

任务四　常见有机颜料的制备及检测

一、常见有机颜料的制备

（一）立索尔大红 R 的合成

1. 合成原理

立索尔大红 R(Lithol-R)，是一种带黄光的红色粉末，用于油墨、皮革、塑料和水彩颜料等方面。偶氮色淀所用的偶氮染料都是结构简单而颜色较鲜明的品种，分子中具有磺酸基，加入氯化钡为沉淀剂。

立索尔大红 R 的反应式如下：

（1）重氮化

$$\text{(SO}_3\text{H, NH}_2\text{-naphthalene)} + NaNO_2 + 2HCl \xrightarrow[0\sim5℃]{\text{重氮化}} \text{(SO}_3\text{H, N}_2^+Cl^-\text{-naphthalene)} + NaCl + 2H_2O$$

（2）偶合

$$\text{(SO}_3\text{H, N}_2^+Cl^-\text{-naphthalene)} + \text{(OH-naphthalene)} \xrightarrow[10\sim15℃]{\text{偶合}} \text{(SO}_3\text{H-naphthyl)-N=N-(OH-naphthyl)}$$

（3）色淀的制备

$$\text{(SO}_3\text{H-naphthyl)-N=N-(OH-naphthyl)} \xrightarrow[60℃]{BaCl_2} \text{(SO}_3\text{Ba/2-naphthyl)-N=N-(OH-naphthyl)}$$

2. 仪器和主要试剂

（1）仪器：烧杯、搅拌机、温度计（0～100℃）、布氏漏斗、吸滤瓶、真空泵等。

（2）药品：吐氏酸、2-萘酚、氢氧化钠、盐酸、亚硝酸钠、松香、氯化钡、硝酸银、刚果红试纸、精密 pH 试纸。

3. 合成步骤

（1）在四口瓶中加 100mL 的水，搅拌下加入 10 g 吐氏酸，4.6 mL 质量分数为 30%的氢氧化钠溶液，使之全部溶解，pH 为 7.5～8。加冰调节温度至 0℃，加入 11.3 mL 质量分数为 30%的盐酸进行酸化，再将 3.1 g 亚硝酸钠(配成质量分数 30%的溶液)，慢慢均匀加入，进行重氮化反应，温度在 0～5℃。溶液应对刚果红试纸呈蓝色，淀粉碘化钾试纸呈微蓝色。继续反应 1h，供偶合使用。

(2) 先在四口瓶中加 80 mL 水、6.4 mL 质量分数为 30%的氢氧化钠溶液，加热至 60℃，再加入 6.7 g 2-萘酚，搅拌使之完全溶解，加水调整至体积为 250 mL，温度 10℃。

(3) 在良好的搅拌下，将反应好的重氮盐溶液慢慢均匀加到上述 2-萘酚溶液中进行偶合反应，pH 为 10～10.5，温度为 10℃，2-萘酚应微过量。再反应 1 h，pH 为 9.5～10。

(4) 在 150 mL 的烧杯中加入 18 mL 水，搅拌下加 2.3 mL 质量分数为 30%氢氧化钠溶液，加热至 70～80℃，然后加入 6 g 松香，加热至沸腾，使之完全溶解，趁热将溶液加到上述偶合液中，pH 为 9～9.5，继续搅拌 0.5 h。

(5) 150 mL 烧杯中加入 35 mL 水，搅拌下加入 10 g $BaCl_2$，加热至 60℃，使之溶解，然后慢慢地加入到上述偶合液中，测 pH 为 8.5，并保持此值，搅拌 0.5 h，加热至 65℃，再搅拌 1 h，趁热过滤。滤饼用水洗涤(滤液用质量分数为 1%的硝酸银溶液检验应与自来水近似)，滤饼于 85℃以下干燥。

4. 思考与讨论

(1) 偶合反应为什么在碱性介质中进行?

(2) 加入松香的作用是什么?

(3) 用什么方法检验 2-萘酚微过量?

(二) 大红粉颜料的制备

1. 合成原理

大红粉的化学名称为苯基偶氮-2-羟基-3-萘甲酰苯胺，结构式为：

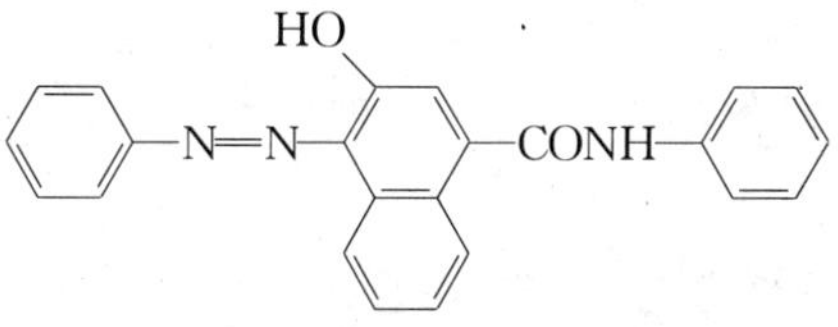

HO

C_6H_5—N=N—(萘环)—CONH—C_6H_5

该颜料是桃红色粉末，是重要的红色有机偶氮颜料，具有着色力和遮盖力强、耐晒、耐酸、耐碱等优点。它主要用于红色瓷漆着色，也适用于乳胶制品、皮革、漆布水彩、油画以及印泥、油墨、文教用品及化妆品着色。

在较低的温度和强酸的水溶液中，苯胺和亚硝酸发生重氮化反应，生成重氮苯盐。在碱性条件下，重氮盐与色酚 AS 发生偶合反应，生成苯基偶氮 2-羟基-3-苯甲酰苯胺，即大红粉颜料。生成的苯基偶氮 2-羟基-3-苯甲酰苯胺再经酸化、过滤、洗涤、干燥，得到较纯的产品。

反应式如下：

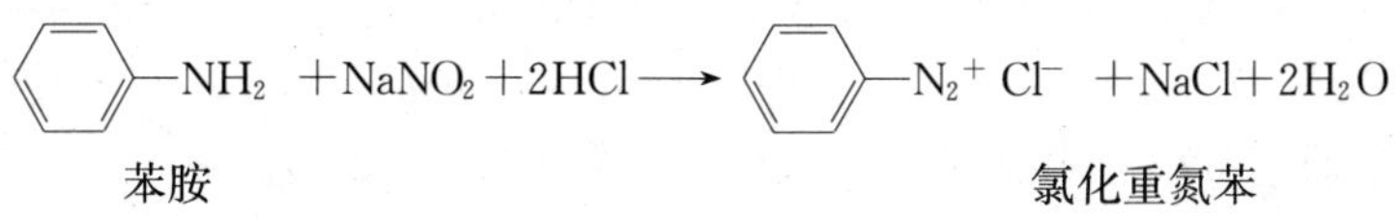

$$C_6H_5\text{—}NH_2 + NaNO_2 + 2HCl \longrightarrow C_6H_5\text{—}N_2^+\,Cl^- + NaCl + 2H_2O$$

苯胺　　　　　　　　氯化重氮苯

$C_6H_5N_2^+Cl^-$ + 色酚 AS（HO，CONH—C_6H_5）→ 苯基偶氮-2-羟基-3-萘甲酰苯胺（C_6H_5—N=N—，HO，CONH—C_6H_5）+ HCl

色酚 AS　　　　苯基偶氮-2-羟基-3-萘甲酰苯胺

2. 主要仪器与试剂

(1) 仪器：电热恒温干燥箱、冰水浴、电动搅拌器、布氏漏斗、抽滤瓶、蒸发皿等；

(2) 药品：苯胺、亚硝酸钠、盐酸、氢氧化钠、色酚 AS。

3. 合成步骤

(1) 重氮化反应：在 100 mL 的烧杯中加入 20 mL 蒸馏水，在冰水浴中降温至 3～5℃，然后加入 6.4 mL 37%浓盐酸，再加入 2.5 g 苯胺，并搅拌溶解。称 1.9 g 亚硝酸钠，放于 10 mL 蒸馏水中溶解。在搅拌状态下，将亚硝酸钠溶液慢慢加入到苯胺溶液中，并在 3～5℃下反应 30 min，生成氯化重氮苯。

(2) 偶合反应：在 200 mL 烧杯中加入 30 mL 蒸馏水，投入 1.6 g 氢氧化钠，搅拌溶解。将氢氧化钠溶液升温到 80℃，搅拌下加入 7.2 g 色酚 AS，搅拌至完全溶解。再加入 80 mL 蒸馏水稀释，保持温度在 38～39℃。在搅拌状态下，将重氮化反应得到的氯化重氮苯溶液，缓缓加入到上述色酚 AS 的溶液中，偶合反应 30 min。得到物料用于后处理过程。

(3) 后处理：偶合反应得到的物料，用盐酸调节 pH 值为 7.0，升温至 90℃以上，保温 1 h，再进行抽滤。抽滤过程中用蒸馏水洗涤滤饼 2～3 次。滤饼转移至蒸发皿中，置于干燥箱中，控温 80℃左右干燥，至水分完全蒸发，称重，计算收率。

4. 思考与讨论

(1) 偶合反应为何要在碱性条件下进行？

(2) 滤饼在干燥箱中的干燥温度应如何控制？

二、有机颜料性能及检测

有机颜料的各种应用性能及物理化学特性直接影响其着色效果以及使用范围。着色对象不同，对颜料的要求也不同。如对油漆、油墨着色，颜料应具备有特殊的颜色、色光、鲜艳度、遮盖力与透明度；对塑料着色，颜料应具有耐热、耐溶剂及耐迁移性能。

有机颜料的应用性能主要包括：色光、着色强度、流动度、吸油量、耐光性、耐溶剂性、易分散性、耐迁移性、耐热性、晶型及其稳定性、流变性及存放稳定性等。有关性能及检测方法如下：

1. 色光(颜色)

颜料颜色的比较是指同标准样品颜色的比较，常可采用拼混的手段达到缩小色差的目的。

称取试样、标样各约 0.5～1.0 g(精确至 0.001 g)，在 25℃下，用注射器抽取一定体积的调墨油(色淀类 0.7～1.5 mL，偶氮类 1.5～2.5 mL，酞菁类 2～3 mL)，置于平磨仪的砂磨玻璃面上调和，每次研磨 50 转，共循环 4 次，收集色浆。

用调墨刀挑取少许涂于画报印刷纸上(左边放标准样，右边放试样)，用刮刀均匀刮下来，在标准光源或室内朝北散射光线下比较其面色、墨色及光泽的差异，评级按近似、微、稍、较四级，并在微、稍、较之后评定色相与明暗度。为避免主观判断颜色误差，也可用测色仪测出三刺激值 XYZ，直接计算出色差 ΔE。

2. 着色力(着色强度)

着色力高的颜料，在使用时可减少用量以提高经济价值。颜料着色力的测定同颜色比较一样，一般在同品种的标准样品之间进行。标准样品的着色力定为 100%，当调整到两者具有相同的着色力时，用白墨质量的比值确定试样的着色力。方法如下：

称取试样、标样各约 0.5～1.0 g(精确至 0.001 g)，加一定量的调墨油(色淀类 0.5～1.0 mL，偶氮类 1.5～2.5 mL，酞菁类 2～3 mL)，置于平磨仪的砂磨玻璃面上研磨 50 转，调和一次，再研磨，共计 4 次，收集色浆；

再各称取试样、标样色浆 0.1 g，各加上相同量的标准白墨 1～2 g，然后再玻璃板上调匀，取少量放于刮样纸上，均匀刮下，观察比较墨色的深浅，根据色差情况适当增减白墨的用量，直到与标样相同为止。计算着色强度：

$$着色强度 = \frac{试样所用白墨的质量}{标样所用白墨的质量} \times 100\%$$

3. 遮盖力

指颜料分散于介质后被涂于物体表面时，遮盖物体表面底色的能力。遮盖力可以 1 g 颜料所能遮盖的面积表示(m^2/g)；也可以 1 m^2 的单位面积所需遮盖的颜料克数表示(g/m^2)，两者是可以相互换算的。

涂料行业对颜料的遮盖力是相当重视的，制备涂料时，要求选用遮盖力强的颜料。油墨行业在制备彩色套印的油墨时，要求颜料有一些遮盖力，但又应有一些透明性质。遮盖力的测定是把颜料加入调墨油研磨成色浆，均匀地涂刷于规定面积的黑白格玻璃板上，以黑白格恰好被遮盖的最低颜料用量表示(g/m^2)。制备颜料色浆时颜料应准确称量(准确至 0.1 g)，可用颜料研磨机制备色浆。比较快速的测定方法是用遮盖力仪来测定遮盖力。

4. 吸油量

指每 100 g 颜料所能吸收的纯亚麻仁油的最低量，以 g/100 g 表示或 mL/100 g 表示，也有以百分数表示。吸油量实际上是油料浸润颜料颗粒的表面及填满颗粒之间的空隙所需的最低油量，同颜料的品种和颗粒表面状态有关。

对涂料、油墨等行业来看，吸油量具有实际意义，一般希望颜料有较低的吸油量，所以颜料的标准常规定吸油量应在规定的范围之内，不应大于规定的数值。吸油量小的颜料，在制备涂料时，可减少油性介质及合成树脂的消耗，降低成本。

吸油量测定时可用滴定管加入亚麻仁油，以毫升计算(如克数计算，则需用亚麻仁油的密度 0.93 换算)。由于测定时用调刀人工调和，应在规定时间内(10～20 min)完成，终点为试样刚好成团。平行两个试验相对误差不大于 5%，取其平均值。

5. 流动度

应用于油墨中的颜料在一定程度上会影响到油墨的性能，其流动性的大小与颜料粒子的大小、表面特性、润湿性直接有关。

颜料同介质按规定比例配合后研磨成浆，取一定的容积，注于玻璃板上，再盖上玻璃片并加压使浆成圆饼状，以形成的圆饼圈的直径大小(mm)测量，比较颜料的流动度。

思考与讨论

1. 染料按其结构和应用进行分类,有哪些类型?举例。

2. 何谓重氮化反应?反应主要条件有哪些?何谓偶合反应?常见的偶合组分有哪些?举例说明。

3. 说明 H 酸在不同的 pH 条件下,是如何与重氮组分进行偶合的?解释其原理。

4. 如何判断偶合反应的终点?

5. 根据已学知识,设计如下甲基橙染料的合成路线,以常用染料中间体为原料,注明必要的反应条件:

$$NaO_3S-C_6H_4-N{=}N-C_6H_4-N(CH_3)_2$$

5. 染料与颜料有何联系和区别?颜料主要应用于哪些领域?

6. 为何要对颜料进行颜料化处理?颜料化的方法常有哪些?

7. 调研报告:天然染料或功能染料的研究进展及其应用。

项目三

合成黏合剂的制备及应用

教学内容　纺织品用黏合剂及配方设计；常见黏合剂(聚丙烯酸酯类、聚氨酯类)的制备及应用；黏合剂性能检测及评价。

学习目标　说出纺织品用黏合剂的种类、发展趋势；分析黏合剂的配方设计原理；归纳聚丙烯酸酯类黏合剂的结构、性能、制备方法；制备一种聚丙烯酸酯黏合剂并进行性能测试及应用；调研聚氨酯黏合剂或其他某种新型纺织品用黏合剂的制备、性能及应用。

任务一　纺织品用黏合剂及配方设计

黏合剂，也称胶黏剂或胶，是一种能将两种相同或不同材料通过界面的黏附作用连接在一起并具有足够强度的物质。它以黏料为主体成膜材料，配以各种固化剂(交联剂)、增塑剂、增稠剂或稀释剂、填料以及其他助剂等配制而成。

黏结过程是一个复杂的物理、化学过程。黏合剂的使用效果不仅取决于黏合剂和被黏表面的结构和形态，而且和黏结过程的工艺条件密切相关。

纺织品的生产和加工过程中常用到各种黏合剂，如经纱上浆、织物涂料印染、无纺织物加工、静电植绒、织物涂层整理等。纺织品生产和加工过程中使用黏合剂后不但改变了操作工艺，减轻了劳动强度，降低纺织品生产成本，而且大大提高了纺织品的外观质量和使用性能，如硬挺度、耐摩擦性、耐水洗性、防皱防缩性、防水性、抗静电性及耐燃性等。纺织品用黏合剂多为丙烯酸酯类聚合物，另外还有聚氨酯、聚乙烯、聚乙烯醇及淀粉等高分子化合物。

一、纺织品用黏合剂的种类

(一) 经纱上浆胶(浆料)

机织物的经纱需要上浆处理。浆料的作用是通过在经纱表面成膜，提高其抱合力、强度、耐磨性，降低经纱断头率，使织造容易进行，并尽可能地保持原有的弹性。但机织物在印染加工前必须将浆料去除，所以经纱上浆胶要求上浆与退浆容易。

经纱上浆浆料通常包含黏合剂和助剂两种主要成分。经纱上浆后，主要靠黏合剂提高织造性能，所以又称为主浆料。助剂主要是为了弥补主浆料某些不足，用量不大，种类较多，性质各不相同，又被称为辅浆料。

1. 主浆料

主浆料根据其来源可分为：

表 3-1-1　主浆料的类型

天然浆料	淀粉	食用淀粉：玉米淀粉、小麦淀粉、米淀粉、马铃薯淀粉
		野生淀粉：橡子淀粉、木薯淀粉、石蒜粉等
	植物胶	海藻胶、槐豆胶、田仁粉、阿拉伯树胶、白芨粉等
	动物胶	骨胶、皮胶、明胶、鱼胶等
半合成浆料	淀粉衍生物	羧甲基淀粉、淀粉磷酸酯、尿素淀粉等
	变性淀粉	氧化淀粉、交联淀粉等
	纤维素衍生物	羧甲基纤维素、甲基纤维素等
合成浆料	聚乙烯醇类	聚乙烯醇(PVA)、变性聚乙烯醇
	聚丙烯酸类	聚丙烯酸、聚丙烯酰胺、聚丙烯酸酯、聚丙烯酸钠等
	其他类合成高聚物	聚乙二醇、苯乙烯丁烯二酸共聚物等

目前使用最多的浆料为：淀粉衍生物、聚乙烯醇(PVA)和聚丙烯酸酯，其中淀粉类浆料占70%，PVA浆料占20%，聚丙烯酸(酯)类浆料约占10%。

淀粉类浆料主要应用于全棉等天然纤维，也可用于涤棉混纺纤维的纺纱。

聚乙烯醇的部分醇解物形成的胶膜柔软，弹性强，吸湿性稍大，特别适用于合成纤维；完全醇解物胶膜较坚硬、吸湿性稍小，主要适用于纤维素纤维。两者的混合物则适用于纤维素纤维和合成纤维的混纺。聚乙烯醇水溶液的黏度高，对天然纤维和合成纤维的黏着良好，成膜性好，所形成的胶膜延伸度优良，断裂强度高，原料便宜，易于退浆，但PVA浆料难于生物降解和回收利用。

聚丙烯酸酯类浆料具有黏接力好、浆膜弹性高、表面光滑等特点，与其他合成浆料比较，有较高的吸湿性、柔软性和抗静电性。聚丙烯酸类浆料分为三类，即丙烯酸盐类(由丙烯酸盐、丙烯腈、丙烯酰胺共聚而成，吸湿性大，再黏性严重，仅用于亲水性纤维的辅助浆料)、聚丙烯酰胺类(吸湿性大，再黏性严重，退浆容易，易降解，与其他浆料混溶性好，用于细特高密纯天然纤维或混纺上浆)、丙烯酸甲酯类(浆膜柔顺，用于疏水性纤维)。

2. 辅浆料

(1) 分解剂：分解剂可使淀粉迅速分解到一定程度，使淀粉按要求一部分留在纱的表面结成浆膜，提高耐磨性能，另一部分渗入纱的纤维间隙，增加纱的强力。由于淀粉颗粒因分解作用而变细，因此，结成的浆膜厚薄就能更加均匀。常用的分解剂有：硅酸钠(用量为淀粉用量的0.8%～1.5%)、氢氧化钠(用量为淀粉用量的0.7%～1.2%)、碳酸钠(用量为淀粉用量的 2%～5%)。

(2) 柔软剂：柔软剂可使纱线外面结成的浆膜有一定的弹性，提高抗磨强度。常用的柔软剂为牛油或乳化牛油(浆纱膏)，用量是淀粉用量的 2%～4%。

(3) 防腐剂：防止纱线织物在库存时期发霉变质。如纱线织物库存不久，或气候干燥、寒冷可以不用防腐剂。常用的防腐剂有氯化锌、二萘酚、水杨酸等。应用防腐剂时应注意浆液的酸碱性，如二萘酚(0.3%～0.4%)适用于碱性浆，氯化锌(3%～5%)适于酸性浆，否则会发生沉淀，降低防腐作用。

(4) 填充剂：加入碱水处理过的滑石粉能起减磨作用。

(5) 其他物质：中和剂、吸湿剂、渗透剂、着色剂及增白剂等。

中和剂可中和掉分解剂与淀粉等作用后留存在浆液中的酸性或碱性物质。吸湿剂可使浆纱能够吸收空气中的水分，保持浆纱的柔软性和弹性。一般在冬季和北方干旱季节，浆液中要加入吸湿剂，对减少织造的断头率有一定效果。常有氯化锌、氯化镁、氯化钙、氯化钠、葡萄糖等。渗透剂可降低浆液的表面张力，使浆液能够渗透到纤维中去。一般棉纱上浆很少应用，但在低温上浆时，由于浆液表面张力增大，应适当加入渗透剂。常有太古油和肥皂等。着色剂和增白剂，可以提高白度，改善浆纱色光，特别是对在上浆前经过漂白、织成织物以后不再经过后处理的浆料中加入增白剂和着色剂能缩短工艺。

(二) 涂料印花(染色)黏合剂

涂料印花(染色)是使用高分子化合物作为黏合剂在织物上形成薄膜，把颜料固着在织物上的印花(染色)方法。涂料印花和涂料染色黏合剂是染整工业中应用最大的黏合剂品种。近年来出现了复合型的涂料印花黏合剂产品，其中不仅含有黏合剂，而且还含有催化剂、防泳移剂和分散剂等，使用方便，降低了焙烘条件，具有节能的特点。随着涂料染色黏合剂的开发，各种涂料染色工艺和配套助剂也不断得以应用。

在涂料印花工艺中，通常由黏合剂、着色剂、增稠剂、柔软剂、吸湿剂、润湿剂、消泡剂、抗泳移剂及交联剂等组成涂料印花浆。作为涂料印花加工的黏合剂，除了对织物纤维具有良好的黏接力外，还要求与涂料、增稠剂等其他印花助剂有良好的相容性，成膜不能过快且贮存稳定，印在织物纤维上经干燥、焙烘能形成无色透明的胶膜，且耐光，耐老化，形成的织物图案色泽鲜艳，给色量高、耐摩擦、耐刷洗、耐皂洗及不影响织物原有性质。另外，在印花过程中，印花浆不塞网，不沾辊筒，停车时黏附在印花辊筒、印花筛网和衬布上的印花浆可以方便地洗尽。

涂料染色的关键在于染色用黏合剂，涂料染色黏合剂应一般应具备如下性能：黏度适当、贮存稳定性好，与其他助剂配伍性好；成膜速度适中，无黏辊或结皮现象；在织物上形成的薄膜无色透明，耐磨且黏附力强；薄膜具有良好的扰曲性和弹性，不泛黄。

(三) 涂层整理胶

织物涂层整理加工是将黏合剂通过涂层设备均匀地涂敷在织物表面，并形成一层或多层薄而均匀的高分子膜，从而改变织物的外观，赋予织物特殊功能。涂层整理是纺织品后整理发展较快的一种高新技术，它要求先进的涂层设备和高质量的黏合剂。根据最终产品用途，涂层整理有：防缩防皱整理、洗可穿整理、耐久压烫整理、防水防油防污涂层整理、阻燃涂层整理、抗静电涂层整理等。

(四) 无纺织物胶

无纺织物是一种由纤维层构成的纺织物(纤维杂乱或定向铺置),经机械或化学的方法加固形成无纺织物,其织造方法主要包括:针刺法和黏合法。在黏合法中,黏合剂的作用至关重要。其中丙烯酸酯共聚物最多,其次是丁苯共聚物,此外还有丁腈共聚物以及乙烯基共聚物。

(五) 静电植绒胶

静电植绒是指纤维绒在静电场的作用下,定向附着于涂有黏合剂的基布上,如织物、纸张、无纺织物、木材、金属塑料等,经焙烘后形成具有天鹅绒、皮革、羊绒状的表面。静电植绒黏合剂大多是聚丙烯酸类乳液,自交联型丙烯酸乳液较外交联型丙烯酸乳液更易于使用。为提高其耐洗性,可添加外交联剂和催化剂,在手感要求较高时,可在乳液中添加有机硅类柔软剂。

二、黏合剂的配方设计

传统的黏合剂一般由基料、固化剂、溶剂(或稀释剂)、增塑剂、偶联剂、填充剂、防老剂等,按照一定的配方制成的混合物。黏结作用发生在物体的表面,因此,黏结作用的实质上是一种界面现象。黏合剂要能形成良好黏接,先决条件是胶液与被黏材料表面之间能良好接触(浸润)。表面张力较大的物质很容易被黏合剂湿润,但在黏接之前若被油类污染,使得表面张力变小常引起黏接失败,所以这类材料在涂胶之前应进行脱脂处理。也可以在胶液中适当加入一些表面活性剂来降低其表面张力,提高黏接强度。

纺织品是典型的多孔性物质,纺织品及黏料多为极性化合物,有些带有不同的电荷和可相互反应的基团,因此可较好地发挥黏接作用。纺织品用黏合剂是一类特殊的黏合剂,除经纱上浆料是非持久性黏合剂外,一般这类黏合剂要求其胶层具有高的黏附性、高耐水性、高耐洗性、高耐老化性和高柔韧性。这就要求制备黏合剂时应选择合适原料,严格配方。

(一) 基料(黏料)

是黏合剂的主要成分,起黏合作用,多为天然或合成高分子材料,能赋予黏合剂一定的机械强度、耐热、耐介质等必要的性能。早先以天然高分子化合物为主,如淀粉、橡胶等。随着20世纪30年代合成材料的发展,出现了以合成材料为主的黏合剂。按其结构与性质主要分为以下5种:

1. 天然高分子化合物

主要有淀粉、天然胶乳(橡胶)、糊精、植物胶、动物胶、海藻酸钠等,这些黏料在纺织品行业主要用于经纱上浆。

2. 改性天然高分子化合物

(1) 氧化淀粉:利用氧化剂使淀粉上的羟甲基氧化成羧基,提高水溶性,同时伴有淀粉链的断裂,制得系列淀粉黏合剂。

(2) 接枝淀粉:淀粉与丙烯腈、丙烯酸、丙烯酸胺、甲基丙烯酸甲脂、丁二烯、苯乙烯和其他各种人工合成高分子单体与淀粉进行接枝共聚,得到既具有淀粉性质又具有高分子特性的新型材料。

(3) 羧甲基纤维素(CMC):一氯乙酸与纤维素在碱存在下作用而成。

改性天然高分子化合物兼有天然高分子和合成高分子材料的特点,改性后具有许多优良的性能。

3. 合成树脂型聚合物

(1) 热塑性树脂

一种线型高分子物质,遇热会软化或熔融,冷却后又固化,可以反复转变,溶解性能较好,具有弹性,使用时不会生成新的化学键,耐热性较差,用于黏结强度不太高的对象。常有:聚乙烯、聚丙烯酸酯、聚醋酸乙烯、聚乙烯醇缩丁醛、天然与合成橡胶、有机硅树脂以及淀粉、羧甲基纤维素等。在纺织品中所用的这类聚合物绝大多数为聚合物乳液,一般直接用于黏接。

这种黏合剂以聚合体的形态处理织物,在纤维表面形成树脂薄膜,不像热固性树脂那样能固着于纤维内部获得瞬间回弹力,织物皱纹的回复需较长时间,故防皱性能较低。然而织物经热塑性树脂乳液处理后,有提高磨损强度、抗张强度和抗裂强度等效果,并且手感柔软而厚实(称为表面整理)。几乎所有的热塑性树脂均可用于织物不同目的的涂层整理。

(2) 热固性树脂

这类树脂含有反应性官能团,在热、催化剂的单独作用或联合作用下会形成化学键,固化后不熔化,也不溶解,具有耐热、耐水、耐介质、良好的抗蠕变性能。包括脲醛树脂、三聚氰胺甲醛树脂、硫脲树脂、环氧树脂等,是树脂单体的预聚物(Pre-Condensate)。在应用时,这些热固性树脂的聚合度很低,纺织工业中常将这种预聚物称为初缩物。这些预聚物能溶于水或溶剂中,渗透到纤维内部以后,再经高温焙烘和纤维素纤维的分子进行交联反应,或在纤维的空隙中形成网状结构的高聚物,从而改变织物的物理机械性能(称为内部整理)。

热固性树脂最大的缺点是使纤维强度下降。为克服这个缺点,一般将热固性树脂与热塑性树脂合用,以减轻或防止树脂整理引起的纤维强度降低,而且可以改进手感。

4. 合成橡胶

主要是氯丁橡胶(俗称万能胶)、丁二烯橡胶、丁腈橡胶(丁二烯与丙烯腈聚合)等,可以是有机溶剂型也可以是水乳型。合成橡胶具有优良的弹性,但耐热性不高,适用于柔软及膨胀系数相差悬殊的材料。

5. 高聚物活性单体

指那些直接作为胶液的主要成分,在黏接过程中发生自身聚合或与被黏物反应固化,具有较强的黏结作用。主要有乙烯基化合物、多异氰酸酯等类带有活性官能团的化合物。

基料分子的极性对黏接强度影响很大,极性增大,胶层的力学性能、耐热性、耐油性均提高,但极性基团过多易造成互相约束,使链段运动受阻而降低黏接能力。应注意的是,基料的极性应与被黏材料的极性相对应,否则,难以产生渗透、扩散及吸附,从而不利于提高黏接强度。

(二) 固化剂/引发剂

黏合剂按固化原理不同,可将固化分为物理固化和化学固化。物理固化主要由于溶剂的挥发、乳液的凝聚、熔融体的凝固等而使黏合剂固化;化学固化实质是低分子化合物与固化剂起化学反应变为大分子,或线型分子与固化剂反应变成网状大分子而发生固化。

固化剂是一种可使黏合剂中单体或低聚物转化成具有特定物理力学性能的高聚物(线性

或网状体型)的物质,又称硬化剂或熟化剂,有时也称交联剂或硫化剂。为加快固化速度,有时加入第二固化剂或其他物质,称为固化促进剂。

固化剂的选择应根据黏合剂的主体材料的品种及性能不同而定,尽量选用低毒、无色、无味、反应平稳的品种,还应考虑环保与价格等问题。

引发剂是指在热的作用下,能产生自由基引发单体聚合的物质,主要有偶氮类和过氧化合物类。

表 3-1-2 常用的过氧化物类引发剂

温度范围/℃	常用品种
高温(>100℃)	异丙苯过氧化氢
中温(30～100℃)	过氧化苯甲酰、偶氮二异丁腈、过硫酸盐
低温(10～30℃)	氧化还原体系、过氧化氢-亚铁盐、过硫酸盐-亚铁盐
极低温(<−10℃)	过氧化物-烷基金属、氧烷基金属

(三)溶剂(稀释剂)

溶剂是能够降低某些固体或液体分子间力,而使被溶物质分散为分子或离子均一体系的液体。黏合剂的基料一般为固态物质或黏稠液体,不易施工,加入溶剂可以调节黏度,便于施工,能增加黏合剂的湿润能力和分子活动能力,提高黏结力和胶液的流平性,避免胶层厚薄不匀。黏合剂配方中常用的溶剂多是低黏度的液体物质,主要有烃类、酮类、酯类、卤烃类、醇醚类及强极性的砜类和酰胺类等,多数有机溶剂易燃易爆、有毒,逐渐被水性溶剂所取代。

溶剂选择原则:

(1) 较好的溶解性:选用溶剂时一般可遵照极性相近原则(溶解度参数相近),即溶剂与基料溶解度参数的差值不大于 1.5。高分子材料与溶剂的溶解度参数 δ 值可参照有关手册。

如果将几种溶解度参数相差较大的溶剂按一定比例混合组成混合溶剂时可能获得良好的溶解能力。

$$\delta_{mix} = \sum \phi_i \delta_i$$

式中 δ_{mix} 为混合溶剂的溶解度参数,ϕ_i 与 δ_i 分别为第 i 种溶剂的体积分数和溶解度参数。

表 3-1-3 一些常见溶剂及高分子材料的溶解度参数

溶　剂	溶解度参数 δ	聚合物	溶解度参数 δ
正丁烷	27.7	聚四氟乙烯	25.9
正己烷	30.7	聚二甲基硅氧烷	31
乙醚	32.4	聚乙烯	33.9
四氯化碳	36.1	天然橡胶	34
乙酸乙酯	38.1	聚苯乙烯	35～38
苯	38.6	氯丁橡胶	34～39

（续　表）

溶　剂	溶解度参数 δ	聚合物	溶解度参数 δ
三氯甲烷	38.9	聚氯乙烯	40
丙酮	40.7	聚氨酯	41.8
二甲基甲酰胺	50.6	环氧树脂	40～45
正丁醇	47.7	酚醛树脂	48
乙醇	53.1	尼龙	52～56
丙三醇	69.0	聚丙烯腈	64.4
乙酸	52.7	纤维素	65.7
水	97.9	聚乙烯醇	97.9

（2）适当的挥发性

溶剂的挥发性应适当。挥发太慢，效率低；太快，表面过快干燥而影响内层溶剂的正常挥发，使胶层起皮或起皱，还会因挥发过快降低表面温度而吸潮，影响胶层的微观结构，不利于操作和实现黏接强度。

一般沸点低的溶剂挥发性要大一些，但沸点低并不说明挥发性就一定大。如苯的沸点为80℃，乙醇为78.4℃，但室温下苯的挥发速率是乙醇的2～3倍。

表 3-1-4　常见溶剂的沸点及挥发速度

溶　剂	沸点(℃)	挥发速度(25℃)(min/5 mL)
松节油	180～200	450
松香水	150～240	400～450
120# 汽油	80～150	25
煤油	174～274	4 000
苯	80	12～15
甲苯	110	36
二甲苯	140	81
丙酮	56	5
乙醇	78.4	32

另外，选用溶剂时应避免使用高毒性的溶剂，如橡胶工业常用汽油、乙酸乙酯、丙酮等低毒性的溶剂代替苯、卤代烃等毒性较大的溶剂。

（四）增塑剂

增塑剂分子中含有极性部分与非极性部分，发挥增塑作用时利用其极性部分与被增塑材料互相作用形成一种均一稳定体系，利用其非极性部分起链间隔离作用，屏蔽其活性基团，减弱分子间的相互作用力，从而降低其玻璃化温度与熔融温度，改善胶层脆性，增进熔融流动性，能使胶膜具有一定柔韧性的高沸点难挥发性液体或低熔点固体。按作用方式增塑剂可分为：

1. 内增塑剂

能与基料发生化学反应连成一体，具有较高的增塑效能，常用的有：液体丁腈橡胶、多缩二元醇等，有时也称为增韧剂。

2. 外增塑剂

不与高分子化合物发生任何反应的物质，只能以分离的分子形态分散于胶层中，要求增塑剂与黏合剂的组分有良好的相容性，以保证黏合剂性能的稳定性和耐久性，如邻苯二甲酸酯、磷酸酯、己二酸酯等。

表 3-1-5 常用的增塑剂

类　别	名　称	类　别	名　称
邻苯二甲酸酯	邻苯二甲酸二乙酯	液体橡胶	聚异丁烯
	邻苯二甲酸二甲酯		丁腈橡胶
	邻苯二甲酸二丁酯		羟基丁腈橡胶
	邻苯二甲酸二戊酯		聚硫橡胶
	邻苯二甲酸二异辛酯		聚酯树脂
	邻苯二甲酸二正辛酯	线性树脂	癸二酸二辛酯
磷酸酯	磷酸三丁酯		聚乙烯醇缩甲醛
	磷酸三苯酯		聚乙烯醇缩丁醛
	磷酸二甲酚酯		低分子聚酰胺
癸二酸酯	癸二酸二辛酯		二甲苯甲醛树脂

（五）偶联剂

偶联剂分子中含有特殊的极性和非极性基团，能通过分子间力或化学键力与胶层中对应的组分进行桥联作用，能同时与极性物质和非极性物质产生一定结合力的化合物，同时具有极性和非极性部分的性质，在黏合剂工业中广泛使用。

偶联剂的主要作用：增加主体树脂分子本身的分子间的作用力，提高基料与填料间胶层的内聚强度（桥联），增加主体树脂与被黏物之间的结合，起到一定的"架桥"作用。

表 3-1-6 常用偶联剂及适用范围

类　别	牌　号	名　称	用量(%)	适用范围
有机硅烷	A－151	乙烯基三乙氧基硅烷	1～3	丙烯酸树脂、不饱和聚酯胶、有机硅胶
	KH－570	丙基三甲氧基硅烷		
	KH－550	γ-氨基丙基三乙氧基硅烷		氨基树脂
钛酸酯	钛酸丁酯	钛酸正丁酯	5	环氧树脂胶
多异氰酸酯	JQ－1	聚异氰酸酯	10	氯丁橡胶

常用偶联剂有有机硅烷和钛酸酯两种类型。硅烷类偶联剂品种很多，用得更为广泛。其一般结构式为：$RSiX_3$，其中 R 为有机基团，如—C_6H_5，—$CH=CH_2$，—CH_2—CH_2—

CH_2NH_2等，能与树脂结合。X 为可以水解的基团，如，$—OCH_3$，$—OC_2H_5$，—Cl 等，能与无机表面很好地亲和。

通常把硅烷偶联剂配制成 0.5%～1%（质量分数）的乙醇溶液，使用时涂于被黏物的表面，干燥后即可上胶，所以偶联剂又称表面处理剂，它改善了被黏物的表面性能，增进了黏结强度。也可按树脂量的 1%～5%（质量）直接加到黏合剂中，依靠分子的扩散作用，迁移到界面处，提高其耐水、耐潮和耐热性能。

（六）填料（填充剂）

填料基本上与基料不起反应，但可以改变胶层性能、降低成本的一类物质。如在黏合剂中加入一定量的填料一般能增加其稠度、硬度、耐热性、尺寸稳定性，降低固化收缩率和热膨胀系数，有些特定填料还能赋予胶层导电性、导热性等特定性能。常用的填料有：金属粉、金属或非金属氧化物粉、陶土等天然矿粉以及玻璃纤维、植物纤维等物质。在不影响胶层性能与实用操作性能的前提下，可以尽可能多加填料以降低黏合剂成本。

（七）其他辅助材料

黏合剂中需加入的辅助性材料很多，原则上是与一般聚合物材料中所用的类型相同。不同的是由于胶层暴露部分较少，因此有些助剂可少加或不加。例如，防老剂中热稳定剂可适当加入，光稳定剂、抗氧剂可以不加。

(1) 硫化剂：是使橡胶分子链间产生一定的交联以提高其抗张强度及耐环境性能。常用的硫化剂主要有硫黄、有机过氧化物、金属氧化物及胺类等。

(2) 稳定剂：防止合成树脂或橡胶配制的胶黏剂在使用过程中的老化现象。例如聚氯乙烯树脂可用二月桂酸二丁基锡、硬脂酸铅等。

(3) 防沉淀剂：防止胶黏剂在贮存过程中密度较大的填充剂、颜料发生沉淀，造成质地的不均匀。如超细二氧化硅等。它们对密度大的填充剂、颜料等能适当地吸附，防止其沉淀。

(4) 光稳定剂：光屏蔽剂（炭黑、氧化锌）和紫外线吸收剂（二甲苯酮、苯并三唑类、水杨酸类）。

(5) 抗氧剂：胺类（用于橡胶）、酚类（塑料）。

(6) 香料：改善黏合剂溶剂所散发的刺激性气味。香料要能溶于有机溶剂里，用量随溶剂种类和用量而定。

三、黏合剂的黏接性能

（一）黏合剂的选择

在选择黏合剂时需要考虑的因素很多，主要有被黏物的物理化学性质，被黏物的使用条件，黏接材料的制造工艺、生产成本、环境污染等。

1. 根据被黏物的化学性质选择黏合剂

黏接极性材料，如钢、铝、钛、镁、陶瓷等无机物时，选择极性强的黏合剂，如环氧树脂胶、聚氨酯胶、无机胶等；

黏接弱极性和非极性材料，如聚乙烯、聚丙烯、聚苯乙烯、ABS等，选择丙烯酸酯胶、不饱和聚酯胶等。

2. 根据被黏物的物理性质选择黏合剂

黏接脆性和刚性材料，如陶瓷、玻璃、水泥和石料等，选择强度高、硬性大和不易变形的热固性树脂黏合剂，如环氧树脂胶、酚醛树脂胶和不饱和聚酯胶；

黏接弹性和韧性材料，如橡胶、皮革、塑料薄膜等，选择弹性好、有一定韧性的黏合剂，如氯丁胶、聚氨酯胶等；

黏接多孔性材料，如泡沫塑料、海绵、织物等，选择黏度较大的黏合剂，如环氧树脂、聚氨酯、聚醋酸乙烯等。

3. 根据被黏物使用条件选择黏合剂

被黏物要求耐水性好时，选择环氧树脂胶、聚氨酯胶等；被黏物要求耐油性好时，选择酚醛—丁腈胶、环氧树脂胶等；根据被黏物的使用温度选择，如环氧树脂胶适宜在120℃以下使用，有机硅胶适宜在200℃以下使用。

（二）被黏材料的性能对黏结效果的影响

1. 被黏材料的表面物理性能

（1）表面粗糙度

对纤维材料，纤维表面粗糙有利于黏接，黏合剂能充分润湿纤维表面，包括细小的毛细孔。当纤维构成织物时，织物表面不仅粗糙而且多孔。因此，在织物与黏合剂的结合中，机械嵌入黏接起了很大作用。

（2）纤维横截面形状

纤维是横截面小、长径比大、柔软性好、宏观上均匀的一大类材料的总称。对一定质量长度的纤维，纤维愈细，表面积愈大，纤维或其织物与黏合剂结合时，黏接力愈大。

2. 被黏材料的表面化学性能

（1）表面极性

形成良好黏结的先决条件是胶液与被黏材料表面须形成良好的润湿。黏合剂能润湿被黏物的条件是黏合剂液体表面张力小于纤维的表面张力，即 $\gamma_L < \gamma_c$。黏合剂对被黏物表面良好的润湿可以保证被黏物与黏合剂之间有最大的接触面积，黏合作用最强。在黏合剂能够润湿纤维的前提下，黏合剂和纤维两者的极性越大，其黏接力也越大。

表3-1-5 合成纤维聚合物的性质参数

聚合物	溶解度参数 δ	临界表面张力 γ_c(N/m)	结晶度(%)	极性
聚四氟乙烯	6.2	18.6	50～60	无
聚丙烯	8.0	29	40～50	无
聚酯(涤纶)	10.0	43	50～60	中
尼龙66	13.6	46	50～60	中
醋酸纤维	10.9	39	30～40	强
聚丙烯腈	15.4	44	50～60	强
再生纤维素	15.6	44	40～50	强

(2) 表面反应性

含活性基团的纤维表面反应性较强，黏接效果也较好。例如尼龙和涤纶两种纤维的 γ_c 值相差不大，但尼龙分子结构中含有极性大、活性大的酰胺键，易于与异氰酸酯、酚醛树脂等黏合剂形成强的氢键或化学键，因此与橡胶黏接复合时，尼龙纤维的黏接效果比涤纶纤维好得多。另外，高活性高表面能的棉纤维与橡胶的黏接性能较好，低活性低表面能的合成纤维则黏接效果较差，故常需用各种方法提高纤维表面的反应活性，改善黏接效果。

(3) 表面沾染及异物情况

被黏物表面常含灰尘、油等，被黏物表面异物常导致黏接不良，如果不除去，黏合剂就被黏接到这些弱的边界层上而不是基体上，极大地削弱了黏接强度。纤维表面最常见的黏染物是纤维织造过程中加入的抗静电剂与润滑剂，通常为油状的混合物。在大多数情况下，这些抗静电剂及润滑剂会降低黏接效果。

四、纺织品用黏合剂的发展趋势

1. 大力开发不同功能的丙烯酸酯类乳液黏合剂

丙烯酸酯乳液黏合剂能用于各类织物加工之中，研究不同单体组合对胶层各种性能的影响，以研制符合不同要求的黏合剂。

2. 综合性能优异的胶种

有机硅、有机氟聚合物可单独使用，也可对聚丙烯酸酯进行改性。含氟聚丙烯酸酯具有良好的拒水、拒油与防污性能，有机硅具有润滑、柔软、疏水、耐热、无毒等性能，可对各种织物进行纺前与纺后整理，系列化产品很多。

3. 低醛或无醛涂层整理胶

当前所用涂层整理胶多为含有甲醛或甲醛与其他化合物如苯酚、尿素的预聚物，在织物加工与使用过程中易释放甲醛，污染环境，影响使用者的身体健康，因此开发低醛与无醛涂层整理胶为当务之急。

4. 低温交联产品

对于印花胶、整理胶来说，常需在较高温度下进行焙烘才能完全反应，效果最佳。这种高温焙供耗能很大，会使印花产品的成本相应提高，为此低温交联型产品应运而生。这种低温交联型产品的显著特点就是在100℃左右即可交联，开发低温交联涂料印花黏合剂的重要途径是合成新的自交联单体。

(1) 加入低温交联剂

低温交联剂分子中一般含有强活性基团，能在较低的温度下与黏合剂所含基团以及纤维中的—OH、—NH_2等基团发生化学反应，从而达到降低焙烘温度、缩短焙固时间的目的。交联剂中比较理想的活性基团为环氮乙烷基、异氰酸酯基和环氧乙烷基等。目前，所研究出的交联剂虽易进行低温交联，但存在着活性越大、稳定性就越差、毒性较大等问题。

(2) 引入活性自交联性单体

在合成印花黏合剂时，加入一定量的活性单体，从而使其在焙烘过程中，活性单体之间发生内交联反应，则可以降低焙烘温度，缩短焙烘时间，提高印花织物的牢度。这类单体的结构特点是分子中具有一个以上双键、羧基、共轭双键、羟基、环氧基、活性氨基及其衍生物、异氰酸酯基、氰基、酰氨基、羟甲基酰氨基、醚化羟甲基酰氨基等。常用的活性单体有：丙烯酸及甲基丙烯酸缩水甘油酯、2-羟乙酯、2-羟丙酯、2-羟基-3-全氟烷基丙酯、丙烯酰及甲基丙烯酰羟乙基乙烯亚胺等。引入这类单体后形成的印花胶能在100℃左右快速自交联。

(3) 加入催化剂

在印花浆中加磷酸铵、硫酸铵、硝酸铵、磷酸二氢铵、对甲苯磺酸、氨基磺酸铵等酸性催化剂可以降低交联温度。

(4) 射线固着

利用射线使印花胶交联固化是新兴而潜力极大的方法。例如加入双二已氨基苯酮、硫化氧杂蒽酮、二氯化硫代氧杂蒽酮等光敏剂后可用紫外光焙固，加入氧乙烯化的氨基甲酸酯等热敏剂后，可用红外线焙固。

5. 新型聚合物乳液

(1) 核壳结构乳液聚合物：由性质不同的两种或多种单体分子在一定条件下分阶段聚合，使乳液粒子的内侧和外侧分别富集不同成分的物质而得到的非均相乳胶。对于涂料染色和印花黏合剂，核壳乳液聚合是先将调节手感的软单体制成核心，然后再加入不易黏辊的硬单体构成壳的分阶段聚合过程。在这种乳胶粒中，核聚合物提供柔软性、手感、黏附性等，而壳聚合物提供耐磨性、不黏性和耐溶剂性。

(2) 微乳液聚合物：普通丙烯酸酯乳液粒径较大(0.1～1 μm)，一般为白色不透明的低黏度体系，而微乳液是粒径为10～100 nm的乳液，为一种热力学稳定的透明或半透明体系，其最低成膜温度(MFT)比普通乳液低得多(一般粒径增大1倍，MFT增高2.8℃，粒径越大，胶膜的致密性、光洁性越差)，有效粒子数多得多，从而具有更好的成膜性、渗透性和亲和性等。

6. 无皂乳液

无皂乳液中没有乳化剂存在，发生乳化作用的物质是活性乳化剂如对苯乙烯磺酸钠，这些乳化剂与普通乳化剂不同的是含有碳碳双键，可以与丙烯酸酯共聚，由于乳液中没有游离的乳化剂，因此乳胶粒子分散性好，表面干净，胶膜的耐水性、黏附性均明显提高。

7. 复合纺织品用胶

将不同的纺织品用胶混在一起使用，可发挥协同效应，提高效果，降低成本。

黏合剂的种类繁多，下面仅将纺织品用黏合剂中最典型的聚丙烯酸酯类黏合剂和聚氨酯类黏合剂作一介绍。

任务二　常见黏合剂的制备及应用

一、聚丙烯酸酯类黏合剂

由各类丙烯酸酯及其衍生物为原料制成的黏合剂称为丙烯酸酯黏合剂。丙烯酸酯类黏合剂几乎可以黏结所有的金属、非金属材料。

纺织品用丙烯酸酯类黏合剂迄今已有4代产品：第一代为非交联型，与被黏材料之间不能形成交联，因此黏结牢度较差；第二代为交联型，含有羟基、羧基等反应型基团，在焙烘时与纤维或外交联剂反应，形成网状薄膜，将涂料固着在织物上；第三代为自交联型，在焙烘时自行交联成膜，牢度大大提高，但需高温焙烘，耗能很大，成本高；第四代为低温交联型，其显著特点就是在100℃左右即可交联，开发低温交联黏合剂的重要途径是合成新型的自交联单体。

涂料印花黏合剂大多是经乳液聚合而制得的丙烯酸酯类聚合物，鉴于丙烯酸酯成本的较低，而且自交联型丙烯酸酯乳液在耐洗、耐干洗、耐老化性性能最为优良，因此该类产品成为当前涂料印花黏合剂的最重要品种。印花织物的手感、刷洗牢度、干湿摩擦牢度等指标在很大程度上取决于黏合剂的品种和质量。

丙烯酸酯黏合剂按其形态和应用特点，可分为溶剂型、乳液型、反应型等。涂料印花黏合剂一般由乳液聚合制成，即一定量软单体、硬单体、功能单体混合后，在引发剂作用下聚合而成。通过改变聚合反应的条件，控制聚合物分子链长度、颗粒大小及分散体系的稳定性，获得合适含固量、黏度及粒径分布的乳液黏合剂。

（一）聚丙烯酸酯类黏合剂的结构与性能

丙烯酸酯黏合剂广泛的适用性与单体丙烯酸酯类有密切关系。单体丙烯酸酯是反应性很强的α, β-不饱和羧酸酯：

$$CH_2{=}\underset{}{\overset{R'}{\overset{|}{C}}}{-}COOR$$

其中：R为$-CH_3$，$-C_2H_5$，$-CH(CH_3)_2$，$-C_4H_9$，CH_2CH_2OH等；R′为$-H$，$-CH_3$，$-CN$等。

丙烯酸酯单体非常活泼，在光、热、引发剂等作用下，既可以自聚，又能与其他烯烃共聚（如乙酸乙烯、苯乙烯、氯乙烯等）。共聚物的性质决定于单体的性质、各单体的含量以及单体在分子链中的排列情况。黏合剂膜的柔软性，可通过调节共聚组分的相对含量来改善。实际选用时，既要注意它们的黏着力，又要考虑所结薄膜的弹性模量等机械性能，还要考虑成本等各种因素。

表3-2-1 常用的聚合物单体

聚合物单体类型		单体名称
普通单体	硬单体	醋酸乙烯酯、苯乙烯、丙烯腈、氯乙烯等
	软单体	丙烯酸乙酯、丙烯酸丁酯、丙烯酸-2-乙基己酯、丁二烯等
功能单体	耐水性	苯乙烯、氯乙烯、甲基丙烯酸甲酯、长链丙烯酸酯等
	交联性	N-羟甲基丙烯酸酰胺及其醚化物、甲基丙烯酸缩水甘油酯、（甲基）丙烯酸、甲基丙烯酸羟乙酯、丙烯酰胺等

一般$T_g \geqslant 50$℃为硬单体，50～30℃中硬单体，30～0℃软单体，0～−20℃强黏性单体。

硬单体赋予乳胶膜内聚力而使其具有一定的硬度、耐磨性和结构强度。软单体赋予乳胶膜以一定的柔韧性和耐久性。功能单体可提高附着力、润湿性、稳定性和一定的反应特性，如亲水性、交联性等。

表 3-2-2 常用单体及物理性质

单体名称 \ 物理性质	沸点(℃)	密度(25℃)(g/cm^3)	均聚物玻璃化温度 T_g(℃)	单体软硬情况
甲基丙烯酸	160	1.105	130	硬
甲基丙烯酸甲酯	101	0.940	105	硬
丙烯酸	142	1.044 5	87	硬
甲基丙烯酸乙酯	115	0.911	65	硬
甲基丙烯酸-2-羟乙酯	95	1.074	55	硬
甲基丙烯酸-2-羟丙酯	96	1.207	26	软
甲基丙烯酸正丁酯	160	0.895	20	软
丙烯酸-2-羟丙酯	77	1.057	−7	黏性
丙烯酸-2-羟乙酯	82	0.983	−15	黏性
丙烯酸异丁酯	62	0.884	−40	黏性
丙烯酸-2-乙基己酯	213	0.881	−70	黏性

如丙烯酸酯系单体进行乳液聚合时，加入2%～5%的丙烯酸和甲基丙烯酸可显著地提高黏合剂的耐油性、耐溶剂性及黏结强度，并可改善乳液的冻融稳定性及对颜填料的润湿性，赋予聚合物乳液以碱增稠特性；若引入丙烯腈单体，可增进乳液黏合剂的黏结强度、硬度和耐油性；若引入苯乙烯可以提高乳液黏合剂的硬度及耐水性，但苯乙烯用量太大，会降低黏合剂在被黏物上的黏结力，故会降低黏结强度。若在聚合物分子链上引入羧基、羟基、N-羟甲基、氨基、酰氨基、环氧基等，或外加氨基树脂等作交联剂，可制成交联型丙烯酸系聚合物乳液黏合剂，通过交联可提高黏合剂的黏结强度、耐油性、耐溶剂性、抗蠕变性及耐热性，并可降低其黏连性。

单体的组成，特别是硬单体和软单体的比例，会使乳液的许多性能发生变化，其中最重要的是乳胶膜的硬度和乳液的最低成膜温度会有显著变化。

共聚单体的组成与所得共聚物的玻璃化温度 T_g 的关系如下式所示：

$$\frac{1}{T_g}=\frac{\omega_1}{T_{g1}}+\frac{\omega_2}{T_{g2}}+\cdots+\frac{\omega_i}{T_{gi}}$$

式中：ω_i——共聚物中各单体的质量分数；

T_g——共聚物玻璃化温度(K)；

T_{gi}——各单体均聚物的玻璃化温度。

共聚物玻璃化温度越高，膜就越硬；反之，玻璃化温度越低，膜就越软。调节共聚单体的种类及比例，可制得具有不同玻璃化温度的聚合物。

丙烯酸单体聚合方法可以采用本体聚合、溶液聚合、分散聚合和乳液聚合。通过选择不同的单体进行组合聚合，可制得不同性能的黏合剂。由于丙烯酸类单体对聚合物有溶解作用，使聚合物粒子相互黏着，产品质量难于控制，因此在工业上很少采用悬浮聚合和本体聚合，而多采用乳液聚合和溶液聚合法。溶液聚合法通常在有机溶剂中进行，乳液聚合溶剂为水，比较环保，是纺织品黏合剂生产中最为常用的方法。

（二）乳液聚合方法

1. 乳液的基本组成

乳液主要由单体、乳化剂、引发剂、水等组成。此外，还有保护胶体、相对分子质量调节剂、聚合终止剂、增塑剂等其他助剂。

（1）单体：是聚合物生产的基本原料。聚合对单体的纯度要求较高，单体易自聚，为避免贮存时发生自聚，常加入阻聚剂，因此在使用之前应除去单体中的阻聚剂。

单体按水溶性的大小可以分为三类：非水溶性单体（如苯乙烯、丁二烯等）；低水溶性单体（如甲基丙烯酸酯、醋酸乙烯等）；水溶性单体（如丙烯腈、甲基丙烯酸、羟甲基丙烯酰胺等）。

丙烯酸类单体与其他单体共聚时，聚合速率是不一样的。它们之间共聚的难易程度用共聚性表示，可以从它们的竞聚率得知。两种单体共聚时，竞聚率越接近，说明它们易于共聚，得到的聚合物越均匀，否则难以发生共聚，导致聚合物呈现不均匀的状态，很可能是一种单体的均聚物与两者共聚物的混合产品，严重影响质量。

表 3-2-3 不同单体的竞聚率

单体 1 / 单体 2	丙烯酸甲酯	丙烯酸乙酯	丙烯酸丁酯
丙烯腈	$\gamma_1 = 0.67$, $\gamma_2 = 1.16$	—	—
苯乙烯	$\gamma_1 = 0.68$, $\gamma_2 = 0.14$	$\gamma_1 = 1.17$, $\gamma_2 = 0.16$	$\gamma_1 = 0.82$, $\gamma_2 = 0.21$
醋酸乙烯	$\gamma_1 = 0.10$, $\gamma_2 = 9.0$	—	$\gamma_1 = 0.06$, $\gamma_2 = 3.07$
N-羟甲基丙烯酰胺	$\gamma_1 = 1.9$, $\gamma_2 = 1.3$	$\gamma_1 = 1.4$, $\gamma_2 = 1.4$	$\gamma_1 = 0.61$, $\gamma_2 = 0.81$

注：测定条件以过氧化苯甲酰为引发剂的溶液聚合反应，反应温度 60℃；γ_1/γ_2分别表示单体 1 和单体 2 的竞聚率。

竞聚率可通过实验测定，它不仅是计算共聚物组成的必要参数，还可根据它的数值直观地估计两种单体的共聚倾向。如表中所示醋酸乙烯与丙烯酸甲酯的共聚，两者的竞聚率分别为 0.10 和 9.0，相差 90 倍，意味着丙烯酸甲酯以远高于醋酸乙烯的反应速率进入共聚物中，当转化率达到一定值时，丙烯酸甲酯将全部消耗，体系中只剩醋酸乙烯酯，并且将生成均聚物。为防止这种现象，通常可以采取下列措施：对于聚合反应速率快的单体采用连续添加方式，使添加速度接近该单体在共聚中的消耗速度。

（2）乳化剂

丙烯酸酯类共聚单体有非水溶性、低水溶性和水溶性的。乳液聚合时，水和单体的质量比约为 70：30～40：60。乳化剂的作用是降低单体油相与水相的界面张力，在乳液聚合过程中主要起乳化作用、增溶作用和稳定乳液作用。选择合适的乳化剂极为重要，它直接影响聚合速度、相对分子质量以及乳液的性能。

常用的乳化剂有：十二烷基硫酸钠、十二烷基苯磺酸钠、烷基萘磺酸钠等阴离子型表面活性剂，及烷基酚聚氧乙烯醚、脂肪醇聚氧乙烯醚等非离子表面活性剂。乳化剂的选择主要根据实验结果来确定,也可根据乳化剂的 *HLB* 来初步判定。一般 *HLB* 值较高的乳化剂适用于水包油型乳液聚合,乳化剂的浓度必须保持在临界胶束浓度以上,一般乳化剂用量是单体用量的 0.2%~5%。

乳化剂的品种、用量对乳液的稳定性、粒径大小分布、涂膜性能等均有很大影响。一般阴离子型和非离子型表面活性剂常混合使用,其乳化效果及乳液的稳定性比单独使用一种乳化剂来得更好。

(3) 引发剂

引发剂为引发自由基链反应的物质。引发剂的选择一般依据聚合物的性能和聚合方法的适用性。溶液聚合通常是在有机溶剂中进行,所以一般选择过氧化苯甲酰和偶氮异丁腈等有机类引发剂。而乳液聚合,主要用水溶性引发剂,如过硫酸铵$(NH_4)_2S_2O_8$和过硫酸钾 $K_2S_2O_8$ 等。聚合反应的历程:

游离基的产生

$$K-O-\overset{\overset{\displaystyle O}{\|}}{\underset{\underset{\displaystyle O}{\|}}{S}}-O-O-\overset{\overset{\displaystyle O}{\|}}{\underset{\underset{\displaystyle O}{\|}}{S}}-O-K \xrightarrow{\triangle} 2K-O-\overset{\overset{\displaystyle O}{\|}}{\underset{\underset{\displaystyle O}{\|}}{S}}-O\cdot$$

链引发

$$R\cdot + H_2C{=}\overset{\overset{\displaystyle R_2}{|}}{\underset{\underset{\displaystyle COOR_1}{|}}{C}} \longrightarrow R-CH_2-\overset{\overset{\displaystyle R_2}{|}}{\underset{\underset{\displaystyle COOR_1}{|}}{C}}\cdot$$

链的增长

$$R-CH_2-\overset{\overset{\displaystyle R_2}{|}}{\underset{\underset{\displaystyle COOR_1}{|}}{C}}\cdot + H_2C{=}\overset{\overset{\displaystyle R_2}{|}}{\underset{\underset{\displaystyle COOR_1}{|}}{C}} \longrightarrow R-CH_2-\overset{\overset{\displaystyle R_2}{|}}{\underset{\underset{\displaystyle COOR_1}{|}}{C}}-CH_2-\overset{\overset{\displaystyle R_2}{|}}{\underset{\underset{\displaystyle COOR_1}{|}}{C}}\cdot \longrightarrow$$

$$R\left[CH_2-\overset{\overset{\displaystyle R_2}{|}}{\underset{\underset{\displaystyle COOR_1}{|}}{C}}\right]_n CH_2-\overset{\overset{\displaystyle R_2}{|}}{\underset{\underset{\displaystyle COOR_1}{|}}{C}}\cdot$$

链的终止

$$\left[CH_2-\overset{\overset{\displaystyle R_2}{|}}{\underset{\underset{\displaystyle COOR_1}{|}}{C}}\right]_n + \left[CH_2-\overset{\overset{\displaystyle R_2}{|}}{\underset{\underset{\displaystyle COOR_1}{|}}{C}}\right]_m \longrightarrow \left[CH_2-\overset{\overset{\displaystyle R_2}{|}}{\underset{\underset{\displaystyle COOR_1}{|}}{C}}\right]_n\left[CH_2-\overset{\overset{\displaystyle R_2}{|}}{\underset{\underset{\displaystyle COOR_1}{|}}{C}}\right]_m$$

过硫酸盐作引发剂,反应介质 pH 值随反应的进行而降低,影响聚合反应正常进行,生产上常用碳酸钠调节 pH 值。引发剂的浓度增大,自由基生成的速率增大,链终止的速率也增大,使聚合物的平均相对分子质量降低。过硫酸盐的用量一般为单体用量的 0.1%~0.5%。

(4) 水

是乳液聚合的分散介质,一般采用去离子水。聚合初期,物料为单体/水乳化体系。聚合后期，物料转化为聚合物/水乳化体系，呈流动性较好的乳液产品。若物料呈黏稠膏状，则转化为水/聚合物乳液体系，因而水的用量十分重要。一般水与其他物料的体积比大于1，即乳液固体含量在50%以下。

2. 乳液聚合方法

按配方将单体、水、水溶性引发剂、乳化剂等加入聚合釜，搅拌形成乳状液。在水中，乳化剂形成胶束并将单体分子包裹在其中。水溶性的引发剂受热分解为自由基被胶束吸附而进入胶束，自由基扩散进入单体增溶的胶束，立即引发单体分子开始聚合反应。被消耗的单体由单体液滴经水相扩散进入胶体进行补充，使聚合链不断增长，胶束为聚合物所膨胀，形成单体溶胀的聚合物活性微粒。此活性微粒继续反应，直至第二个自由基扩散进入导致聚合链终止，形成表面吸附了单分子乳化剂层的聚合物乳胶微粒。

乳液聚合有间歇、连续操作两种方式，多采用间歇操作。间歇操作又分为一次加料法、单体滴加法和乳液滴加法等。

(1) 一步法：将水、乳化剂、引发剂及单体全部加入反应釜中，升温引发聚合。该法产物相对分子质量分布比较均匀，乳液粒径大小均一。但所有单体都在反应釜中，反应开始后有大量反应热放出，温度上升很快，很难控制反应温度。

(2) 单体滴加法：用1/5～1/3的单体及水、乳化剂、引发剂打底，反应开始后滴加剩余的单体，同时还可滴加引发剂水溶液，以滴加速度控制温度，此法打底的单体量少，放热量也较少，温度易控制，反应产物相对分子质量和乳液粒径都比较均匀。

(3) 预乳化法：将单体分散到乳化剂的溶液里，配成预乳化液。将引发剂和水装入反应釜中，聚合时，将预乳化液滴加到引发剂水溶液里。

(4) 连续法：将单体、乳化剂、引发剂和水连续地加到反应釜里，随着反应的进行，聚合物乳液也连续地被取出。此法主要用于大规模合成橡胶工业，现已开发出环形反应釜(器)用于连续化生产。

(5) 单体延迟滴加法：部分单体的延迟滴加，能明显地改变乳液的性能。如交联单体的延迟滴加，有利于乳液粒子表面活性基团增多，涂料印花中可以有较多的活性基团与织物纤维上的羟基(—OH)或外交联剂起化学反应。

(6) “种子”聚合：先用某种单体聚合，形成“种子”，再加入其他单体，使后加入的单体在形成的“种子”上聚合，生成具有“核壳”结构的乳液粒子。此法实际上是聚合物在乳液粒子中的微观共混，能明显地改变乳液的性能。

应当注意，即使使用同一配方，如果操作方法不同，所得乳液的粒度分布、相对分子质量大小等方面也有差异。

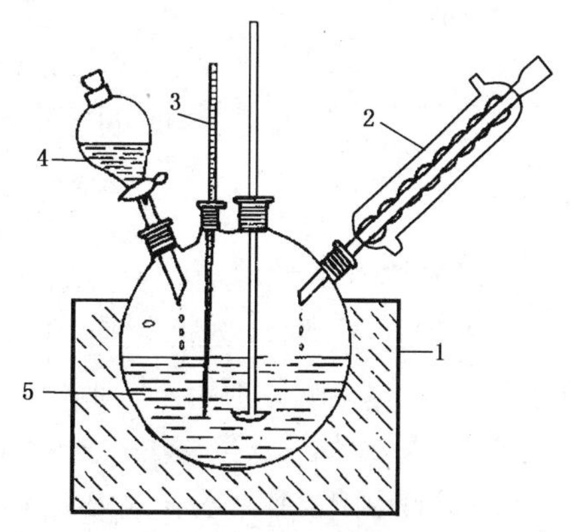

图 3-2-1　聚合装置

1—水浴(加热套)；2—冷凝器
3—温度计；4—滴液漏斗；5—四口烧瓶

(三) 常见聚丙烯酸酯黏合剂的制备

1. 丙烯酸酯乳液黏合剂

(1) 主要仪器：四口反应瓶、温度计、电动搅拌器、电热碗套、天平、球形冷凝管、滴液漏斗、三通、烧杯等。装置如图3-2-1所示。

(2) 试剂及组成

试剂名称	质量分数(%)
丙烯酸丁酯	17.3
甲基丙烯酸甲酯	17
甲基丙烯酸	1
去离子水	63
烷基苯聚醚磺酸钠	1.5
过硫酸铵	0.2

(3) 制备工艺

乳化剂在水中溶解后加热升温到60℃,加入1/3过硫酸铵和10%的单体,升温至70℃,如果没有显著的放热反应,逐步升温直至放热反应开始,待温度升至80~82℃,将余下的混合单体和引发剂缓慢均匀地加入,约2 h加完,控制回流温度,单体加完后,在30 min内将温度升至95℃,并保持30 min,冷却,用氨水调节pH至8~9,过滤出料。

2. 苯-丙乳液黏合剂

苯—丙乳液是苯乙烯、丙烯酸酯类、丙烯酸类的多元共聚物的简称。

(1) 主要仪器:四口反应瓶(500 mL)、温度计(0~100℃)、铁架台、电动搅拌器、电热碗套、托盘天平、球形冷凝器、滴液漏斗、三通、烧杯等。装置同上。

(2) 试剂及配方(以生产200 g,含固量35%~40%为例)

试剂名称	质量/体积
苯乙烯	28.3 g / 31.4 mL
甲基丙烯酸甲酯	12.7 g / 13.2 mL
丙烯酸丁酯	27.5 g / 31.1 mL
丙烯酸	2.7 g / 2.7 mL
氨水	适量
OP-10	3.4 g
十二烷基硫酸钠	3.4 g
$NaHCO_3$	1.5 g
过硫酸钾	1.5 g
去离子水	130 g

(3) 制备工艺

在500 mL四口烧瓶中加100 mL去离子水、1.5 g $NaHCO_3$、3.4 g十二烷基硫酸钠和3.4 g OP-10,搅拌溶解,滴加上述单体,搅拌预乳化30 min,呈均匀乳液;将1.5 g过硫酸钾用30 mL蒸馏水溶解,待用。

四口瓶中留1/3预乳化好的单体(约40 mL),慢慢升温至78±2℃,在20 min内滴加8 mL引发剂溶液,等单体无回流时,慢慢连续滴加剩余单体预乳液和14 mL引发剂溶液,控制热量平衡,使温度和回流速度保持稳定,约1.5~2 h滴加完毕。

再在20 min内滴完剩余的8 mL引发剂,再缓慢升温至90℃,保温10 min(或抽真空除去未反应的单体)，自然冷却至 60℃，用氨水调节 pH＝8～9，过滤出料。

3. 有机硅改性涂料印花黏合剂

(1) 主要仪器：同上。

(2) 试剂与配比

试剂名称	质量(份)
丙烯酸丁酯	60
丙烯酸	4
甲基丙烯酸甲酯	20
二羟基硅油	5
γ-(甲基丙烯酰氧)丙基三甲氧基硅烷	6
N-羟甲基丙烯酰胺	5
复合乳化剂(阴∶非＝1∶1)	1.0
过硫酸铵	0.5
去离子水	148

(3) 制备工艺

将水、复合乳化剂、二羟基硅油和 γ-(甲基丙烯酰氧)丙基三甲氧基硅烷加入到均化器中高速搅拌 30 min，转入四口瓶中，50℃搅拌反应 6 h，调节 pH 为中性。然后加入 1/3 丙烯酸单体和引发剂，缓慢升温引发聚合反应，在 80℃下滴加剩余的单体和引发剂，滴加完毕后继续保温反应 2 h，冷却后用氨水调节 pH＝6～7，出料。理论固含量约为 40%。

4. 自交联型丙烯酸酯涂料印花黏合剂

(1) 主要仪器：同上。

(2) 主要原料与配比

试剂名称	质量(份)
丙烯酸丁酯	55
丙烯酸乙酯	15
丙烯酸	4
苯乙烯	22
N-羟甲基丙烯酰胺	4
复合乳化剂(阴离子∶非离子＝1∶3.5)	2.5
过硫酸铵	0.4～0.6
去离子水	150

(3) 制备工艺

在装有搅拌器、温度计、回流冷凝器和滴液漏斗的四口反应瓶中，加入水、乳化剂，滴加全部单体，搅拌预乳化。

取出 2/3 预乳化单体至滴液漏斗，剩下 1/3 物料作为种子乳液，升温至 80～82℃，加入 1/3量的引发剂溶液，当反应物泛蓝光后，继续滴加剩余的乳化单体及引发剂，滴加完毕后，保温 1.5 h，冷却，用氨水调节 pH＝7，过滤出料。

5. 核壳型丙烯酸酯类涂料染色黏合剂

核壳型黏合剂具有双层或多层结构,用种子聚合法制备,通过调整各层聚合物单体的组成,可制成性能各异,用途广泛的核壳型乳液。

硬质外层、软质内层的乳液,粒子的流动性好,成膜温度低;软质内层、硬质外层的乳液,柔韧性好,避免胶膜发黏的现象。

(1) 主要仪器:同上。

(2) 主要原料与配比

试剂名称	质量(份)
丙烯酸丁酯	60
丙烯酸乙酯	20
甲基丙烯酸甲酯	5
丙烯腈	5
苯乙烯	10
N-羟甲基丙烯酰胺	5
复合乳化剂(LAS:平平加O=1:1)	8
过硫酸铵	0.5
硫代硫酸钠	0.1
去离子水	150

(3) 制备工艺

① 单体预乳化:四口烧瓶中加入适量的蒸馏水和乳化剂以及配方中的软单体,用搅拌器快速搅拌 1.5 h,使预乳化液达到稳定,待用;

同样,烧瓶中加入适量的蒸馏水和乳化剂以及配方中的硬单体,用搅拌器快速搅拌 1.5 h,使预乳化液达到稳定,待用;

② 引发剂复合溶液的配制:将引发剂过硫酸铵和硫代硫酸钠加到适量的蒸馏水中,溶解后加入需要量的 N-羟甲基丙烯酰胺,搅拌溶解均匀后,备用;

③ 乳液聚合:在装有搅拌器、温度计、回流冷凝器和滴液漏斗的四口反应瓶中,加入适量的水和预乳化剂好的 1/3 量的软单体充分搅拌。加热升温至 35～40℃左右,通氮气保护,滴加 1/3 量的引发剂复合液,反应 0.5 h 后,滴加剩余的软单体乳液及 1/3 的引发剂,保温 35～40℃反应,滴完后,反应 1.5 h,再滴加剩余的引发剂和硬单体预乳液,充分反应后,升温至 45～50℃,继续反应 15 min,降温到 40℃后用氨水调 pH=7～8,过滤出料。

6. 丙烯酸共聚乳液黏合剂大生产实例

(1) 配方组成及原材料消耗定额(按生产 1 t 产品计)

原料	规格	消耗定额(kg)
甲基丙烯酸甲酯	聚合级	55～62
丙烯酸丁酯	聚合级	28～33
甲基丙烯酸	聚合级	3～5
N-羟甲基丙烯酰胺	工业级	3～5

过硫酸铵(99.5%)	CP	0.35
十二烷基硫酸钠	CP	5
钛酸二烯丙酯(97.5%)	CP	0.17～0.20
去离子水	工业级	120

(2) 工艺流程

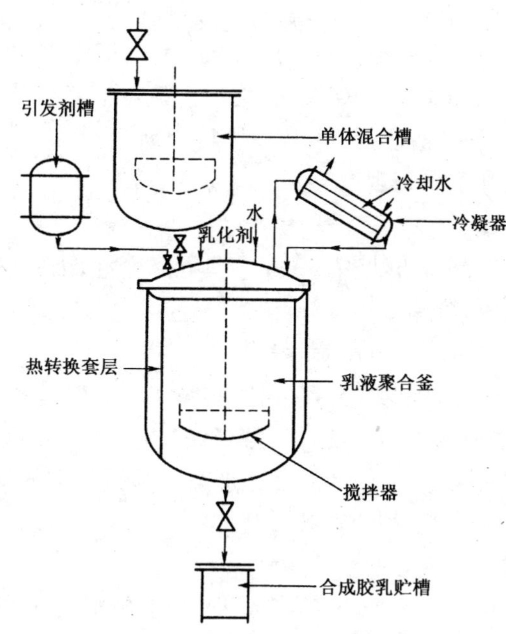

图 3-2-2　乳液聚合工艺装置图

在预乳罐中加入去离子水、乳化剂、交联剂、单体和调节剂，充分搅拌进行须乳化。在聚合釜中加入去离子水，加热至 86～88℃，投入一定量的预乳液和引发剂溶液，搅拌至无回流；在 86～88℃滴加剩余的预乳液和引发剂溶液，在 1.5～2 h 滴完，再反应 1～1.2 h，冷却至 40℃；用氨水调节 pH 值=6～7，过滤，出料。

二、聚氨酯黏合剂的制备及应用

(一) 聚氨酯黏合剂结构及类型

1. 结构

聚氨酯(Polyurethane)，简称 PU，是分子链中含反应性很强的氨基甲酸酯基(—NHCOO—)和/或异氰酸酯基(—N═C═O)类的热固性黏合剂。聚氨酯软段由低聚物多元醇(通常是聚醚或聚酯二醇)组成，硬段由多异氰酸酯或其与小分子扩链剂组成。异氰酸酯基(—N═C═O)是由氮、碳、氧三个原子组成的累积二烯烃结构，这种双键的累积与杂原子的堆砌使其很易受亲核试剂的进攻，分子间很容易形成氢键，因此具有良好的耐磨性和附着力。

聚氨酯中存在氨酯、脲、酯、醚等基团会产生广泛的氢键，其中氨酯和脲键产生的氢键对硬段相区的形成具有较大的贡献，聚氨酯的硬段相起增强作用，提供多官能度物理交联，软段基本被硬段相区交联。因其结构中存在极性亚氨酯基、羰基、醚键和具有反应活性的异氰酸酯基，对各种材料具有很好的黏结性，很好的耐低温、耐冲击、耐油、耐磨性、扰曲性及较高的剥离强度等综合性能。

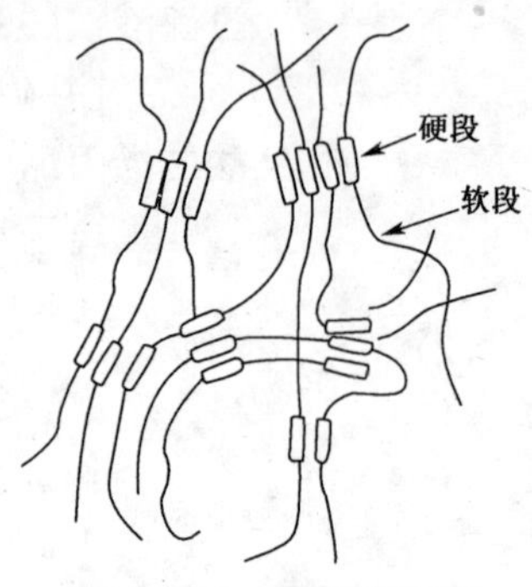

图 3-2-3　聚氨酯分子结构硬段模型

聚氨酯黏合剂主要应用在汽车工业、家具业、制鞋业以及PVC、泡沫、木材、帆布、织物等黏接。PU 水乳液还可以用于密封剂、混凝土补伤剂和无纺玻璃纤维的黏接。纺织工业领域，聚氨酯广泛用于织物涂层整理剂、静电植绒黏合剂、涂料印染黏合剂、防皱整理剂和亲水整理剂等。

2. 聚氨酯黏合剂类型

聚氨酯组成结构复杂，制备方法和加工工艺具有多变性，因此聚氨酯的种类繁多。按成膜物质化学组成及固化机理可分为：

(1) 羟基固化型聚氨酯(双组分型聚氨酯)

一个组分是含有羟基的聚酯、聚醚、环氧树脂等；另一组分是含有异氰酸基的加成物或预聚物。使用时按一定比例将两个组分混合，使异氰酸酯基与羟基反应而固化。此种黏合剂相对分子质量较低，硬段含量少，在用于纺织品整理前必须添加多异氰酸酯交联剂，使其分子形成网状结构，改善成膜性能以及对基布的黏结性。

(2) 湿固化型聚氨酯(单组分型聚氨酯)

由多异氰酸酯与多羟基聚酯或聚醚反应而得，成膜物质分子结构种含游离的—NCO 基，可与水形成脲键，故可在湿度较大的空气中固化。

(3) 封闭型聚氨酯

以苯酚、醇、己内酰胺等为封闭剂，将二异氰酸酯或其加成产物的游离—NCO 基临时封闭，然后再与聚酯或聚醚混合配制而成。在室温下无反应活性，不受潮气影响，贮存期稳定，使用时在 150℃下解除封闭剂，使恢复活性的—NCO 基和聚酯的羟基反应，形成聚氨酯膜，具有优良的绝缘性、耐水性、耐溶剂性及良好的机械性能。

另外，按形态可分为溶剂型和水性聚氨酯；按离子性可分为阴离子型、阳离子型、非离子型和两性型聚氨酯。

(二) 聚氨酯黏合剂主要原料

1. 多异氰酸酯及其改性体

多异氰酸酯一般含有两个或两个以上的高度不饱和的异氰酸酯基(—N=C=O)，可以和醇、水、羧酸、胺、脲及酰胺类化合物反应，其中二异氰酸酯最为常用。

(1) 脂肪族二异氰酸酯

OCN—CH_2—⬡—CH_2—NCO

二环己基甲烷二异氰酸酯(HMDI)

OCN—$(CH_2)_6$—NCO

1，6-己二异氰酸酯(HDI)

(2) 芳香族二异氰酸酯

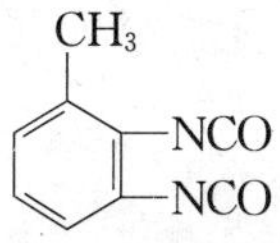

2，3-甲苯二异氰酸酯(TDI) 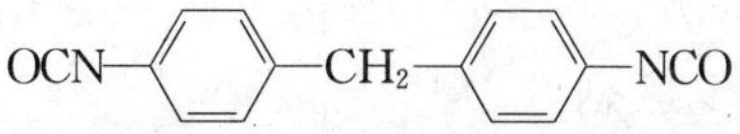　　二苯基甲烷二异氰酸酯(MDI)

不同异氰酸酯聚合反应的速度有所差异，直接影响聚氨酯产品的应用性能。对称结构的二异氰酸酯(如MDI)合成的聚氨酯具有良好的综合性能，与TDI相比，其挥发性小、毒性低、反应性高，制得的聚氨酯力学性能优良，泛黄性较低。芳香族异氰酸酯对水有较高的反应能力，因此对原料和反应体系中存在的水分十分敏感，现逐渐被反应性较低的脂肪族异氰酸酯所替代。被替代的另一个原因是芳香族聚氨酯对紫外线照射或高热环境敏感，长期暴露在户外或经焙烘处理会引起泛黄，甚至降解。目前常用的是脂肪族异氰酸酯，如HDI和HMDI等。

2. 多羟基化合物

在聚氨酯中，低聚物多元醇通常约占其重量的60%～70%，主要包括：聚酯型多元醇和聚醚型多元醇。低聚物多元醇末端上含有两个以上羟基，中间可以是—COO—、—$(CH_2)_n$—及—O—等链段，主要决定聚氨酯的弹性和硬度。最常用的低聚物多元醇是线性、双官能团、平均相对分子质量为600～3 000的端羟基低聚物。有时为提高成膜强度或耐水性，还使用一些三官能团的羟基化合物，使聚氨酯支链化。

(1) 聚酯型多元醇

多元醇与二元羧酸或内酯反应可以生成聚酯型多元醇，化学结构式如下：

$$HO—PES—OH$$

如由己二酸和己二醇生成的聚己二酸己二醇酯，其结构式为：

$$H\left[OCH_2CH_2OOC—(CH_2)_4—COOCH_2CH_2\right]_nOH$$

由聚酯型多元醇制得的聚氨酯耐热性好，可提高硬度。

(2) 聚醚型多元醇

通过环氧烷类化合物的开环聚合，或与多元醇的加成聚合反应得到聚醚型多元醇，化学结构如下：

$$HO—PE—OH$$

由聚醚酯型多元醇制得的聚氨酯耐耐水，耐低温性，耐冲击韧性好。

3. 助剂

助剂可以改进生产工艺，改善黏合剂的施胶工艺，提高产品质量以及扩大使用范围。主要包括：

(1) 溶剂

聚氨酯黏合剂用的有机溶剂必须是“氨酯级溶剂”，不含水、醇等活泼氢的化合物，比一般工业品要求要高。

采用的溶剂通常包括：酮类、芳香烃、二甲基甲酰胺、四氢呋喃等。溶剂的选择可根据聚氨酯分子与溶剂的溶解原则，即溶度参数SP相近、极性相似以及溶剂本身的挥发速度等因素来确定。

(2) 催化剂

主要有有机锡类催化剂(二月桂酸二丁基锡 DBTDL、辛酸亚锡)、叔胺类催化剂(三亚乙基二胺、三乙醇胺、三乙胺)。

(3) 扩链交联剂

在聚氨酯的合成中,低聚物多元醇与过量的多异氰酸酯反应生成端异氰酸酯基的预聚体,然后再与低相对分子质量的二元胺或二元醇反应,延长其分子链,使之成为高聚物。这些二元胺或二元醇称为扩链交联剂。扩链交联剂不仅能延长聚氨酯分子链,而且还在分子链上产生交联点,使线型结构转化为网状结构。

常有:醇类和胺类。醇类如 1,4-丁二醇(BDO)、2,3-丁二醇、甘油、三羟甲基丙烷(TMP);胺类如 3,3′-二氯-4,4′-二氨基-二苯基甲烷(MOCA)等。水也可作为扩链剂,但比胺作扩链剂得到的聚氨酯性能差。

(4) 内乳化剂

水系聚氨酯可采用外乳化剂或内乳化剂分散于水中。采用内乳化剂的分散过程不需要强剪切力,产品具有较细的颗粒和较好的水分散稳定性,且在去水后产品对水的敏感性低。在聚合时,内乳化剂作为共聚单体进入聚合物中,成为聚氨酯的一部分,赋予亲水性。

(三) 聚氨酯类黏合剂的制备

二异氰酸酯与低聚物多元醇进行加成聚合反应可以生成聚氨酯预聚体。在预聚反应中,二异氰酸酯由于具有—C=N 双键和—C=O 双键,故氮、氧原子上电子云密度较高,而碳原子上的电子云密度较低,易受到带有活泼氢的亲核试剂多元醇的进攻,发生亲核加成反应。二异氰酸酯和多元醇的用量不同,生成的聚氨酯的组成结构也有所差别。

制备聚氨酯黏合剂常采用溶液聚合法,而溶剂品种对反应速度有较大影响。溶剂的极性越大,异氰酸酯与羟基的反应越慢,这是因为溶剂分子极性大,能与羟基形成氢键缔合,使反应缓慢。因此,采用烃类溶剂(如甲苯)时反应速度比酯、酮溶剂快,一般先让二异氰酸酯与低聚物二醇液体在加热情况下本体聚合,当黏度增大到一定程度,搅拌困难时,才加适量氨酯级溶剂稀释,以便继续均匀地进行反应。

1. 溶剂型聚氨酯黏合剂

溶剂型聚氨酯通常可由溶剂聚合法和本体聚合法制得。溶剂聚合法属于间歇法,设备简单,易于操作,品种便于切换,是工业生产沿用的方法。但此法的生产效率低,装置需防燃、防爆,溶剂要求高,且有毒,劳动保护要求严格,产品成本高。本体聚合法不需要溶剂,可以制得粒状或粉状聚氨酯,在应用前用溶剂溶解,因此便于运输、贮存。

实验室中制备聚氨酯黏合剂时,可将预先脱水处理的聚酯多元醇称量后加入聚四氟乙烯杯中,加热至 60℃左右,然后加入熔化的 MDI(60℃),迅速搅拌,反应温度控制在 80～85℃,反应 15～20 min 后立即倒入喷涂聚四氟乙烯的盘中,于 130℃烘箱中熟化 5 h,裁切成条后在塑料破碎机中破碎成颗粒,即制得白色羟基聚氨酯胶粒。以上羟基聚氨酯胶粒按 15%的固含量,用丁酮和丙酮(质量比为(1∶1)配制成胶液,即为聚氨酯黏合剂。

【例 1】 将聚己二酸-1,4-丁二醇(相对分子质量 2 515,酸值 0.2 mg KOH/g)于 130～135℃、1.3 kPa 真空下脱水 3 h,冷却至 60℃,称取 100 g,再称取 MDI 9.77 g,按上法制得羟基聚氨酯,用丁酮配制成 15%固含量的聚氨酯黏合剂,其黏度(25℃)为 1 800～2 000 mPa·s。

【例 2】 称取经脱水处理的聚己二酸-1,4-丁二醇(相对分子质量 2 961,酸值 0.3 mg

KOH/g)100 g、1，4 -丁二醇 1.22 g(聚酯与丁二醇的摩尔比为 0.4)、MDI 11.83 g。熟化温度 140℃，时间 10 h。按上法制得羟基聚氨酯，用丁酮配制成固含量为 18%的聚氨酯黏合剂，其黏度(20℃)为 5 000 mPa · s。

【例 3】 称取经脱水处理的聚己二酸- 1，4 -丁二醇- 1，6 -己二醇(1，4 -丁二醇与 1,6 -己二醇的摩尔比为 1∶3，相对分子质量为 5 000，酸值为 1.1 mgKOH/g) 100 g，HDI 3.35 g。熟化温度 110℃，时间 15 h。按上法制得羟基聚氨酯，用丁酮配制成固含量为 15%的聚氨酯黏合剂，黏度(23℃)1 000～1 200 mPa · s 。

【例 4】 溶剂型聚氨酯植绒黏合剂制备：将聚己二酸- 1，4 -丁二醇(相对分子质量 2 000)于 110℃、0.096 MPa(表压)真空下，脱水 1 h，加入 1，4 -丁二醇扩链剂(醇酯摩尔比为 2∶1)和 MDI，待反应黏度增大、开始缠在搅拌上时，加入醋酸乙酯溶解，搅拌均匀即为胶液主剂。固化剂为 TMP-TDI 加成物。胶液按主剂∶固化剂＝100∶8～10(质量分数)配制。主剂黏度1 500～ 3 000 mPa · s，固含量 25%～30%。该黏合剂在相对湿度 85%、固化温度 80℃下进行，固化时间 2 min，用该聚氨酯植绒黏合剂制成的 PVC 植绒软膜干摩擦牢度＞3 500 次(不露底)，湿摩擦牢度 1 000 次(不露底)。

2. 水系聚氨酯黏合剂

由于聚氨酯基的化学特性，因此聚氨酯水系产品不能采用一般的水性乙烯基合成树脂的乳液聚合法。一般水性聚氨酯的制备主要包含两个步骤：首先，由低聚物二醇参与，形成高相对分子质量聚酯或中高相对分子质量的聚氨酯预聚体；然后在剪切力作用下在水中分散。

使聚氨酯分散于水中形成稳定乳液有两种基本方法：一种是外乳化法，在乳化剂存在下将聚氨酯预聚体或聚氨酯有机溶液强制性乳化于水中；另一种是在制备聚氨酯的过程中引入亲水性成分，不需要添加乳化剂，即自乳化法。后者是聚氨酯乳液目前最常用的制备方法，有时还可把外乳化法和自乳化法结合起来，制备水性聚氨酯。

(1) 外乳化法

在乳化剂、高剪切力的存在下强制乳化的方法。早期的水性聚氨酯采用此法制备。先将聚醚二醇和有机异氰酸酯合成聚氨酯的预聚体，再以小分子二元醇扩链，得到聚氨酯或聚氨酯预聚体的有机溶液，然后在强烈的搅拌下，在含乳化剂的水溶液中剪切分散。在高速搅拌下转相乳化，形成 O/W 型乳液，去除溶剂后为乳液型产品。

乳化剂可以是烷基苯磺酸钠或烷基酚聚氧乙烯醚等，还可加入聚乙烯醇或羧甲基纤维素作为保护胶体。有时还需将形成的粗粒乳液送入均化器进一步剪切作用形成粒径适当的乳液。该法制备的聚氨酯乳液粒径较大(0.7～3 μm)，贮存稳定性不好，并由于使用了较多的乳化剂，亲水性小分子乳化剂的残留使聚氨酯成膜物的物理性能劣化，目前很少采用。

(2) 自乳化法

在聚氨酯链段中引入亲水性成分，制备稳定的水性聚氨酯。目前水性聚氨酯的制备以离子型自乳化法为主，亲水成分包括：羧基、磺酸基团或其盐、聚氧乙烯链段、羟甲基。

① 阴离子水性聚氨酯植绒黏合剂：将 285 g 聚氧化丙烯二醇(M_w＝2 000)及 20 g 二羟基丙酸(DMPA)的混合物加热至 130℃，使二羟基丙酸溶解，然后冷却至 60℃，分批加入 96 g TDI，在 70℃搅拌反应 3 h，该预聚体 NCO 含量 5.5%。3.6 g 三乙醇胺溶解于 168 g 冰水中，用涡轮式搅拌机搅拌，加 100 g 上述预聚体，使之分散，得到含固量 37%的聚氨酯乳液。在 75 g 上述乳液中加入 0.5 mL 28%氨水、12.5 g 水及 4.7 g 聚丙烯酸类增稠剂 Acrysol ASE - 60，

搅拌均匀即得水性聚氨酯黏合剂。

② 阳离子型水性聚氨酯：主链或侧链含季铵离子的水性聚氨酯。可用叔胺基二羟基化合物，如N-甲基二乙醇胺作扩链剂制备含叔胺基的端—NCO基聚氨酯预聚体，再进行季铵化或用酸中和，并乳化于水中。如100份聚氧化丙烯二醇(M_w=2 000)加热减压脱水，冷却至25℃，加入5.95份N-甲基二乙醇胺，混合均匀，边搅拌边加入34.8份TDI，发生放热反应，在55℃保温1.5 h后，加入硫酸二甲酯6.3份及无水丙酮15份的混合物，60～70℃反应1 h，得季铵化得聚醚氨酯预聚体，—NCO含量约为5%。在上述预聚体中加入2%乙氧基化壬基苯酚乳化剂，搅拌均匀，剧烈搅拌下加入去离子水，并继续搅拌1 h，得阳离子型聚氨酯乳液，可减压除去丙酮。

(四) 聚氨酯类黏合剂在纺织品加工中的应用

1. 在染色加工中的应用

(1) 涂料染色黏合剂：水系聚氨酯作为涂料染色黏合剂，一般要求与适宜的交联剂配合使用，交联剂可以是环氧树脂、氨基树脂等。在浸轧→烘干→焙烘工艺过程中与聚氨酯大分子交联，在纺织品表面形成薄膜，将涂料粒子包覆其中。水溶性热反应型聚氨酯，可在工作液中添加少量催化剂，少用或不用交联剂，焙烘后在纺织品上交联形成三维网状薄膜，提高涂料在织物上的固着牢度。国产涂料染色黏合剂产品有PUT-01，PUT-02。

(2) 织物染色性改进剂：局域或随机分布的阳离子型水系聚氨酯分散液可以作为织物染色性改进剂，以其对织物进行染前处理，可改善织物和非织造布的可染性。这种助剂对天然纤维和合纤织物均适用，可以预先处理大批量织物供染色用，对改染色泽也不造成困难。

(3) 染色牢度改进剂：水系聚氨酯可以用来处理直接染料、活性染料、酸性染料及硫化染料的染色织物，其与纤维和染料分子之间的相互作用可提高纺织品的染色牢度，起染色牢度改进剂的作用。

2. 在印花加工中的应用

水系聚氨酯分散液经增稠后能用于纺织品的涂料印花，与丙烯酸类涂料印花黏合剂拼用时，可提高涂料与织物之间的黏合强度。此外，聚氨酯的耐磨性优良，可使印花织物具有较高的耐磨擦牢度。热反应型水系聚氨酯PUT-02特别适用于大面积的涂料印花。

基本配方：涂料2%、尿素5%、PUT-02 30%、AWC增稠剂5%、2D树脂3%、水X%，氨水调节pH至8～8.5。

印花工艺：半制品→印花→烘干→焙烘(140～160℃，2.5 min)→水洗→成品。

印花织物手感柔软、滑爽，轮廓清晰，得色均匀，成本不高，物理性能指标符合使用要求。

3. 在后整理加工中的应用

(1) 织物防皱整理剂

水性聚氨酯由于不含甲醛，具有优良的成膜弹性，可以全部或部分取代氨基树脂作为防皱整理剂或柔软添加剂，如涤纶织物的防起毛起球整理，棉/黏，涤/黏中长纤维织物的仿毛整理和防缩防皱整理，丝绸织物的硬挺整理、防皱整理，各种纤维的处理、涂料染色整理一浴法工艺等。

以亚硫酸氢盐等为封闭剂合成的热反应型水性聚氨酯整理剂，可赋予织物防皱性和柔软性，整理工艺简单，整理后的织物无甲醛、无毒、手感柔软，折皱恢复性能达到2D类整理剂的水平，且不会象2D树脂造成织物强度的下降，可作为高档织物的后整理剂。工艺举例：

热反应性水溶性聚氨60 g/L，催化剂5 g/L，渗透剂0.5 g/L；采用二浸二轧工艺(轧余率纯棉70％，涤棉65％，真丝绸80％)，100℃预烘干，150℃焙烘3 min。

(2) 织物功能整理剂

多数水溶性有机硅整理过的织物，整理织物的耐久性、耐水洗性都不理想。通过对水溶性有机硅进行封闭聚氨酯改性，制成反应型织物整理剂，在整理后的热处理过程中，异氰酸酯解封，可与棉纤维上的羟基发生反应，在纤维之间和表面形成网络状的大分子，由于交联度不高，结构疏松，不会影响聚硅氧烷链平滑作用的发挥。同时由于适量聚氨酯基团的存在，所以整理后织物在保持有机硅整理织物的柔软滑爽优点的同时，在弹性和耐洗性方面有比较突出的优势。

抗静电剂是一类重要的织物后整理剂。阳离子表面活性剂是合成纤维效果较好的抗静电剂，但容易洗脱。采用含PEG链节的端—NCO聚氨酯预聚体与3-(N-甲基二乙醇氯化铵)-1，2-环氧丙烷反应，并用酸中和、乳化，可得在聚氨酯分子链中具有季铵盐离子的水性聚氨酯。它是一种多功能的织物整理剂，具有良好的抗静电效果，与织物的黏附性好，耐洗涤。经整理后在织物断裂强度稍有提高，耐磨性提高，整理后的透湿气性大幅度提高。采用水溶性亚硫酸钠封闭脂肪族聚氨酯与脂肪胺聚氧乙烯醚及季铵盐衍生物的具有良好配伍性，可配制稳定的耐久型抗静电剂工作液，改善普通季铵阳离子型抗静电剂存牢度不够、染色织物容易变色、摩擦牢度低等缺点。

(3) 织物涂层剂

聚氨酯涂层织物是一种多功能、多用途的新颖面料，具有涂层薄、弹性好、手感柔软、耐溶剂、耐寒、耐磨、防水透湿等优点。用于织物后整理可明显提高服装或饰品的华丽庄重感和穿着的舒适感，因而受到广大消费者的青睐。水性聚氨酯与助剂在合理配伍后，即可用于涂布，经干燥、热烘干处理后，即得到手感柔软、富有弹性、挺括、具有一定的防水透湿功能的高档涂层织物。

(4) 羊毛织物防缩剂

羊毛由于纤维的不均匀性，易收缩和弯曲。利用聚氨酯弹性膜与羊毛表面反应，沉积在鳞皮凹凸部位，使之平坦化，可使羊毛织物的差异摩擦效应消失，赋予防缩效果，这种技术已得到广泛的应用。用于防缩处理的水性聚氨酯一般是热反应型的，在碱条件下加热，产生的—NCO基团及亚硫酸氢钠盐，—NCO可与羊毛分子链上的活性氢基团如羟基、氨基发生交联反应，使聚合物膜与纤维之间形成化学键，增加整理后羊毛织物的防缩耐久性，可与柔软剂并用。

脂肪族多异氰酸酯与芳香族相比容易制得稳定性好的水溶性封闭聚氨酯，并有效克服了织物因焙烘、熨烫及长期暴露在户外所引起的泛黄和降解现象。

任务三　黏合剂性能检测及评价

黏合剂的种类很多，应用范围广泛，性能要求不一，因此对其性能检测应根据具体产品的实际需要来进行。为保证取样的均匀性，取样前必须将黏合剂充分搅拌均匀，按样品取样方法抽取有代表性的试样。用于检测的样品应在实验温度下放置1 h以上再进行实验。如果样品中有结皮或聚凝物，可用丝网将其滤去。

一、外观

乳液型黏合剂的外观一般为乳白色带蓝色荧光的乳液。取一玻璃瓶，装入一定数量的黏合剂，将瓶子倾斜，让黏合剂润湿瓶子上部，然后将瓶子竖直，观察从瓶子上部沿玻璃瓶壁下流的胶液均匀情况。对于使用寿命较短的黏合剂，必须使用新配制的试样。

二、黏度

黏度是流体的内摩擦指数，是一层流体与另一层流体作相对运动的阻力，单位为Pa·s(帕·秒)或mPa·s(毫帕·秒)，符号为η。黏合剂黏度测定的方法有：

1. 旋转式黏度计法

黏合剂一般为非牛顿流体，目前普遍采用的是旋转式黏度计(如上海天平仪器厂生产的NDJ-1)，测定温度为25±0.1℃。

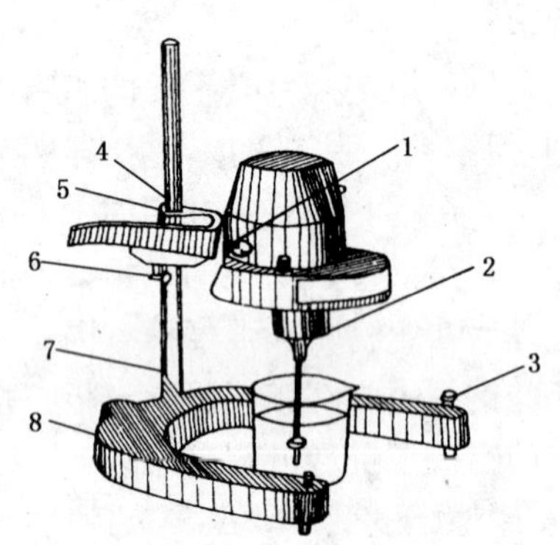

图3-3-1 NDJ-1黏度计

1—转速指示点；2—连接螺杆；3—水平调节螺钉；4—夹头紧松螺钉；5—升降夹头；6—手柄固定螺钉；7—支柱；8—支架

黏度计分四档转速，根据需要由专用旋钮操作进行变速。仪器附件配备有五种转子，根据液体黏度高低随同转速配合使用。选择转子和转速时，应先估计被测液体的黏度范围，然后对转子由小到大进行试用。转速应由慢到快。选用原则是：高黏度的液体选用小的转子和慢速，低黏度的液体选用大的转子和快速。

表3-3-1 黏度系数表

系数K / 转速(r/min) / 转子	60	30	12	6
0	0.1	0.2	0.5	1
1	1	2	5	10
2	5	10	25	50
3	20	40	100	200
4	100	200	500	1 000

2. 涂料-4黏度计法

涂料-4黏度计形似漏斗，上部为圆柱形，下部为圆锥形。锥形底部有漏嘴，漏嘴孔直径为(4±0.02)mm，漏斗孔高度为(4±0.02)mm，整个黏度计容量为100 mL。测试时将黏度计安置在水平位置，黏度计下面放置100 mL玻璃烧杯，测定时用手指堵住漏嘴孔，将黏合剂试样倾倒入黏度计内，使液面与容器边缘平齐。放开流出孔，使试样流出，同时开动秒表，当试样流丝中断并呈现第一滴时，停止秒表。记录试样从黏度计中流出的时间t(s)。国产涂料-4黏度计适宜测定流出时间为 10～150 s。

s 范围内的黏合剂。涂料-4 黏度与 Pa·s 可按表换算。

表 3-3-2　涂料-4 黏度与 Pa·s 的换算表

涂-4 黏度(s)	10^3Pa·s	涂-4 黏度(s)	10^3Pa·s	涂-4 黏度(s)	10^3Pa·s
16	47	47	170	98	400
20	56	54	210	104	430
24	74	61	230	110	465
28	93	67	270	124	480
32	110	76	280	128	510
35	120	81	320	136	530
37	130	85	340	137	540
41	150	94	370	143	580

三、不挥发物含量测定

准确称取 1～1.5 g 试样(准确至 0.001 g)，置于干燥洁净的称量容器中，放入已按实验温度(105±1℃)调好的鼓风恒温烘箱内加热至恒重(约 1.5 h)，取出放入干燥器中，冷却至室温，称量。

不挥发物含量 X(%)按下式计算：

$$X = \frac{G_1}{G} \times 100$$

式中：G_1——干燥后试样的质量(g)；

G——干燥前试样的质量(g)。

实验结果取两次平行实验数值的平均值，两次平行实验数值之差不大于 1%。

四、乳液粒径的测定

对乳液型黏合剂，常用显微镜测定胶液中粒子的粒径(一般放大倍数不小于 500 倍，显微镜需配有测微尺)。

黏合剂试样需加适量水稀释至固含量为 1%～2%。测定时将样品搅匀后用不锈钢针沾一滴试样放量于载玻片上，把盖被片盖在样品上，放置于显微镜样品台上。选择适当放大倍数的目镜和物镜，从目镜中观察样品的粒径，目测适当数量的粒子直径后，取其平均值。

五、黏合剂应用性能测试(以涂料印花/染色黏合剂为例)

1. 涂料印花黏合剂应用性能测试

(1) 涂料印花配方(质量份)

涂　料	5%
黏合剂	15%
增稠剂	4%
水	76%

(2) 涂料印花工艺：配制印花浆→印花→晾干→焙烘(150℃×2 min)。

(3) 评价：干摩擦牢度、湿摩擦牢度、刷洗牢度、手感。

2. 涂料染色黏合剂应用性能测试

(1) 涂料染色配方：将15份黏合剂、10份颜料、2份渗透剂JFC、2份平平加O、2份交联剂和2份柔顺剂配成浆料；

(2) 涂料染色工艺：布样→二浸二轧(轧余率50%～70%)→预烘(80℃，2 min)→焙烘(160℃，2 min)。

(3) 牢度及手感评价：干摩擦牢度、湿摩擦牢度、刷洗牢度、手感。

复习与思考

1. 黏合剂在纺织行业有哪些应用？举例说明。
2. 黏合剂的配方主要含哪些组分？各有何作用？
3. 何谓热塑性树脂、热固性树脂，常有哪些种类？
4. 丙烯酸酯黏合剂单体有哪些种类？举例说明。
5. 乳液聚合时，乳液有哪些部分组成？各有何作用？乳液聚合的方法有哪些？
6. 调研报告：某新型纺织品用黏合剂的研究及发展趋势。

项 目 四
涂料的制备及应用

教学内容 涂料的基本作用及配方设计；涂料的一般生产工艺；纺织品用涂料的制备及应用。

学习目标 举例说明涂料的主要用途；分析涂料的基本组成及作用；熟悉涂料生产(配制)的主要步骤、常用设备和检测方法；分析涂料印花浆的主要组分和作用；配制一种涂料印花浆，并进行检测和应用评价。

任务一 涂料的基本作用及配方设计

涂料(Coating)是一种涂覆在物体表面，能形成牢固而连续薄膜的材料。它通常以植物油或高分子树脂为基料，加或不加颜料，用有机溶剂或水调制成黏稠液体，也有不用溶剂的无溶剂液状涂料和固体粉末涂料。涂料与塑料、橡胶和纤维等高分子材料不同，它不能单独作为工程材料使用，是一种配套性工程材料，能赋予被涂材料以某些特定的功能。

由于早期的主要成膜物质是植物油或天然树脂漆，所以常把涂料俗称“油漆”。现在合成树脂已大部分取代了天然植物油或天然树脂，所以现在统称为“涂料”。

一、涂料的作用

1. 保护作用

涂料在被涂物上形成牢固附着的连续涂膜，使被涂物面与大气及化学介质隔离，起到保护作用。使用涂料可在很大程度上减缓材料的腐蚀速度，起到良好的保护作用，又能增加物品表面的硬度，提高其耐磨性和抗伤性。表面涂装涂料是防腐蚀措施中最有效、最经济、也是最便捷的措施。

2. 装饰作用

在涂料中加入颜料可以赋予涂膜颜色，涂装后可以增加物品表面的色彩和光泽，修饰表面的粗糙和缺陷，改善物品的外观质量，提高其商品价值。

工业、农业、运输等各行各业的各种设备、厂房、工具、产品都需要涂料装饰，也正因为有了涂料装饰，产品才增加了美感而提升价值。

3. 标志作用

道路划线、各种交通标志一般都用涂料涂装，表示警告、危险、安全、前进、停止、方向指示等信号。在化工厂用不同颜色的涂料涂覆于输送不同物料的管道上，使工作人员便于操作，这也是涂料的标志作用。

4. 特殊作用

涂料可以具有各种特殊性能，如绝缘涂料、导电涂料、阻燃涂料、耐热涂料、防锈防腐涂料、防霉涂料、防污涂料、消音涂料、伪装涂料、耐磨涂料、耐核辐射涂料等。

二、涂料的基本组成

1. 成膜物质

成膜物质主要由油脂和高分子材料（树脂）组成，不挥发的活性稀释剂也属于成膜物质。它是使涂料牢固附着于被涂物表面上形成连续膜的主要物质，是构成涂料的基础，对涂膜的物理、化学性质起着决定性的作用。

油脂主要是指植物油，如桐油、亚麻仁油、梓油、豆油、蓖麻油、椰子油等。高分子树脂有天然高分子材料和合成高分子材料两大类，具体又可分为：

- 高分子材料
  - 天然高分子材料
    - 有机高分子材料：纤维素、天然素、天然橡胶、天然树脂等
    - 无机高分子材料：石墨、云母、石棉
  - 合成高分子材料
    - 有机高分子材料：醇酸树脂、环氧树脂、丙烯酸树脂等
    - 无机高分子材料：硅酸盐类、硅溶胶、缩合磷酸类等

2. 溶剂

成膜物质一般是高分子聚合物，黏度大，流动性差，常用某些溶解性好又易挥发的有机试剂或水在涂料中作分散介质，使成膜物质分散而形成黏稠的液体，使体系的黏度适合于贮存与施工应用。

当涂料施工成膜后，有机溶剂和水挥发至空气中，并不留在涂膜中，它们本身不构成涂层。平时常将成膜物质基料和分散介质的混合物称为漆料。目前已开发出完全不含溶剂的粉末涂料。

不同的成膜物质对溶剂溶解能力有不同的要求。如油基与醇酸涂料需用极性小的烃类溶剂（如 200 号溶剂汽油）；氨基涂料需要用极性溶剂（苯类、醇类）；环氧、聚氨酯等涂料需要用酯类和酮类等溶剂。

在工业上，常常是根据成膜物的极性大小来选用合适的溶剂或混合溶剂，具体的方法可以通过试验方法选择，也可以如前所述的用树脂和溶剂的浓度参数的匹配性来选择。涂料的溶剂选择得当，涂料就会有良好的施工性能（流平、防流挂等）和贮存性能。

3. 颜料（填料）

颜料赋予涂料各种颜色，使涂料五颜六色、使涂膜五彩纷呈，使被涂物产生美感。另一方

面颜料对涂膜的防锈、耐晒、耐水、耐化学物质等方面的性能都起着重要作用。换句话说，颜料对涂料的装饰和防护作用都有较大的贡献。

填料又称为体质颜料，对涂料的着色不起作用，但可增强涂膜的物理机械性能，还可降低涂料的成本。

颜料和填料本身不能单独成膜，把它们分散在成膜物中，涂料固化成膜后，颜料和填料就留在涂膜中，所以颜料和填料是辅助性成膜物。

4. 辅助材料(助剂)

涂料的组成除了成膜物质、分散介质、颜填料外还常常加入少量的涂料助剂。尽管用量很少，但是助剂却是涂料中不可缺少的部分。

涂料助剂的种类很多，其功能大致有两个：

一是改进生产工艺，改善施工条件，提高成膜性能。这类助剂包括：流平剂、流变剂、防沉剂、增稠剂、抗结皮剂、催干剂、消泡剂、消光剂、增光剂、偶联剂、润滑分散剂、乳化剂等；

二是赋予涂膜以特殊功能，包括防污剂、防霉剂、导电剂等。

涂料助剂都是在涂料生产时加入的，但发挥其功能却是在不同的阶段中，根据这一点，可将涂料助剂分成四大类：

(1) 在涂料制造中发挥作用的助剂

它改善生产工艺，提高生产效率，主要有：分散剂(阴离子型分散剂如多磷酸盐类、硅酸盐类、磺酸盐类，非子型分散剂如乙醇胺油酸酯、磺化脂肪族聚酯、辛基酚环氧烷聚合物、乙二醇单酯，阳离子分散剂如乙烯基吡咯烷酮铵盐类化合物)、润湿剂、乳化剂、消泡剂等。

(2) 在涂料贮存中发挥作用的助剂

它可以提高涂料的贮存稳定性，如：防沉剂、增稠剂、黏度控制剂、防胶凝剂、防冻剂、防结皮剂等。

(3) 在涂料进行涂装施工时发挥作用的助剂

它改进涂料的施工性能、消除涂膜的病态，如催干剂、防止颜料发花浮色剂，流平剂、防缩孔剂、防流挂剂、成膜助剂、偶联剂(有机硅和有机钛酸酯)等。

(4) 在涂料成膜后发挥作用的助剂

改进涂膜的性能、赋予涂膜一些特殊的性能，如防污、吸收紫外线、增塑、增滑、阻燃、耐热、抗氧、防静电、防菌、防霉、光泽控制、缓蚀、防锈、发光等。

涂料助剂的功能很多，并在不断发展。涂料助剂在涂料中的加入量大多为0.1%～2%，一般不超过5%。助剂种类的选择是很重要的，将不同类型的但有同样功能的助剂配合使用往往效果更佳，当然加入的方式和在生产过程的哪一步骤中加入也对使用效果有影响，必须通过具体的实践加以确定。

三、涂料的分类

涂料的品种繁多，目前国内就有近千种。涂料一般是按其成分、功能或涂膜的状态进行命名和分类。

1. 按成分分类

(1) 清漆：用树脂配成的组成中没加颜料和体质颜料的透明体；

(2) 色漆：添加了颜料或体质颜料的不透明体；

(3) 腻子：加有大量体质颜料的厚浆状体。

2. 按涂料的形态

(1) 无溶剂漆：组成中没有挥发性稀释剂；

(2) 粉末涂料：不含溶剂的粉末状涂料；

(3) 溶剂性漆：以有机溶剂作稀释剂称为溶剂漆，以水作稀释剂称为水性漆。

3. 按主要成膜物质分类

前两种分类方法都有一定的局限性，根据我国国家标准 GB2705—81《涂料产品分类，命名和型号》，按涂料中的主要成膜物质将涂料进行分类，共分 17 大类，另将辅助材料定为一大类，共计 18 大类。

表 4-1-1 涂料的分类

序号	代号	成膜物质	主要成膜物质
1	Y	油性漆类	天然动植物油、清油(熟油)、合成油
2	T	天然树脂漆类	松香及其衍生物、虫胶、乳酪素、动物胶、大漆及其衍生物
3	F	酚醛树脂漆类	改性酚醛树脂、纯酚醛树脂、二甲苯树脂
4	L	沥青漆类	天然沥青、石油沥青、煤焦沥青、硬质酸沥青
5	C	醇酸树脂漆类	甘油醇酸树脂、季戊四醇醇酸树脂、其他改性醇酸树脂
6	A	氨基树脂漆类	脲醛树脂、三聚氰胺甲醛树脂
7	Q	硝基漆类	硝基纤维素、改性硝基纤维素
8	M	纤维素漆类	乙基纤维、苄基纤维、羟甲基纤维、醋酸纤维、醋酸丁酸纤维、其他纤维酯及醚类
9	G	过氯乙烯漆类	过氯乙烯树脂、改性过氯乙烯树脂
10	X	乙烯漆类	氯乙烯聚树脂、聚醋酸乙烯及其共聚物、聚乙烯醇缩醛树脂、聚二乙烯乙炔树脂、含氟树脂
11	B	丙烯酸漆类	丙烯酸酯树脂、丙烯酸共聚物及改性树脂
12	Z	聚酯漆类	饱和聚酯树脂、不饱和聚酯树脂
13	H	环氧树脂漆类	环氧树脂、改性环氧树脂
14	S	聚氨酯漆类	聚氨基甲酸酯
15	W	元素有机漆类	有机硅、有机肽、有机铝等元素有机聚合物
16	J	橡胶漆类	天然橡胶及其衍生物、合成橡胶及其衍生物
17	E	其他漆类	未包括以上所列的其他成膜物质，如无机高分子材料、聚酰亚胺树脂等。
18		辅助材料	稀释剂、防潮剂、催干剂、脱漆剂、固化剂

表 4-1-2 辅助材料的分类

序号	代号(汉语拼音字母)	名称	序号	代号(汉语拼音字母)	名称
1	X	稀释剂	4	T	脱漆剂
2	F	防潮剂	5	H	固化剂
3	G	催干剂			

这种分类方法已被业内公认并为许多专著和文献引用。前面四类，以植物油和天然树脂为主要成膜物质，即通常所称油基树脂涂料，其性能不是很好，属低档涂料。由于这类涂料成

本低，原料易得，在国内尚有较大市场。后面的十三类以合成树脂作为成膜物质，称为合成材脂涂料，这类涂料性能优异，正逐步取代油基树脂涂料。

任务二　涂料一般生产工艺

涂料工业包括涂料制造和涂料使用（涂装施工）两大部分。前者包括树脂、色漆的制造，广义上还包括颜料的制造与使用。后者指物体涂装（涂料施工）前的表面处理、涂装施工、涂装设备与方法、涂层干燥成膜与涂膜性能检测等，这两部分既互有区别也互有联系。

涂料工业除少数专用树脂外，大部分原料都要由其他工业部门供应，包括颜料、溶剂、助剂、大多数树脂。涂料生产工艺设备一般比较简单，很多品种都是在相同的设备上，采用不同规格的原料，按不同的配比和不同的操作方法而制成的。涂料一般生产过程相似，生产周期短，生产工艺设备较简单，但产品多性能、多用途。这就要求在原料选择、产品配方上具有很高的技术性，在生产技术的掌握上也较为复杂。

一、涂料工业常用原料

（一）醇类

1. 甲醇：在涂料工业中主要用作溶剂。

2. 丁醇：有正丁醇、异丁醇、仲丁醇、叔丁醇四种异构体。工业上使用得最多的正丁醇，简称丁醇，一种重要的溶剂，涂料工业中主要用于氨基、硝基和环氧树脂涂料。

3. 乙二醇（甘醇）

$OHCH_2CH_2OH$　生产醇酸树脂涂料和聚酯树脂时，常用它来和多元醇混用，来调节官能度。

4. 丙三醇（甘油）

$$\begin{array}{ccccc} OH & & OH & & OH \\ | & & | & & | \\ H_2C & - & CH & - & CH_2 \end{array}$$

在涂料工业中，主要用于生产醇酸树脂、甘油松香脂和聚氨酯涂料。

5. 三羟甲基丙烷(TMP)

$$\begin{array}{c} CH_2OH \\ | \\ CH_3CH_2-C-CH_2OH \\ | \\ CH_2OH \end{array}$$

可用于生产短、中油度的醇酸树脂和双组分聚氨酯涂料。

6. 季戊四醇

$$\begin{array}{c} CH_2OH \\ | \\ HOH_2C-C-CH_2OH \\ | \\ CH_2OH \end{array}$$

生产中、长油度醇酸树脂的主要原料。由它生产的醇酸树脂，干性、光泽、硬度、耐水性等，均优于同类型的甘油醇酸树脂。季戊四醇分子中有 4 个伯羟基，反应活性较大。

(二) 酸、酸酐类

1. 邻苯二甲酸酐(苯酐)

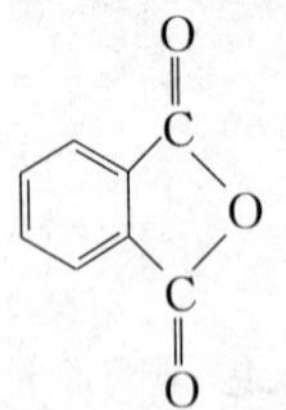

生产油改性醇酸树脂和聚酯的主要原料。

2. 间苯二甲酸

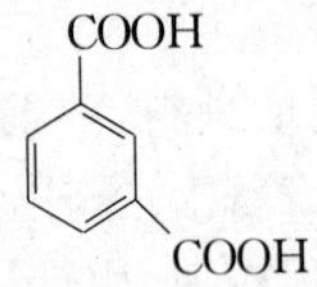

用于制造醇酸树脂和聚酯。用间苯二甲酸生产的涂料耐候性、耐热性较好。

3. 合成脂肪酸

漆用合成脂肪酸多为中碳(C_{10}～C_{17})和高碳酸(C_{18}～C_{22})的混合物,也可能因分离不干净而含有少量的低碳酸(C_4～C_9)。用它代替油脂,用于醇酸树脂涂料、氨基树脂涂料、过氯乙烯树脂涂料、硝基树脂涂料和环氧树脂涂料的生产中。

4. 顺丁烯二酸酐(俗称失水苹果酸酐、马来酸酐,简称顺酐)

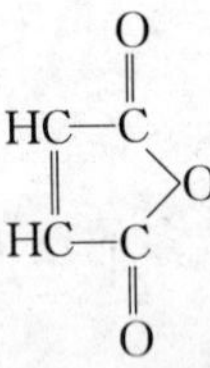

分子中含有碳碳双键和酸酐两种官能团,化学性质比较活泼。可与共轭双键或含有活泼氢的高分子化合物加成。不饱和聚酯正是利用顺酐和含有活泼氢的高分子反应而生成的。可用顺酐代替部分苯酐生产醇酸树脂来提高树脂的干性。它也是生产漆用顺酐松香脂和不饱和聚酯涂料的重要原料。

5. 丙烯酸

$CH_2{=}CH-COOH$　性质活泼,兼有羧酸和烯烃的性质,能发生羧酸及烯烃的各种反应,丙烯酸及其酯类是制造各种丙烯酸树脂涂料的基本原料。

6. 甲基丙烯酸(α-甲基丙烯酸)

$H_2C{=}C(CH_3)-COOH$　性质活泼,易自聚,也能共聚,用于丙烯酸树脂及改性醇酸树脂中,用来提高涂层的耐候性和硬度。

(三) 其他常用有机原料

1. 苯酚(石碳酸)

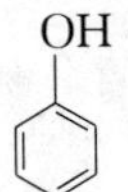

易被氧化,在空气中长期放置的苯酚因部分被氧化而变成深褐色。是制造酚醛树

脂和封闭型聚氨酯涂料的主要原料。

2. 叔丁基苯酚

$HO-C_6H_4-C(CH_3)_3$　用对叔丁基苯酚生产的酚醛树脂的油溶性和溶解性均优(可溶于松香水),适合用于生产耐湿热的防锈漆。工业上还把对叔丁基苯酚用于改进醇酸树脂涂料、氨基树脂涂料和环氧树脂涂料的防潮性和防腐蚀性。

3. 2,2-二酚基丙烷(双酚 A)

$HO-C_6H_4-C(CH_3)_2-C_6H_4-OH$　纯净的双酚 A 是白色片状结晶,微具有酚的气味。主要用于生产环氧树脂,也用于制造酚醛树脂。

4. 甲醛(蚁醛)

$H-C(=O)-OH$　用于合成季戊四醇、三羟甲基丙烷(TMP)、生产酚醛树脂和氨基树脂的基本原料,在涂料工业中的用量很大。

5. 三聚氰胺(蜜胺、氰脲酰胺)

$C_3N_3(NH_2)_3$　用于生产丁醚化三聚氰胺甲醛树脂,亦可用作环氧粉末涂料的固化剂。

6. 甲苯二异氰酸酯(TDI)

$CH_3C_6H_3(NCO)_2$（2,4-位）或 $OCN-C_6H_3(CH_3)-NCO$（2,6-位）　性质非常活泼,能和活泼氢的化合物(如醇、水、氨、胺等)以及树脂(如聚酯、聚醚、醇酸、环氧、丙烯酸、醛酮、沥青等)发生反应,生成各种类型的聚氨酯。

7. 六亚甲基二异氰酸酯(HDI)

$OCNCH_2(CH_2)_4CH_2NCO$　蒸汽压较低,毒性较大,但由它生产的聚氨酯涂料具有突出的耐候性和装饰性,在涂料工业中应用广泛。

8. 苯乙烯

$C_6H_5-CH{=}CH_2$　性质极为活泼,极易自聚,也能和很多其他单体共聚。贮存时防止其自聚,需加入阻聚剂对苯二酚,在使用时再除去。苯乙烯是制造各种丙烯酸树脂和不饱和聚酯涂料的基本原料,也用于改性油基漆及醇酸树脂涂料。

9. 环氧氯丙烷

$Cl-CH_2-CH-CH_2$（$CH-CH_2$ 间以 O 成环）　毒性大,是生产环氧树脂的基本原料。

10. 丙烯酸酯类

丙烯酸甲酯 $H_2C{=}CH{-}\overset{O}{\overset{\|}{C}}{-}O{-}CH_3$，甲基丙烯酸甲酯 $H_2C{=}\overset{CH_3}{\overset{|}{C}}{-}COOCH_3$，丙烯酸丁酯：$H_2C{=}CH{-}COOC_4H_9$，甲基丙烯酸丁酯：$H_2C{=}\overset{CH_3}{\overset{|}{C}}{-}COOC_4H_9$ 用作各种聚丙烯酸酯的软、硬单体。

二、常见涂料用合成树脂

1. 醇酸树脂漆料

醇酸树脂由多元酸(如苯二甲酸酐、顺丁烯二酸酐)、多元醇(甘油、季戊四醇、三羟甲基丙烷、乙二醇等)以及脂肪酸(控制官能度用,通常是一些植物性油脂,如桐油、亚麻油、豆油等)缩聚合成的高分子化合物。

醇酸树脂发展较快,品种很多,约占全部涂料用合成树脂的50%。生产树脂的油脂多是含有较多不饱和双键的天然植物油。醇酸树脂分为干性和不干性油醇酸树脂两大类。干性油醇酸树脂源自于脂肪酸基中双键在空气中的氧化聚合反应,干性油醇酸树脂涂布后,可在室温和空气氧化下干燥成膜;不干性油醇酸树脂在空气中不能干燥成膜,故不能单独用作成膜物质,但可以和成膜物质混合使用,改善涂膜的性质。

醇酸树脂是近似于线性的高分子化合物。醇酸树脂的主链是以多元醇与多元酸形成的酯;侧链为脂肪酸或其他一元酸,分子链中具有酯基、羧基、羟基以及脂肪酸基的双键,其中羧基和羟基使树脂涂膜具有良好的附着力,羧基还能提高树脂对颜料的润湿能力,羧基、羟基可使树脂涂膜耐水性变差,但可使其与具有反应性官能团的成膜物质作用(如氨基—醇酸树脂),改善树脂的性能。

醇酸树脂涂料配漆处方举例：55%油度醇酸树脂溶液239 g,大红粉颜料24 g,环氧酸铅(质量分数2%)4.5 g,环烷酸钙(质量分数2%)2.7 g,二甲苯24 g。

配漆工艺：先将颜料和部分漆料在三辊磨中(或球磨机、砂磨机)混合,研磨至粒径小于20 μm(用刮板细度剂测定),再与其余的漆料、二甲苯、催干剂混合均匀即可。

2. 丙烯酸酯树脂漆料

丙烯酸酯树脂有丙烯酸酯类或甲基丙烯酸酯类的均聚物或与其他烯烃的共聚物,具有耐光、耐候、耐热、耐腐蚀等优点。丙烯酸酯树脂的应用日趋广泛,除溶剂性涂料外,在乳胶漆、水溶性漆方面的应用也逐渐增加。溶剂型聚丙烯酸酯可分为热塑性和热固性两种。

(1) 热塑性丙烯酸酯树脂：供配制挥发性漆,当溶剂挥发后形成涂膜,而不进行进一步的化学反应,具有较好的物理性能及力学性能,但耐热性和刚性较差,其涂膜可溶、可熔,用于制造丙烯酸树脂清漆和底漆。

表4-2-1　合成热塑性丙烯酸树脂的典型配方(kg)

原料及涂膜性能	配方1	配方2	配方3	配方4	配方5
甲基丙烯酸甲酯	23.5	24.74	25.14	26.8	30.2
甲基丙烯酸丁酯	63.3	45.1	49.5	54.68	29.54

（续　表）

原料及涂膜性能	配方1	配方2	配方3	配方4	配方5
甲基丙烯酸	4.22	5.0	5	5	5
丙烯腈	9.04	5.0	5	5	5
醋酸乙烯酯	—	20.0	15	8.3	—
苯乙烯	—	—	—	—	30
过氧化苯甲酰(BPO)	0.46	0.4	0.4	0.4	0.4
涂膜硬度	较好	较好	差	好	好
涂膜耐水性	好	好	较好	差	差

配方中的甲基丙烯酸乙酯、丁酯可提高涂膜底柔韧性，少量的丙烯酸或甲基丙烯酸可改善涂膜的附着力，少量的丙烯腈可以提高涂膜的耐溶剂和耐油性能。

(2) 热固性丙烯酸酯树脂：相对分子质量比热塑性树脂小，黏度较低，制成漆的含固量比较高，比热塑性丙烯酸酯漆具有更优异的附着力、坚韧性、耐腐蚀性和耐热性，主要用于家电、轻工产品和汽车等涂装。

热固性丙烯酸酯涂料在涂料施工前，一般相对分子质量都很低(预聚物 M 在 3 000 以下)，分子侧链上具有羟基、羧基、环氧基、酰氨基、N-羟甲酰胺等官能团，在一定温度(或加入少量催化剂)下，侧链的官能团能自相反应而交联固化成膜，也可与交联剂或其他树脂交联固化成膜，前者称为自交联固化丙烯酸树脂，后者称交联剂固化丙烯酸树脂。

交联剂既可以在制漆时加入，也可以制成双组分包装，施工前加入。使用不同的交联剂，涂料的性能也不同。常用的交联剂有：氨基树脂、环氧树脂、多异氰酸酯、多元酸及多元胺等。

表 4-2-2　热固性丙烯酸酯漆配方

原　料	轿车漆	白烘漆
含羟基的丙烯酸酯树脂(50%)	55	—
含丁氧甲基酰氨基丙烯酸酯树脂(50%)	—	50
低密度三聚氰胺甲醛树脂(60%)	19	10
钛白及配色颜料	15	20
1%硅油	0.2	—
二甲苯	4.8	10
环己酮	6.0	10

3. 环氧树脂漆料

环氧树脂分子中平均含有一个以上的环氧基团而相对分子质量不高的一类聚合物，分子结构中含有苯环、脂肪族羟基、醚键和环氧基等。其中羟基、醚基具有较高的极性，能与相邻界面产生作用力，环氧基可与含有活泼氢的被黏表面反应，形成化学键，故具有较强的黏合力，对木材、金属、玻璃、塑料、橡胶、皮革、陶瓷、纤维等有良好的黏结性能。固化后的环氧树脂结构稠密而封闭，收缩率较小，耐热、耐酸、耐有机溶剂，具有良好的化学稳定性和良好的电绝缘性，已广泛应用与汽车、造船、化学和电器工业中。

环氧树脂按其结构上的差异，可以分为双酚 A 型、非双酚 A 型、脂肪族三类。工业上，产量最大、用途最广的环氧树脂是双酚 A 型，一般是由双酚 A(二酚基丙烷)与环氧氯丙烷在碱催化下缩聚而成。

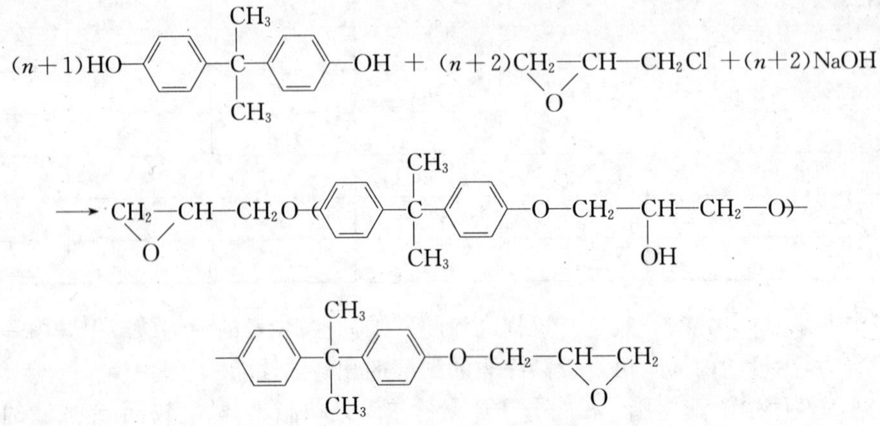

$$(n+1)HO-C_6H_4-C(CH_3)_2-C_6H_4-OH + (n+2)\underset{O}{CH_2-CH}-CH_2Cl + (n+2)NaOH$$

$$\longrightarrow \underset{O}{CH_2-CH}-CH_2O\left(-C_6H_4-C(CH_3)_2-C_6H_4-O-CH_2-\underset{OH}{CH}-CH_2-O\right)_n-$$

$$-C_6H_4-C(CH_3)_2-C_6H_4-O-CH_2-\underset{O}{CH-CH_2}$$

式中 n 表示聚合度，也表示羟基数目

从分子结构可知，双酚 A 型环氧树脂的中间部位的基团比较稳定，其苯环能赋予它刚性，次甲基、醚键等赋予它柔软性，从而使之固化后具有良好的物理力学性能。两端的环氧基(三元环)非常活泼，在固化过程中可以进一步形成羟基和醚键，同时环氧基还可以与金属表面形成一定的化学键，因此固化后的环氧树脂具有较高的内聚强度和很强的黏合力。

侧链羟基对树脂的固化有促进作用。由于固化树脂多以醚键相联，因此具有较好的耐环境性能。分子中存在的电负性原子与极性基团使之对极性溶剂、增塑剂及其他极性化合物或聚合物有良好的相容性。环氧基邻近的醚氧的负诱导效应及苯环的动态共轭效应均能增大环氧基的活性，使之能在室温或低温下与一些固化剂反应。

环氧树脂只有与固化剂配合使用才能发挥其性能。固化是在一定条件下，环氧树脂发生交联反应形成体型结构，由热塑性转变热固性实现黏合过程。环氧树脂的固化，由多元酸、多元酸酐、多元胺及多元酚与环氧基反应，或通过固化剂或改性剂引入的羟基、高分子树脂链上的羟基、各种酚羟基，以及固化过程中由活泼氢打开环氧基形成的羟基与环氧基反应而实现的。

环氧树脂分子两端均具有环氧基，环氧基的含量是环氧树脂的重要指标，通常用环氧值来表示。环氧值指 100 g 环氧树脂中的所含环氧基的物质的量，国产环氧树脂常用此指标。一般低相对分子质量环氧树脂的环氧值为 0.35～0.57。

例如：环氧树脂的相对分子质量为 340，每个分子中含有两个环氧基团，它的环氧值为：

$$100/340\times2=0.59$$

环氧树脂的环氧值是确定配方中固化剂用量的计算依据。环氧树脂涂料固化剂的用量与固化剂本身的性质、环氧树脂的环氧值等有关。若以胺为固化剂，其用量由下式计算：

$$\text{固化剂的用量}=\frac{\text{胺的摩尔质量}\times\text{环氧值}}{\text{胺分子中的活泼氢个数}}$$

若环氧树脂的环氧值为 0.56，以二亚乙基三胺固化剂($H_2N(CH_2)_2NH(CH_2)_2NH_2$)。二亚乙基三胺含有 5 个活泼氢，摩尔质量为 103.2，故：

二亚乙基三胺用量$=\frac{103.2\times0.56}{5}=11.5$,即 100 g 环氧树脂固化,需要 11.5 g 二亚乙基三胺固化剂。

环氧树脂清漆配方举例：将环氧树脂(环氧值 0.04～0.07)30 份,环已酮 15 份,二丙酮醇 15 份,二甲苯 15 份,质量分数为 40%二酚基丙烷甲醛树脂液 25 份混合均匀,配制成环氧酚醛清漆。

4. 聚氨酯树脂涂料

聚氨酯中有极性很强的异氰酸酯基、酯键、醚键、脲、酰氨基等,可使聚氨酯涂膜具有良好的附着力。聚氨酯树脂具有优异的涂膜耐磨性,黏附力强,防腐、耐温、电器绝缘性能优良,可与多种树脂混用。聚氨酯涂料性能优异、应用十分广泛,如在船舶甲板、地板、飞机表面用漆、高级木器、石油化工设备防腐用涂料等方面取得了广泛的应用。

由于异氰酸酯基活性较高,因此聚氨酯可以在高温下烘干,也可在低温下固化,即使在0℃下也能固化,具有常温固化速度快、施工季节长等优点。

5. 聚醋酸乙烯酯乳胶涂料

乳胶涂料安全无毒、施工方便、干燥快、通气性好等优点,目前乳胶涂料广泛应用于建筑涂料,并已经进入工业涂装的领域,其中醋酸乙烯酯乳胶产量最大。

乳胶涂料由聚合物乳液、颜料及助剂配制而成。所用助剂较多,如分散剂、润湿剂、增稠剂、成膜助剂、防冻剂、消泡剂、防霉剂、防锈剂等,经研磨分散后成为乳胶漆。实验室聚醋酸乙烯酯乳胶涂料的配制方法如下：

(1) 醋酸乙烯酯乳液的合成

① 聚乙烯醇溶解：在装有电动搅拌器、温度计和球形冷凝管的 250 mL 四口烧瓶中加入 30 mL 去离子水和 0.35 g 乳化剂 OP-10,搅拌,逐渐加入 2 g 聚乙烯醇。加热升温,至 90℃保温 1 h,直至聚乙烯醇全部溶解,冷却备用；

② 将 0.2 g 过硫酸铵溶于水中,配成质量分数 5%的溶液；

③ 聚合：将 17 g 蒸馏过的醋酸乙烯酯(蒸馏时加入对苯二酚 0.5%～1%,防止直接聚合)和 2 mL 质量分数 5%过硫酸铵水溶液加至上述四口烧瓶中。开动搅拌器,水浴加热,保持温度在 65～75℃。当回流基本消失时,温度自升至 80～83℃时用滴液漏斗在 2 h 内缓慢按比例滴加 23 g 醋酸乙烯酯和余下的过硫酸铵水溶液,加料完毕后升温至 90～95℃,保温 30 min 至无回流为止；

冷却至 50℃,加入 3 mL 左右质量分数 5%碳酸氢钠水溶液,调整 pH 至 5～6。然后慢慢加入 3.4 g 邻苯二甲酸二丁酯。搅拌冷却 1 h,即得白色稠厚得乳液。

(2) 聚醋酸乙烯酯乳胶涂料的配制

把 20 g 去离子水、5 g 质量分数 10%六偏磷酸钠水溶液以及 2.5 g 丙二醇加入搪瓷杯中,开动高速均质搅拌机,继续加入 18 g 钛白粉、8 g 滑石粉和 6 g 碳酸钙,搅拌分散均匀后加入 0.3 g 磷酸三丁酯,继续快速搅拌 10 min,然后在慢速搅拌下加入 40 g 聚醋酸乙烯乳液,直至搅匀为止,即得白色涂料(固体质量分数约 50%),25℃表干时间 10 min,实干时间 24 h。

三、涂料制备工艺

涂料由成膜物质(基料)、分散介质(溶剂)、颜料(包括填料)及辅助材料(助剂)所组成。整个涂料的生产过程包括：漆料的生产(成膜物质制备)、漆浆生产和配漆三个工序。成膜物质往往是分散或溶解在溶剂(或水)中，成为溶液或乳液，通常称为漆料。用它和颜料一起进行研磨分散，得到漆浆(调色浆)，再按规定配方调配成各种涂料产品。具体有：配方、调配、混合、研磨、调色、过滤、包装等步骤。如图 4-2-1 所示，1～5 表示加料次序。

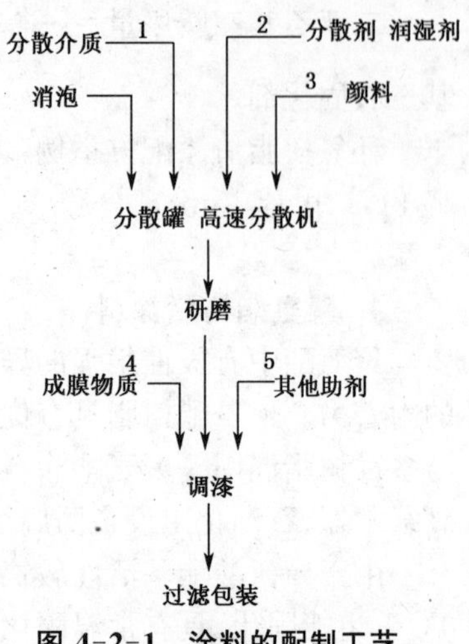

图 4-2-1 涂料的配制工艺

色漆配制中，颜料必须加上漆料进行研磨分散制成色浆(漆浆)，然后将各种色浆调配成规定的颜色，再加上部分漆料溶剂、催干剂等助剂，搅拌均匀调配成色漆。色漆的总配方(标准配方)虽反映了色漆的最终组成，但在工艺上，却不能把整个配方中的原料一次混合、研磨、调配而成，而是分段进行的：第一步是研磨分散成各种色浆，第二步将色浆及配方中其它组份调配成漆。每一步均有一个配方，称为工艺配方(生产配方)。

1. 清漆的配制

清漆的配制比较简单，不需要研磨色浆和调配颜色。只要将配方中所列的漆料品种、溶剂和助剂加入调漆槽中搅拌均匀，经过过滤，进行包装就可以了。清油常常是在生产漆料的稀释釜中直接加入燥液、溶剂搅匀即可。

配制清漆的漆料可以是一种，也可以是二种或更多种。调配清漆时，先将一种漆料加入调漆槽中，在搅拌下逐渐加入另一种(或几种)漆料，继续加入溶剂、助剂，调整黏度。清漆用来作面漆，或罩在有色面漆上作为罩光漆，提高光泽及保护装饰性能。

2. 颜料在漆料中研磨(分散)

油漆厂或油墨厂购进的颜料粒子可能是附聚状态(相对疏松的团粒)。颜料研磨的目的在于将已经粉碎得很细的颜料粒子掺入到液体漆料中，使之产生细的粒子分散体。

涂料或油墨是颜料粒子在漆料中的分散体。分散并非简单意义上的混合，它包括三个阶段，即：湿润、研磨和分散。

常见的研磨分散设备有高速分散机、三辊磨、单辊磨、砂磨机、球磨机等。生产单色浆时，色浆先用高速分散机预混合，润湿均匀，再用三辊磨、砂磨机研磨或直接投料到球磨机中研磨，使颜料粒径能通过 325 目筛(小于 45 μm)。

3. 色漆的配制

根据使用要求，涂料具有各种颜色。有的颜色只需要用一种颜料(单色漆)，有的需要两种颜料按一定比例混合得到不同的中间色，中间色与中间色混合或中间色与各种单色再混合又可得到复色。在制造涂料时，都要进行配色。

涂料的颜色通常按要求的色卡或颜色样板来配的。制造同一种颜色的漆，每批都务必配得一致。涂料生产厂生产涂料产品时，并不是将标准配方中的漆料、颜料、溶剂、助剂混合在一起进行研磨和配色的。颜料分散很费时，为了提高生产效率，往往将各种颜料分别用部份漆料调成比较稠厚的漆浆进行研磨分散，然后再用各单色漆浆进行配方，再加上配方中剩余的漆料及溶剂、涂料助剂调配混合均匀而制成最终产品。

四、涂料的性能检测

涂料作为一种化工产品，需要进行质量检测。但涂料作为一种配套材料，其质量好坏，除了检测涂料本身以外，更主要的还要检测它涂装后所形成的涂膜性能。所以，涂料的质量检测不同于一般化工产品，而另有其特点。在检查涂膜性能时，必须事先按照严格的要求制备试验样板，否则得不到正确结果。所以，每一涂料产品的质量标准中，都规定了制备其涂膜样板的方法，作为涂料质量检测工作标准条件之一。涂料产品应用面极为广泛，必须通过各种涂装方法施工在物体表面，其施工性能好坏也大大影响涂料的使用效果，所以，涂料性能测试还必须包括施工性能的调试。涂料涂装在物体表面形成涂膜后具有一定的装饰、保护性能，除此而外，涂膜常常在一些特定环境下使用，需要满足特定的技术要求，因此，还必须测试某些特殊性能，如耐温、耐腐蚀、耐盐雾、耐湿热及耐霉菌等性能。

根据以上特点，将涂料及涂料成膜后的性能测试分成四个方面，也就是从四个方面对涂料进行质量检测：涂料产品施工前性能测试、涂料施工性能测试、涂膜性能测试、涂膜特殊性能测试。

1. 涂料产品使用前性能测试

主要包括：涂料产品形态、组成、贮存性等方面近 30 个项目，其中某些项目有国家标准或部颁标准。

为了测试涂料的性能，正确的取样很重要。国家标准《涂料产品的取样》(GB 3186—82)规定取样时应注意几个方面：样品应具有代表性，所用的工具、器皿等均应仔细清洗干净；样品数量应足以能进行规定的全部试验项目，并有足够的剩余量作贮存试验以及日后需要时可对某些性能作重复试验；样品一般放于清洁干燥、密闭性好的金属小罐或磨口玻璃瓶内，贴上标签，注明取样日期等项目，并贮存在温度没有较大变动的地方。

(1) 外观与颜色

检查涂料的形状、颜色和透明度等。特别是对清漆的检查，外观更为重要，外观浑浊而不透明的产品将影响成膜后的光泽和颜色。颜色的测定不仅是产品的一项质量指标，也是某些原材料和半成品的一项控制项目。对色漆要求颜色一致，一般将试样涂在试板上，全干后再与标准涂料颜色进行比较。

(2) 密度

在规定温度下，单位体积液体的质量(以 g/mL 表示)。密度是对各种物料的鉴定、表征和质量控制的关键性质。涂料的密度可用比重瓶来测定。

(3) 细度

是颜料或体质颜料等颗粒大小或分散均匀程度，以 μm 表示。涂料研磨细度是色漆重要的内在质量之一，对于成膜的质量、光泽、耐久性、贮存稳定性均有很大影响，是涂料生产常规性必检项目之一。测定方法见 GB 1724—79 刮板细度计测定法涂料细度。

(4) 黏度

涂料的黏度又叫稠度，是流体本身存在黏着力而产生流体内部阻碍其相对运动的特性，是涂料产品的重要指标之一。根据涂料工作条件，有三种黏度：贮存状态下的黏度、搅拌时的黏度、涂刷时的黏度。通过测定黏度，可以观察涂料贮存一段时间后的聚合度，按不同的施工要求，用适合的稀释剂调整黏度。

黏度测定的方法很多，分别适用于不同的品种。对低黏度漆料以流出法为主(在规定的温度下测量定量的涂料从仪器孔流出所需的时间，以 S 表示，如涂-4 黏度计)，具体方法见 GB 1723—79 涂料黏度测定法；对非牛顿型高黏度漆料则通过不同剪切速率下的应力的方法来测定黏度，此法还可以测定其他的相应流变特性，最常见的仪器有旋转式黏度计。

(5) 固含量(不挥发份)

固含量是涂料中除去溶剂(或水)之外的不挥发份(包括树脂、颜料、增塑剂等)，占涂料重量的百分比。一般来说，固含量低，涂膜较薄，光泽差，保护性欠佳，易流挂。固含量和黏度互相制约，在黏度一定时，通过不挥发份的测定，可以定量地确定涂料内成膜物质含量的多少。测定方法见 GB 1725—79 涂料固体含量测定法。

(6) 结皮性

测定涂料在包装桶中贮存时的结皮情况。在一般情况下，非转化型涂料是不会结皮的，而转化型涂料特别是油墨涂料则容易结皮。将盛有容积 2/3 的试样装入有盖的玻璃瓶内(测定涂料的结皮性时不加盖)，定期检查，直到表面结皮为止，记录它的时间(小时或天数)，一般可作平行对比试验。

(7) 贮存稳定性

涂料自包装之日起到开始使用这段时间，在正常贮存运输条件下，要求它质量稳定，不产生结皮、变色、变稠、分层、沉淀、变粗、絮凝、浑浊、结块、析出、干性减退等现象，更不应出现胶凝、肝化等重大质量变化，能达到不发生以上变化的时间，称为贮存期或质量保证期。一般产品可达 1 年，有的可达 2 年，而部份产品贮存期为半年(甚至 3 个月)，贮存期和涂料组成及贮存条件有关。

测定贮存稳定性，常规是进行长期存放，但由于检验周期太长，所以常采用加速方法来测定。有离心分离法、冷热交替法及升温加速法等多种方法，以升温法的测定较常用。将试样封盛在密闭的涂料灌中(留有一定的空隙，避免受热膨胀)，在保温烘箱中规定的温度下(40～50℃)放置的时间，直至涂料增稠、胶凝，或不能正常使用为止，并作平行对比试验。测定方法见 GB 6753.3—86 涂料贮存稳定性试验方法。

2. 涂料使用性能测试

涂料施工性能是评价涂料产品质量好坏的一个重要方面。

(1) 遮盖力

色漆涂布于物体表面，能遮盖物面原来底色的最小用量，称为遮盖力，以每平方米用漆量的克数表示 (g/m^2)。

不同类型和不同颜色的涂料，遮盖力各不相同，一般说来，高档涂料比低档涂料遮盖力好，深色品种比浅色品种的遮盖力好，黑色遮盖力最好。

测定遮盖力时应将漆料和颜料搅匀，否则不能得到准确结果。所用颜料数量不足或质量有问题，常常引起遮盖力不合格。测定方法见 GB 1726—79 涂料遮盖力测定法。

(2) 使用量

涂料在正常施工情况下，涂覆单位面积所需要的数量称为使用量。不同类型和不同颜料的涂料，其使用量各有不同，被涂物面的质量和施工方法也是决定使用量的重要因素。测定方法见 GB 1758—79 油漆使用量测定法。

（3）涂刷性、流平性

测试涂料在使用时涂刷方便与否的性能，与漆料性质、黏度和溶剂等有关。可参考 GB 1757—79 涂布漆涂刷性测定法。流平性是指涂料施工后形成平整涂膜的能力。除涂料性能之外，施工条件、溶剂过多等都将影响涂料的流平性。测定方法见 GB 1750—79 涂料流平性测定法。

（4）干燥时间

涂料涂装施工以后，从流体层到全部形成固体涂膜这段时间，称为干燥时间，以 h 或 min 表示。对室温下干燥的涂料一般分为表干时间和实干时间。通过干燥时间调试，可以看出油基性涂料所用油脂的质量和催干剂的比例是否合适，挥发性漆中的溶剂品种和质量是否符合要求，双组份漆的配比是否适当。

3. 涂膜性能测试

涂料成膜后的性能好坏是涂料产品质量的最终表现，在涂料产品质量检测中占有重要位置。为了得到正确的检测结果，在检测时必须对涂膜的制备方法作出严格的规定。不同涂料产品和不同检测项目，对其制备涂膜的要求是不同的，因此在涂料产品的质量标准中，都规定了待测项目的涂膜制备方法，作为质量检测工作的标准条件之一。为了比较不同涂料产品的质量好坏，对涂料一般性能的检测都必须在相同的条件下进行，因此对涂膜的制备也作了统一的规定，具体方法见国家标准 GB 1727—79 涂膜一般制备法。

对涂膜性能的测试项目很多，包括涂膜的一般性能和特殊保护性能两大方面。

（1）涂膜外观及颜色

要求表面平滑光亮，无皱纹、针孔、刷痕、麻点、发白等毛病。漆膜的颜色应符合标准，用它与规定的标准色卡（或颜色样板）作对比，无明显差别者为合格。测定方法见 GB 1729—79 涂膜颜色外观测定法。

（2）涂膜厚度

涂膜厚度影响涂膜的各项性能，尤其是机械性能。因此，测定涂膜性能都必须在规定的厚度范围内进行检测，所以厚度是一个必须首先加以测定的项目。测定涂膜厚度的方法很多，可用千分卡和测厚仪测定。

（3）光泽

膝膜表面对光的反射程度。检验时以标准板光泽作为 100%，被测定的漆膜与标准板比较，用百分数表示。影响涂膜的光泽因素很多，通过这个项目的检测，可以了解涂料中所用树脂、颜填料、溶剂以及颜基比等是否适当。测定方法见 GB 1743—79 涂膜光泽测定法。

（4）硬度

涂膜干燥后具有的坚实性，用以判断抵抗外来磨擦和碰撞的能力。测定涂膜硬度的方法很多，一般用摆杆硬度计测定，先测出标准玻璃板的硬度，然后测出涂漆玻璃样板的硬度，两者的比值即为涂膜的硬度。常以数字表示之，如果漆膜的硬度值相当于玻璃硬度值的一半，则其硬度就是 0.5，以此类推，常用的涂料硬度在 0.5 以下。测定涂膜硬度的标准有 GB 1730—79 涂料硬度测定。

（5）柔韧性（弹性）

漆膜弹性是指涂膜经过一定的弯曲后，不发生破裂的性能，所以也称为柔韧性或弯曲性。测定弹性是将涂漆马口铁板在一定直径的轴棒上弯曲，观察涂膜是否有裂纹。轴棒的直径有

1,3,5,10,15,20 mm 六种,弯曲的直径越小,涂膜的弹性越大,所以通过 1 mm 的弹性最好,20 mm 最差,一般要求涂膜弹性为 1～3 mm。测定方法见 GB 1731—79 涂膜柔韧性测定法。

(6) 冲击强度

涂膜受到机械冲击时,涂膜不发生破损或起皱的承受能力。冲击强度的测定是用 1 kg 的重锤,从一定高度上冲击涂膜,以不破坏涂膜的最大高度与锤重的乘积(以 kg · cm)表示之。涂膜通过冲击的高度越高,涂料产品的冲击强度就越好,一般要求通过 50 kg · cm。测定方法见 GB 1732—79 涂膜耐冲击测定法。

(7) 附着力

涂料和被涂物表面牢固结合的能力。附着力不好的产品,容易和物面剥离而失去其防护和装饰效果。所以,附着力是涂膜性能检查中最重要的指标之一。通过这个项目的检查,可以判断涂料配方是否合适。附着力的测定方法有划圈法、划格法和扭力法等。以划圈法最常用,分为 7 级,1 级圈级最密,如果圈纹的每个部份涂膜完好,则附着力最佳,定为一级。反之,7 级圈纹最稀,不能通过这个等级的,附着力就太差而无使用价值了。通常比较好的底漆附着力应达一级,面漆的附着力是二级左右。测定方法见 GB 1720—79 涂膜附着力测定法。

(8) 耐磨性

涂膜耐磨擦的能力。通常以一定重量和一定转速的特种橡胶砂轮,在涂膜表面旋转一定圈数(如 500 圈或 1 000 圈) 后,用涂膜所失去的重量(mg)表示。涂膜的耐磨性与其硬度和弹性都有关系。测定方法见 GB 1768—79 涂膜耐磨性测定法。

4. 涂膜特殊性能测试

(1) 耐水性

涂膜抵抗水解的性能。耐水性的好坏对涂膜的保护性能有着决定性的影响。根据不同要求,可以使用蒸馏水、盐水、海水、热水、冷水等不同水种。耐浸泡时间越长,耐水性越好。测定方法见 GB 1733—79 涂膜耐水性测定法。

(2) 耐热性

对热的稳定性,以温度和时间表示。涂料的耐热性取决于所用的树脂和颜料。测定方法见 GBl735—79 涂膜耐热性测定法。

(3) 耐温变性

涂膜在骤冷骤热作用下的稳定性。涂膜在使用中经受的温度变化是很大的,所以涂膜的耐温变性是决定其耐久性的最重要质量指标之一。

(4) 耐光性

涂膜对光(紫外光)作用的稳定性称为涂料的耐光性。涂膜的耐光性主要取决于树脂的结构,颜料也有重要影响。

(5) 耐侯性

涂膜对阳光、风、雪、雨、露、温度变化和腐蚀气体等因素的耐受能力,是涂料质量检验中最重要的性能之一,常以此判断涂膜的使用寿命,常以所达到的月数为表示单位。

任务三　纺织品用涂料的制备及应用

一、涂料印花与涂料染色

涂料在纺织行业主要用于涂料印花和涂料染色。涂料印花也称颜料印花，它是利用高分子聚合物（黏合剂）把涂料印在纺织品上，经过高温处理，在纺织品上形成一种透明的有色薄膜，进而将涂料机械地固着在纺织品上的印花方法。涂料印花与其他染料印花相比，工艺简单，只需汽蒸或焙烘，提高了劳动生产率，减少废水排放，环境污染小，对纤维无选择性，可用于各种织物，尤其对混纺织物印花更是最佳的选择。印花后的色牢度、摩擦牢度、皂洗牢度、搓洗牢度等等主要取决于黏合剂的好坏，而日晒牢度、气候牢度以及色泽鲜艳度主要取决于涂料本身。

涂料染色是将涂料和黏合剂制成分散液，通过浸轧或浸渍使织物均匀带液，然后经高温处理，借助于黏合剂的作用，在织物上形成一层透明而坚韧的树脂薄膜，从而将涂料机械地固着于纤维上。涂料染色工艺流程短，仅使用浸→（轧）→烘→焙工艺，对染色设备要求较低，特别适合于加工不同纤维组成的混纺品，染化料用量少且能耗低，加工系统灵活多变，可与织物整理同浴加工，减少工艺成本。但目前也存在手感粗硬、只能染中浅色及耐洗牢度不高等问题。

二、印花涂料的组成和分类

（一）涂料色浆

是涂料印花的着色剂，一般都以浆状供应市场，它是用有机颜料、无机颜料、荧光树脂颜料等分别与一定比例的润湿剂、乳化剂和保护胶体等配制后所磨而成，这些助剂的加入可使不溶性的颜料得到良好的润湿，均匀分布而不发生沉淀。

1. 对颜料的要求

用于涂料色浆的颜料在物理性能上要求色调清晰明亮，耐晒、耐高温、耐化学品。物理形态要求晶形稳定，粒子大小均匀，粒径控制在 0.2～0.5 μm；具有良好的分散性，不致凝聚和沉淀；升华牢度好，有较高的着色力。颜料颗粒的形状一般认为颗粒呈球状较好，如果颗粒呈针状或棒状晶型，将影响颗粒的分散性和与其他颜料拼色时的相容性，也易造成印花时堵塞网眼。

2. 颜料的种类

（1）无机颜料

无机颜料用作涂料的有白和黑两种色泽。白色用钛白粉（TiO_2），它化学稳定性好，无毒，具有良好的遮盖力和着色力。黑色用碳黑，它具有良好的耐晒和耐干洗性能。其他还有青铜酚、铝粉、云母等，用于仿金、仿银、珠光色泽等。

(2) 有机颜料

有机颜料有偶氮颜料、酞菁颜料、杂环颜料和荧光树脂颜料。不溶性偶氮颜料有黄色、红色、酱色、橙色、深蓝色等，给色量高，耐碱，价格低；酞菁类有艳蓝色、绿色，色深较鲜艳，各项性能较好；硫靛类有红色、紫色。

(二) 成膜物质(黏合剂)

涂料印花和涂料染色黏合剂，大多是乳液聚合的热塑性高分子乳胶体，可以是天然高分子化合物或是合成的高分子化合物，也可由几种高分子物组成，在纤维的表面有优良的成膜性能。按化学结构，可用于织物印花的黏合剂主要有 4 大类：

1. 聚丙烯酸酯共聚物

是目前应用最普遍的一类黏合剂。主要由硬单体、软单体和功能单体组成。硬单体主要是甲基丙烯酸甲酯、丙烯腈以及非丙烯酸类的苯乙烯、醋酸乙烯等，提供结构强度、挺括性、耐磨性、耐洗涤性，使结膜后膜的透明度好，有利于牢度的提高。软单体主要有丙烯酸酯(如乙酯、丁酯、异辛酯)、丁二烯等，赋予聚合物柔软性、弹性。

功能单体主要为羧基单体和交联型单体两种。羧基单体主要有丙烯酸、甲基丙烯酸、马来酸等，其功能是提高乳液的稳定性、提供交联位置、起交联催化作用，并有自增稠作用；交联型单体官能基为羟基、醛基、羧基、氨基、环氧基和酰胺基等，交联型单体主要有丙烯酸羟内酯、N-羟甲基丙烯酰胺、N-丁氧基甲基丙烯酰胺、丙烯酸环氧丙酯等。交联型单体能与硬单体、软单体和羧基单体同时发生化学作用，使线型高分子交联而成网状结构的交联大分子，同时还能与纤维上的羟基发生共价结合，结成牢固的薄膜，它不易被水溶胀，提高了皂洗牢度和摩擦牢度，同时也增加了膜的强力和弹性。在自身交联的黏合剂中，应用时再加入些交联剂，更有利于交联作用的进行，自身交联的黏合剂一般须在高温下交联，并需在酸性介质中，采用焙烘法固色。

N-羟甲基丙烯酰胺活性单体在自交联并与棉纤维中的羟基发生交联时会释放出一定量的甲醛。这是因为 N-羟甲基丙烯酰胺是由丙烯酰胺与甲醛缩合而得半缩醛，本身不稳定，易发生分解，在制备时甲醛必须过量导致黏合剂中游离甲醛超标，不符合生态要求。要制备无甲醛的黏合剂可选择含有环氧基团的丙烯酸缩水甘油酯或 1-氯-3 羟基丙烯类单体参与共聚。

目前国内常见的黏合剂品种有：涂料印花黏合剂 SHW、涂料印花黏合剂 FZ-A、自交联黏合剂 CZ-118、低温涂料印花黏合剂 CZ-100、涂料染色黏合剂 APD 等。

2. 丁二烯共聚物

丁二烯共聚物常用的是丁二烯与苯乙烯共聚物(丁苯乳胶)、丁二烯和丙烯腈共聚物(丁腈乳胶)等，丁二烯共聚物黏合剂的特点是手感柔软、弹性好、相对分子质量高、价格便宜，它们的性能也决定于单体含量的变化，丁二烯属软单体，因为共聚物中含有双键，易氧化而使皮膜泛黄，其黏着力、耐光性、透明度和耐溶剂性也不如聚丙烯酸酯黏合剂。为克服其缺点一般加入第三单体，如丙烯酸酯、丙烯酰胺进行共聚或与其他成膜剂拼混。

3. 醋酸乙烯共聚物

醋酸乙烯酯的酯基易被碱皂化成为羟基，因此能被交联剂交联，手感较硬，日前常用作纸张、皮革的黏合剂，如它与其它软单体共聚可改善其性能。该黏合剂价格较便宜。

4. 聚氨酯

聚氨酯水分散液作为涂料印花用黏合剂是近年来开发的新品种，它是含有异氰酸酯端基的预聚体离子基团，此基团一般为阴离子型，不仅具有很好的亲水性，而且有稳定的分散性，加入水后能形成自发的分散体，高温下释放出反应性很强的异氰酸基，能自交联，具有良好的黏接性，结成的皮膜强度高，弹性好，为涂料印花手感良好的黏合剂，但目前价格较贵。国产的产品有柔软型聚氨酯(PUE)黏合剂。

(三) 增稠剂

涂料印花时，为调节涂料印花浆的黏度，把颜料、化学助剂等传递到纺织品上，并获得清晰的花纹图案，需要在色浆中加入一定量的增稠剂，能随意调节印花色浆的稠度和黏度，使印出的花纹轮廓清晰，不渗化，且印花均匀。目前涂料印花用的增稠剂主要有：

1. 乳化糊

乳化糊是用乳化剂把白火油和水经高速搅拌而得的白色膏状体，有水/油型和油/水型之分，现应用的乳化糊多为油水型，即油被乳化成微粒分散在水相中。

乳化糊虽具有良好的印花性能印清晰的花纹轮廓，但它必须用高沸点的白火油、水和乳化剂在高速搅拌下将其乳化成为乳化糊。这样不仅成本高，并且印在织物上的色浆在烘干或焙烘过程中产生大量火油烟雾外逸，既污染环境，又浪费能源。因此，少火油或无火油的合成增调剂在涂料印花中得到应用。

2. 合成增稠剂

合成增稠剂有阴离子型和非离子型两大类。前者用量少，增稠效果非常高，对涂料的鲜艳度、手感并无不良影响，而且由于其与黏合剂的轻度交联，可起交联剂和催化剂的作用，使刷洗牢度和得色量提高。后者对电解质的存在没有影响，适应性好，使用方便，手感好，直接印花和拔染印花都可，但本身的增稠效果较差，刷洗牢度较差。

根据单体的原料不同，合成增稠剂主要有：乙烯基聚合物、聚乙二醇、聚丙烯酰胺和聚丙烯酸增稠剂等。目前用于涂料印花的合成增稠剂多为聚丙烯酸类增稠剂。此类增稠剂也称碱溶胀型增稠剂，它们以低 pH 值的聚羧酸供应市场，因此贮存稳定性高。增稠剂中带有羧基的分子链在酸性或中性条件下表现为螺旋屈曲的胶团状态，加入碱溶液后或用氨水中和后，羧基电离为羧酸碱金属盐或铵盐$-COO^-$，在静电斥力的作用下，胶团中的无规线团展开为直链棒状；大的分子链完全溶解在水相中，电离的羧基与水形成水合离子态，导致聚合物的部分溶解和溶胀，阻碍了水分子的流动性，引起乳液黏度增大，产生增稠效果。

合成增稠剂用量少，增稠效果好，印花效果优良，是增稠剂的发展方向。增稠剂是一种流变助剂，加入增稠剂后不但能使涂料增稠，同时还能赋予涂料优异的机械性能及物理化学稳定性，在涂料施工时起控制流变性的作用。增稠剂的使用效果取决于增稠剂的品种、用量、乳液的种类、乳液的浓度等因素。在乳液体系确定后，选择合适的增稠剂和用量显得十分重要。

(四) 交联剂

交联剂是在线型分子间起架桥作用，从而使多个线型分子相互键合交联成网络结构的物质。交联剂可以使聚合物改性，显著地提高聚合物的耐热性、耐油性、耐磨性、力学强度等性能，可扩大制品的应用范围。交联剂在聚氨酯、丙烯酸酯涂料、涂料印花中有广泛应用。交联剂常有以下反应基团：

$$\underset{\text{环氧乙烷}}{-CH-CH_2 \atop \diagdown O \diagup} \qquad \underset{\text{环氮乙烷基}}{-N<{CH_2 \atop CH_2}} \qquad \underset{\text{丙烯酰胺基}}{>N-\overset{O}{\overset{\|}{C}}-CH=CH_2} \qquad \underset{\text{羟甲基酰胺基}}{-\overset{|}{C}-NHCH_2OH}$$

丙烯酰基和环氮乙烷基在高温时，很容易与黏合剂里的—OH、—COOH、—NH_2、—$CONH_2$发生交联形成网状的大分子，提高皮膜的牢度。

涂料印花用的交联剂在黏合剂共聚物中的活性位置上可生成一个或几个化学键，将线型共聚物交联成三维网状结构的高分子，同时也与纤维的羟基、氨基或羧基反应形成多元交联产物，提高皮膜在纤维上的黏结强度和皮膜本身的强度，提高涂料印花的耐磨性、耐热性和耐气候性能。目前涂料印花交联剂产品主要有：交联剂 DR、交联剂 DY-303、交联剂 EH、交联剂 FH 等。

交联剂在涂料工业的应用越来越广泛，随着绿色环保型涂料的呼声越来越高以及对高级涂料的需求越来越大，对交联剂的要求也越来越高，有待于研制出适应市场的需求的新型交联剂，其中水溶性交联剂、无毒无害交联剂以及超支化聚合物交联剂有着广阔的应用前景。

（五）其他助剂

为了提高涂料印花的色浆性能，便于印花顺利运行，同时提高印花织物的各项实物水平，在涂料印花色浆中，有时也可添加特种助剂，如吸湿剂、柔软剂、分散剂、黏附促进剂、保护胶体等等，但添加时必须先进行试验，保证各种助剂相容性要好，才能达到所得要的目的。

1. 吸湿剂

可保持色浆表面润湿、不结皮，特别在高温季节，可提高色浆稳定性，一般添加尿素或甘油即可。

2. 柔软剂

能使印花后织物表面光洁，手感柔软，也可适当提高摩擦牢度，特别是对手感要求较高的印花织物，如毛巾、针织品等，都需添加涂料印花专用柔软剂，一般为高浓度的亲水性有机硅柔软剂。

3. 分散剂

提高色浆的稳定性，一般用阴离子表面活性剂。

4. 催化剂

对自交联型的黏合剂，常加金属盐和潜酸作催化剂。高效催化剂可由等摩尔的 $MgCl_2$ 和柠檬酸组成。单独使用的有 $MgCl_2$、$(NH_4)_2HPO_4$、$(NH_4)_2SO_4$ 等，当 $MgCl_2$ 用量 3～5 g/L，柠檬酸用量 3～5 g/L，涂料印花只需在 100℃左右即可固化，达到有效交联。

三、印花涂料的制备

（一）交联剂 EH 的制备(Crosslinking agent EH)

交联剂 EH，也称 101 交联剂，是环氧氯丙烷与己二胺的缩聚物盐酸盐。

1. 原料及用量(g)

己二胺： 45

环氧氯丙烷： 75

盐酸(1+1)： 适量

水： 255

2. 合成原理

$$H_2N(CH_2)_6NH_2 + 2Cl-CH_2-\underset{\diagdown O \diagup}{CH-CH_2} \longrightarrow$$

$$\underset{\diagdown O \diagup}{CH-CH}-CH_2-NH(CH_2)_6NH-CH_2-\underset{\diagdown O \diagup}{CH-CH_2} + 2HCl$$

3. 操作步骤

己二胺用水 230 溶解后加入分液漏斗，作滴加料，将环氧氯丙烷加入装有球型冷凝管的四口反应瓶中，搅拌升温，先将四口反应瓶中环氧氯丙烷升至 85℃，再冷却至 58～60℃。控温在 58～60℃，3 h 加完滴料完毕，控温在 58～60℃，保温 2 h。冷却至 35℃以下，缓慢用 1+1 盐酸调 pH 至 2，出料。

4. 质量标准

外观： 浅棕色黏稠液体

含固量： 35%～40%

离子性： 阳离子型

pH： 2～5

也可以用 N,N′-二氨丙基甲胺，或二乙撑三胺、三乙撑四胺、四乙撑五胺代替己二胺与一定量的环氧氯丙烷缩聚。

(二) 增稠剂的制备

1. 乳化糊的制备

(1) 乳化糊 M

5%合成龙胶 5%

乳化剂 M 5%

水 30%

白火油 60%

将上述处方按比例在分散搅拌机内快速搅拌，乳化而成。

也可用匀染剂 O 4%，尿素 6%，乳化剂 M3%，水 13%，白火油 74%经快速搅拌而成。

(2) A 邦浆

平平加 O 2%

5%合成龙胶 1%

水 25%

白火油 70%

将上述处方按比例在分散搅拌机内快速搅拌，乳化而成。适合机印、网印和拔染印花等。

2. 合成增稠剂的制备

(1) 原料

去离子水、Tween-80、十二烷基硫酸钠(SLS)、丙烯酸乙酯(EA)、甲基丙烯酸(MAA)、甲基丙烯酸甲酯(MMA)、丙烯酸(AA)、邻苯二甲酸二烯丙酯(DAP)或甲撑双丙烯酰胺(MDAM)、过硫酸铵(APS)。

(2) 合成工艺

在装有搅拌、加热、冷却、冷凝、温度显示装置的反应器(瓶或釜)中,按配方定量加入水、乳化剂[H_2O + Tween-80 + SLS]、1/10 的单体混合物(EA+MAA+MMA+AA)和 1/10 交联剂(DAP 或 MDAM),开动搅拌(75~120 r/min),并通入氮气。升温至 75±2℃,加入 1/10 的引发剂水溶液(APS+H_2O),于 80±2 ℃反应 10±5 min 后,在 3±0.5 h 内滴加完其余(9/10)单体混合物和交联剂及引发剂水溶液。然后于 85±2 ℃继续反应 1 h,冷却至 50±5 ℃,放料、过滤得发蓝光乳白色乳液增稠剂。

本乳液是碱增稠,适用于各种非阳离子性水质体系。可用作织物涂料印花、合成革涂层与印花、天然或合成乳胶等方面的增稠剂。对 pH 值<7 的待增稠体系,在充分搅拌下慢慢滴加氨水(浓度为 25%~28%)或氢氧化钠水溶液(浓度为 18%~20%),调 pH 值至 7~8,再加少量本乳液即可增稠。对 pH 值>7 的待增稠体系,则可直接加入少量本乳液增稠。

3. 增稠剂性能测试

(1) 印花黏度指数 PVI(Printing Viscosity Index)

准确称取胶乳 3 g,加入 197 g 蒸馏水,充分搅拌成 1.5%白浆。用旋转黏度计(4 号转子)以 6 r/min 转速测定其黏度;

再分别测定转速为 60 r/min 时黏度 η_{60} 与 6 r/min 时黏度 η_6,两者比值即为黏度指数。黏度指数反映增稠剂的流变性或触变性,数值愈小,表示触变性愈好。

$$PVI=\frac{\eta_{60}}{\eta_6}$$

说明:

① *PVI* 值在 0.1~1 之间,当 *PVI* 值越接近 1,说明越接近牛顿流体;*PVI* 值越小,则结构黏度愈大,假塑性行为愈明显。印花中应根据不同的设备、花型等情况选择一定的 *PVI* 值的浆料。

② 黏度和 *PVI* 值与测试条件(如温度、转速、仪器等)有很大关系,因此,报告结果时一定要注明测试条件。

③ 由于糊料有假塑性行为,因此转速越小,测得的黏度值越接近原始黏度(零切黏度)。

(2) 抱水性

称取原糊 25 g,放入 100 mL 烧杯中.再加入 25 mL 水,搅拌均匀。然后将长×宽为 10 cm ×1 cm 的划有插入线的定量滤纸(或纸上层析滤纸)插入糊内 1 cm(刚好使糊面与刻线平)。插入后立即开始记时,在 5 min、10 min、30 min、45 min 时记录水分上升高度。

为了看清水分的高度,可以在被测试糊中加入少量的酸性染料。水分上升愈高,表明一定时间内析出的水分越多,即水合性(抱水性)越差。在织物上的印花糊越易渗化。制定糊料水合性的指标,可选用 30 min 时的水上升高度,好的糊料指标为 0.1~0.2 cm 之间。

(三) 印花涂料的配制及应用

1. 涂料色浆的调制

一般涂料色浆是依织物印花或染色的用途由颜料与分散剂、润湿剂、乳化剂、保护胶体、水保留剂、阻泡剂等有选择地组成的稳定浆状体。

(1) 配方(%)

颜料：　20～30

甘油：　5～10

平平加 O：　7～12

乳化剂 EL：　6～8

加水合成　100

(2) 制备方法

将颜料、甘油、平平加 O、乳化剂 EL、水等投入调浆器中，上盖，开动搅拌器 1 400 r/min，调浆 20 min，开盖用铲刀铲下边缘部分放入浆液中，再上盖继续搅拌 30～45 min，一直至浆液调透，开盖检测调匀情况，如不均匀再调，最后进入砂磨机磨 10 h(酞菁 10～12 h，偶氮 9～10 h，碳黑 7～8 h)即为成品。

涂料经过研磨后，有时久贮会引起颗粒凝聚，这主要是由于分散介质与分散相之间发生表面位能差异而相互吸引，这种凝聚作用可以通过加入环乙酮、苯甲酸铝等抗凝聚剂加以克服。

2. 涂料印花浆的制备

(1) 印花浆处方(%)

涂料　5～8

黏合剂　30

增稠剂　1.5

尿素　5

水　20

(2) 调浆

在容器内放入水、黏合剂和涂料等，开动搅拌器；将所需增稠剂缓慢加入，充分搅拌 10 min，使其充分吸水膨化，搅匀备用。色浆的稠度要掌握好，色浆太稠，流动性差，易造成堵网；色浆太稀，流动性过大，容易出现花纹轮廓不清，造成渗化。

3. 印花工艺

(1) 印花材料：全棉平布或涤棉织物；

(2) 印花→烘干(100℃×3min)→焙烘(150℃×3min)→后处理

4. 印花涂料质量评价

(1) 色牢度：干摩擦、湿摩擦牢度；

(2) 使用性能：渗透性、不堵网、不沾网；

(3) 轮廓清晰度：花型轮廓清晰，线条界面精细度好；

(4) 色浆稳定性：在 15～25℃下室温放置 15 天不变质不水解。

复习与思考

1. 何谓涂料？举例说明其用途。
2. 涂料有哪些基本组成？各起什么作用？举例说明。
3. 涂料的生产(配制)包括哪些步骤？主要用到哪些设备？
4. 涂料中加入助剂有何作用？按其发挥的功能可分为哪几类？
5. 涂料检测的内容有哪些？
6. 何谓涂料印花？涂料印花浆有哪些组分,各有何作用？

项目五

水质处理剂及应用

教学内容　水质指标及水处理技术；水质处理剂种类及性能；常见水质处理剂的制备及检测。

学习目标　分析常见工业用水水质指标；列举水质处理剂的主要种类及性能；会制备常见水质处理剂并进行检测和评价。

任务一　水质指标及水处理技术

水是工农业生产的命脉和血液，是一种有限而又无可替代的地球上最为宝贵的自然资源之一。天然水源分为地表水源和地下水源，地表水源包括江河水、湖泊水、水库水及海水等，它是主要的天然水源；地下水源包括上层滞水、潜水、承压水、裂隙水、溶岩水和泉水等。

地表水源的水质易受地面各种因素的影响，因而表现出水质变化大和水质复杂等特点。江河水通常悬浮物和胶态杂质含量较多，并随流经地域的不同、季节的变化而有较大的差别。江河水的含盐量和硬度较低，溶解氧较高，一般不含有害气体。湖泊水和水库水的水质与江河水类似，但因流动性小和贮存时间长而使水的浑浊度较低，含藻类量较高，此外，水的蒸发导致该种水的含盐量一般高于江河水。

地下水源的水质受外界污染和气温的影响较小，其水质、水温等比较稳定。地下水在地层渗滤过程中，大部分悬浮物和胶态物已被去除，使水的浑浊度和色度较低。但它在流经岩层时溶解了较多的矿物质，导致地下水的含盐量通常较高。地下水中溶解氧含量极低，有时含硫化氢等气体。

一、水质常见污染物种类

水污染物的分类方法很多，按美国环境保护局分类有以下 5 种：

1. 需氧污染物

一种主要来自生活污水和某些工业废水的可生物降解有机物质，在微生物作用下最终分解为简单无机物质。有机物质在分解过程中需要消耗水中的氧，当水体污染程度较低时，由于水体固有的自净能力能使水中的溶解氧恢复到正常值。但如污染较严重，超过水体自净的能力，则水中溶解氧耗尽，可能引起鱼类等水生动物的死亡。

2. 致病污染物

水体中病原微生物，主要来自生活、医院污水、制革、洗毛等工业废水以及畜牧污水。这些病原体可能是病菌、病毒、原生动物或寄生虫等，可引起各种传染疾病。含病原微生物的污水中均含有需氧有机物，它们能提供病原微生物生存所需的营养，因此，在处理病原微生物的污染时，必须首先处理需氧有机物对水体的污染，然后再考虑其他消毒等措施。

3. 合成有机化合物

是指由人工合成非自然界固有和非生物体所必需的一类有机物，如合成农药、表面活性物质和一些化工原料等，它们往往没有专门的微生物可以降解，其理化性质比较稳定，可长期积累在环境中造成环境污染，有的可能会致畸、致癌。

4. 植物营养物

指氮、磷、钾、硫及其化合物。从农作物生长的角度看，植物营养物是宝贵的物质，但过多的营养物质进入天然水体，将恶化水体质量，危害人类。一般无机氮超过 300 mg/m^{3}或总磷超过 20 mg/m^3，即可认为水体处于富营养化状态。水体中植物营养物质含量的增加，导致藻类急剧和过量地繁殖，藻类死亡后，其分解作用降低了水中溶解氧的含量，可造成鱼类大量死亡。尤其是藻类中的优势种蓝藻，其分解产物具有毒性，并给水体带来不良气味。湖泊、水库等水体水流缓慢，停留时间长，既适于植物营养物质的积聚，又适于水生植物的繁殖，富营养化作用加剧了湖泊水体的衰老退化，逐渐积累起来的淤泥、有机质使湖泊演变成沼泽地，然后由沼泽地变为干地。

5. 无机化合物和矿物性物质

(1) 酸碱及无机盐类：酸、碱污染水体，使水体 pH 值发生变化，增加水中的无机盐类和水的硬度，破坏水体的自然缓冲作用，消灭或抑制微生物的生长，妨碍水体的自净功能，腐蚀管道和船舶。天然水体若长期遭受酸、碱污染将使水质逐渐碱化或酸化，对生态产生影响。世界卫生组织规定的国际饮水标准中 pH 值的合适范围是 7.0～8.5，极限范围是 6.5～9.2。无机盐总量最大值是 500 mg/L，极限值是 1500 mg/L。

(2) 重金属：环境污染所指的重金属主要是汞、镉、铅、铬以及类金属砷等生物毒性显著的重元素，也指具有毒性的重金属如锌、铜、钴、镍、锡等。重金属污染物在水体中不能被微生物降解，只能发生各种形态之间的相互转化，以及分解和富集过程。重金属在水体中的迁移主要与沉淀、吸附、络合、螯合和氧化还原等作用有关。重金属会吸附于悬浮物上，被流水搬运、聚集于底泥中的重金属可能成为长期的次生污染源。一般重金属产生毒性的浓度范围大致在 1～10 mg/L，毒性较强的金属如汞、镉产生毒性的浓度范围在 0.01～0.001 mg/L，水体中的某些重金属可在微生物的作用下转化为毒性更强的金属化合物，如汞的甲基化。重金属还可通过食物链的生物富集，最后通过食物进入人体某些器官中积累造成慢性中毒。

二、轻化工水质指标及水处理方法

(一) 轻化工水质指标

城镇给水水质包括生活饮用水水质和工业用水水质两大类。生活饮用水水质应无色、无臭、无味，不浑浊，无有害物质和致病菌等；工业用水水质则因生产内容的不同而不同。水质指标是反映水中物质成分或某种使用方面性质的参数，一种水的质量一般要用多种水质指标来表示，水质指标的具体数值可定量地说明水质优劣。

水质指标分为专项指标和综合指标两大类。专项指标指水中某种具体物质或水的某种特性，如：铁、酚、氯仿、pH、温度等，大多数水质指标属于这一类；综合指标指一类物质或一类物质表现出的共同性质，不具体指出这类物质的组成成分，如浑浊度、溶解性总固体、细菌总数、COD 等。水质指标值可应用化学、物理学、微生物学等原理和相应的分析方法来测定。

轻化工业生产过程往往以水作为工作介质，会产生大量的污染严重的废水，如化学制浆产生的黑液、纺织品染色废水等。不同工业产生的废水性质不同，即使同类工业由于采用不同的工艺和设备，产生的废水性质也不相同。总体来说轻化工业废水具有如下特征：废水量大、水质复杂、污染严重、COD 值高、BOD/COD 值低、可生化性差、水质水量变化大、色度高等。

轻化工废水由于污染物种类繁多、污染物组分异常复杂，难以逐一检测。因此，除了毒性较强的污染物质如 Cr^{6+}、可吸附有机卤化物（AOX）、CN^- 等需单独检测外，以下是一些常规水质指标，用以评价水体污染程度：

1. pH 值

是水质酸碱度的表征。水质 pH 值的高低对污水处理、综合利用、水中生物生长繁殖、生产设备等都有很大影响，应预先进行中和处理。工业废水 pH 值较复杂，变化较大，一般现场检测，排放 pH 标准为 6～9，生活污水 pH 值为 7.2～7.6。

2. 悬浮物(SS)

水中悬浮固体含量的表征，单位 mg/L。以溶解态（DS）、胶体态或悬浮态（SS）存在于废水中。

3. 有机物浓度

来源于动、植物化学物质的浓度，一般采用以下几种参数来表示：

(1) 生化需氧量（*BOD*）：有机物在规定条件下进行生化氧化所需要的氧量，以 mg/L 表示。一般采用 5 天作为测定时间，以 BOD_5 来表示，BOD_5 越高表示水中需氧有机物质越多。

(2) 化学需氧量（*COD*）：水中有机物耗氧能力的表征，在酸性条件下，废水中有机物被特定强化学氧化剂（重铬酸钾、高锰酸钾）氧化所消耗的氧量，以 mg/L 表示。化学需氧量越高，表示有机物质越多。实际测试过程中无机还原性物质也同样被氧化，另外即使以硫酸银作催化剂，芳香烃类有机物仍不能被氧化，因此 *COD* 并不是废水中全部有机物含量的真实反映。一般常用氧化性强的重铬酸钾作为氧化剂。

4. 细菌污染指标

1 mL 污水中的细菌数，以千万计，包括细菌总数、大肠杆菌群数。

5. 色度

属感观污染指标，可用分光光度法、铂钴标准比色法、稀释倍数法进行测定，轻化工废水由于污染物组分复杂，多采用稀释倍数法进行测定，即将废水按一定的倍数稀释，逐渐稀释到接近无色，以此稀释倍数表示水样的色度，稀释倍数越大，废水色度越高。

另外，根据需要还要检测放射性物质、热污染等指标。

（二）水处理技术

废水处理的目的是去除悬浮物和漂浮物、处理可生物降解的有机物、消灭致病微生物、有毒化学品和可能有毒化学品。按处理程度，将废水处理分为一级、二级和三级（高级）处理，通过各级水处理，实现污水的达标排放或循环利用。

1. 一级处理

由物理方法完成，用于去除粗大固体、悬浮与漂浮固体、油脂和挥发性有机化合物，如机械截留、沉淀、气浮、过滤、离心分离、蒸发等，多用作预处理。

2. 二级处理

由化学方法和生物方法完成。化学方法用于悬浮固体和胶态固体的沉降、废水消毒和控制臭气。生物处理将废水中细小和溶解的有机物，转化成可沉降的絮状生物和无机固体物，然后再以沉淀法将之除去。二级处理多数情况下常与物理法连用，去除胶态或溶解性有机物。

3. 三级处理

是经二级处理后，为了从废水中去除某种特定的污染物质或特定目标而所增设的处理单元或系统。这些物质往往是常规二级处理所不能去除的悬浮物质和溶解物质，可以是有机物或悬浮固体，也可以是简单无机离子（如钙、钾、硫酸盐、硝酸盐和磷酸盐）和较复杂的合成有机化合物。

任务二　水质处理剂的种类及性能

水质处理剂（又称水处理化学品）是指为了去除水中有害物质（如污垢、微生物、金属粒子及腐蚀物等）得到符合要求的民用和工业用水，而在水处理过程中添加的化学品。在对原水、生活用水、生产用水和废污水的处理过程中，水处理化学品的加入非常重要，它不仅可以提高各种用水的质量，赋予水新的品质，保证循环水系统的正常进行，达到节水节能的目的，而且还能使污水在排放前得到净化，减轻接受水体的污染，增加自净能力，进而促进水资源的良性循环。

按应用目的，水处理化学品分为以下两大类：一类以净化水质为目的，使水体相对净化，供生活和工业使用，如 pH 调节剂、氧化还原剂、吸附剂、活性炭、离子交换树脂、絮凝剂和混凝剂等；另一类是因特殊工业目的而添加到水中的化学品，通过对生产设施、管道、设备以及产品的表面活性作用而达到预期目的，如阻垢剂、分散剂、螯合剂、缓蚀剂、杀菌灭藻剂和软化剂等。

表 5-2-1　不同水质处理目的及水质处理剂的选用

水质	处理目的	水处理剂种类
城市给水	去除水中悬浮物、杀菌	絮凝剂、杀菌剂
工业冷却水	解决腐蚀和微生物滋生	阻垢剂、分散剂、缓蚀剂和杀菌灭藻剂
锅炉给水	结垢腐蚀问题	阻垢剂、分散剂、缓蚀剂、除氧剂
轻化工污水	去除有害物质、金属离子、悬浮体和脱除颜色	絮凝剂、螯合分散剂等

水处理化学品具有较强的专用性。实际使用时，几乎不是使用单一的化合物，而是两种或多种化合物按照一定的比例制成复合化学品，这种复配型的水处理剂不仅克服单一药剂的局限性，也可以获得各种药剂间的协同效应。目前，国内外生产、应用的水处理化学品约有 360 多种，按产品的化学结构可分为无机化合物、有机化合物、高分子化合物及它们的复配物等。

一、凝聚剂和絮凝剂

凝聚剂能使水中的胶粒表面改性或由于压缩双电层而产生脱稳作用，将悬浮物（浊度）除去或降低，使其产生大颗粒凝聚体，加快水中杂质和污泥的沉降速度，从而达到净化水的目的；而絮凝剂则是将脱稳后的胶粒通过粒间搭桥和卷扫作用黏结在一起。有时也将凝聚剂和絮凝剂两者统称为混凝剂。混凝是混合、凝聚和絮凝的全过程。混凝过程不仅可以除去水中的悬浮物和胶体粒子，降低化学需氧量（COD），而且还可除去水中的细菌和病毒，并兼有除磷、脱色及减轻水体富氧化倾向等作用。

（一）凝聚剂

凝聚剂常分为无机凝聚剂和有机凝聚剂两大类：

1. 无机凝聚剂

主要是水溶性的两价或三价金属盐类。

（1）铝盐：硫酸铝（$Al_2(SO_4)_3 \cdot 18H_2O$）、明矾（$Al_2(SO_4)_3 \cdot K_2SO_4 \cdot 24H_2O$）、聚合氯化铝$[Al_2(OH)_nCl_{6-n}]_m$、聚合硫酸铝；

（2）铁盐：三氯化铁（$FeCl_3$）、硫酸亚铁（$FeSO_4 \cdot 7H_2O$）、聚合硫酸铁；

无机凝聚剂由低相对分子质量向高相对分子质量，从单一聚合物向多元聚合物（如多元聚合铝铁）发展，目的在于提高相对分子质量，增加电介质的离子电荷数量，以及利用复合化合物中不同组分的协同效应，进一步提高产品的凝聚效果。

2. 有机凝聚剂

主要是一些低相对分子质量的阳离子聚合物（相对分子质量小于 5×10^5），如聚胺等，这类产品既有“脱稳”作用，又有架桥聚集作用，效果优于无机凝聚剂。

（二）絮凝剂

絮凝剂包括天然、半天然和人工合成的水溶性高分子聚合物。

1. 天然高分子絮凝剂

一般来源于淀粉类、半乳甘露糖类、纤维衍生物类、微生物类和动物骨胶类的自然产物，产品有水溶性淀粉、瓜耳胶、藻酸盐、动物胶和白明胶等。这类产品电荷密度小，相对分子质量低，易于降解而失去絮凝活性，所以应用较少，但其来源丰富，价格较低且无毒性，仍有一定的市场份额。为了提高絮凝效果，可对天然高分子进行改性，如在淀粉结构中引入带电基团或阳离子单体接枝共聚，制成阳离子型淀粉絮凝剂。

2. 合成高分子絮凝剂

可分为离子型和非离子型高分子絮凝剂。

(1) 阳离子高分子絮凝剂：大分子结构重复单元中带有正电荷氨基($—NH_3^+$)、亚氨基($CH_2—NH_2^+—CH_2—$)或季铵盐基(N^+R_4)的水溶性聚合物，主要有聚乙烯胺、聚乙烯亚胺、聚二甲基二烯丙基氯化铵，以及由阳离子单体和丙烯酰胺合成的共聚物等。由于水中胶粒一般带有负电荷，所以此类凝聚剂无论相对分子质量大小，均兼有凝聚和絮聚两种作用，在水处理剂中占有重要地位。

(2) 阴离子高分子絮凝剂：大分子结构单元中带有负电荷羧酸或磺酸基团的水溶性聚合物，多为丙烯酸(盐)的均聚物或丙烯酸与丙烯酰胺的共聚物。

(3) 两性高分子絮凝剂：大分子重复单元中既含有正电基团又有负电荷基团，适于不同性质的废水处理，除有电性中和、吸附桥联作用外，还具有分子间的“缠绕”包裹作用。

(4) 非离子高分子絮凝剂：主要产品为聚丙烯酰胺、聚氧化乙烯、聚乙烯醇、聚乙烯吡咯烷酮等，但市场需求量很少。

二、消生剂（杀菌灭藻剂）

在水处理的各个环节中，细菌和藻类的作用不容忽视，它们在水中的繁殖速度是惊人的，对环境和设备的危害也是显而易见的。通常细菌和藻类在水中的生长和繁殖会引起金属的微生物腐蚀穿孔、污垢和黏泥增多。在循环冷却水系统中，黏泥和藻类的附着会降低冷却塔和换热器的效率，严重时会造成管路堵塞，腐蚀甚至穿孔。因此在水处理工艺过程中必须对微生物和藻类进行控制。

控制微生物和藻类最有效的方法是药物控制，在水中投入一定量的杀生剂(也称杀菌灭藻剂)。杀生剂种类较多，按其化学组成和杀生机理可分为以下几大类：

1. 单质杀生剂

臭氧(O_3，Ozone)、氯(Cl_2，Chlorine)、溴(Br_2，Bromine)、碘(I_2，Iodine)；

2. 过氧化物杀生剂

过氧化氢(H_2O_2，Hydrogen peroxide)、过氧乙酸(CH_3COOOH，Peracetic acid)、过碳酸钠($2Na_2CO_3 \cdot 3H_2O_2$，Sodium percarbonate)、过硼酸钠($2Na_2BO_2 \cdot H_2O_2 \cdot 3H_2O$，Sodium perborate terahydrate)；

3. 含氯杀生剂

二氧化氯(ClO_2，Chlorine dioxide)、次氯酸钠(NaClO，Sodium hypochlorite)，漂白粉($CaOCl_2$，Bleaching powder)和漂白精($Ca(ClO)_2 \cdot 2H_2O$，Calcium hypochlorite)、亚氯酸钠($NaClO_2$，Chlorous acid)；

4. 无机盐杀生剂

高锰酸钾($KMnO_4$，Potassium permanganate)、硫酸铜($CuSO_4$，Cupric sulfate)；

5. 醛类杀生剂

甲醛(HCHO, Formaldehyde)、戊二醛($OHCCH_2CH_2CH_2CHO$, Gluteraldehyde)、丙烯醛(CH_2CHCHO, Acrolein)、水杨醛(Salicylaldehyde);

6. 氯酚类杀生剂

邻氯苯酚、对氯苯酚、2,4-二氯苯酚、2,4,5-三氯苯酚、五氯苯酚(钠);

7. 季铵盐类杀生剂

溴(或氯)化十二烷基二甲基苄基铵、氯化十六烷基三甲基铵等;

另外,还有含硫、有机锡和重金属类杀生剂及其他类型的杀生剂。杀生剂的作用机理主要有以下几种:

(1) 使细菌细胞内各种代谢物失活,从而杀灭细菌;

(2) 与细胞内蛋白酶发生化学反应,破坏其机能;

(3) 抑制孢子生长,阻断DNA合成,从而抑制细菌生长;

(4) 加快膦酸氧化还原体系,打乱细胞正常的生长体系;

(5) 破坏细胞内的能量释放体系;

(6) 阻碍电子转移系统及氨基酸转酯的生成;

(7) 通过静电场的吸附作用,使细菌细胞破壁,从而杀灭细菌。

三、缓蚀阻垢剂

(一) 缓蚀剂

缓蚀剂大多是在与水接触的金属表面上形成一层膜,将金属表面与水环境隔离,从而达到缓蚀的目的。常有:

1. 氧化膜型缓蚀剂

铬酸盐、亚硝酸盐、钼酸盐、钨酸盐、钒酸盐、磷酸盐、硼酸盐等。

2. 沉积膜型

锌的碳酸盐、磷酸盐和氢氧化物,钙的碳酸盐和磷酸盐等。

3. 吸附膜型缓蚀剂

一些含氮、硫或含羟基的、具有表面活性的有机化合物,其分子结构中有两种以上性质相反的亲水基和亲油基,亲水基吸附于表面上,亲油剂形成一层致密的憎水膜,保护金属不受水的腐蚀,如十六烷胺、十八烷胺等。

(二) 阻垢剂

阻垢剂分子中的部分官能团,通过静电力吸附于致垢金属盐类正在形成的晶体(核)表面的活性点上,抑制晶体增长,使形成的许多晶体保持在微晶状态,增加了致垢金属盐类在水中的溶解度,同时由于阻垢剂在晶体表面上的吸附,使晶体的增长发生畸变,与金属表面的黏附力减弱,不易沉积在金属表面上;由于吸附于晶体表面上的官能团只是阻垢剂分子中的部分官能团,那些未参与吸附的官能团对晶体产生离子性,因电荷的斥力使晶体处于分散状态,起到阻垢作用。

一般意义上的分散剂是指将团粒杂质分散成微粒使之悬浮于水中而不发生沉积,如单宁、木质素、淀粉、羧甲基纤维素等是天然的分散剂。如上所述,阻垢剂本身也具有一定的分散能力,所以通常阻垢剂也统称为阻垢分散剂。

阻垢分散剂按其化学结构和性能,分为有机膦酸、有机膦酸酯、膦羧酸和聚羧酸等。

1. 有机膦酸(盐)

由于无机膦酸盐对金属离子的螯合值低,在强碱溶液中对金属离子的螯合值更低。因此,国内外纷纷开发耐强碱,对金属离子螯合值更高的有机膦酸盐分散剂。有机膦酸种类很多,但分子结构中都含有与碳原子直接相连的膦酸基团:

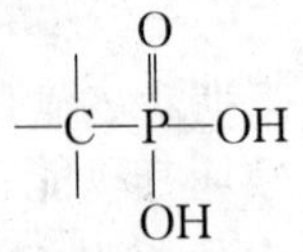

$$-\overset{|}{\underset{|}{C}}-\overset{\overset{O}{\|}}{\underset{\underset{OH}{|}}{P}}-OH$$

且分子中还可能含有—OH、$-CH_2$或—COOH 等基团。主要有:

(1) 第一代产品:开发于 20 世纪 60—80 年代,典型产品如氨基三甲叉膦酸(ATMP)、羟基乙叉二膦酸(HEDP)、乙二胺四甲叉膦酸(EDTMP)、二乙烯三胺五甲叉膦酸(DTPMP)等。此类产品抗氧化性、热稳定性和对金属离子络合能力较高。

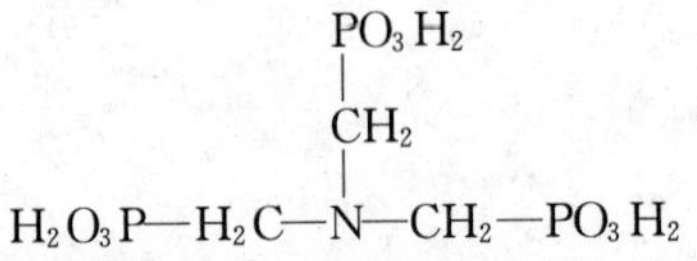

$$H_2O_3P-H_2C-\underset{\overset{|}{\underset{\overset{|}{PO_3H_2}}{CH_2}}}{N}-CH_2-PO_3H_2$$

氨基三甲叉膦酸(ATMP)

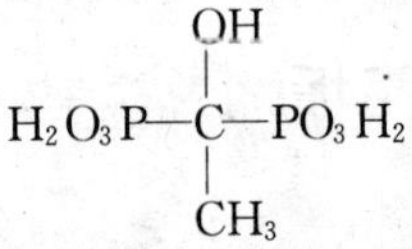

$$H_2O_3P-\overset{\overset{OH}{|}}{\underset{\underset{CH_3}{|}}{C}}-PO_3H_2$$

羟基乙叉二膦酸(HEDP)

ATMP 在水中能电离出六个正负离子,对钙离子有较高的螯合值,对碳酸钙垢有良好的阻垢性能。HEDP 在水中能电离出五个正负离子,可与水中二价金属离子螯合,特别是对二价铁离子有较高的螯合值。EDTMP 在水中能电离出八个正负离子,可以与两个或多个金属离子螯合,形成两个或多个单体结构大分子网状络合物,松散地分散于水中,使钙垢正常结晶破坏。DTPMP 在水中能电离出十个正负离子,耐强碱、耐高温、不仅对碳酸盐、硫酸盐水垢有效,而且可以抑制磷酸盐水垢。它对钙离子有很高的螯合值,阻钙垢能力是 HEDP、ATMP 的 2~3 倍,对硫酸钡有良好的阻垢效果。

(2) 第二代产品:研发于 20 世纪 80—90 年代,以膦酰基丁烷三膦酸(PBTC)、羟基膦羧酸(HPA)为代表,该类产品缓蚀性能有较大提高。最新研究的多氨基多醚基亚甲基膦酸(PAPEMP)阻垢性能又有新的提高,适于在高碱度、高硬度及高 pH 的水质中使用。

2. 有机膦酸酯

有机膦酸酯由醇和磷酸或五氧化二磷反应而得,配比不同可以制得膦酸一酯、二酯等产品。有机膦酸酯结构中均有下列基团:

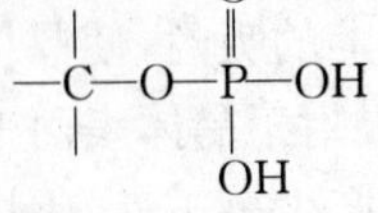

$$-\overset{|}{\underset{|}{C}}-O-\overset{\overset{O}{\|}}{\underset{\underset{OH}{|}}{P}}-OH$$

由于分子结构中有 C—O—P 键,比膦酸盐难水解,且毒性低。主要产品有:多元醇膦酸酯、聚氧乙烯醚丙三醇膦酸酯等。

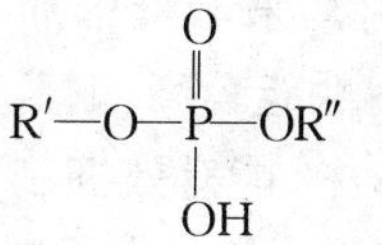

```
        O
        ‖
R′—O—P—OR″
        |
        OH
```

3. 膦羧酸

分子中含有膦酸基$-PO(OH)_2$和羧基$-COOH$两种基团，在两种基团的共同作用下，具有比有机膦酸更好的阻垢性能。如2-羟基膦酰基乙酸(HPA)、2-膦酰基丁烷-1,2,4-三羧酸(PBTC)。

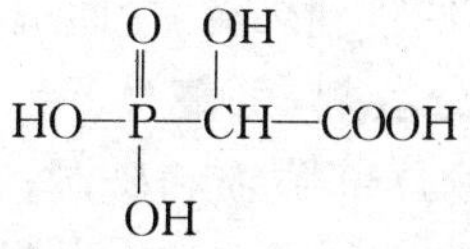

```
     O  OH
     ‖  |
HO—P—CH—COOH
     |
     OH
```

2-羟基膦酰基乙酸(HPA)

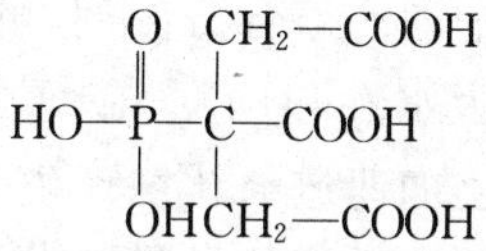

```
     O  CH₂—COOH
     ‖  |
HO—P—C—COOH
     |  |
     OHCH₂—COOH
```

2-膦酰基丁烷-1,2,4-三羧酸(PBTC)

4. 聚羧酸

由若干具有羧酸单元(相同或不同)聚合而成的大分子聚合物。由相同分子聚合而成的叫均聚物，由不同种单元聚合而成的叫共聚物。主要产品如聚丙烯酸(PAA)、顺丁烯二酸酐-丙烯酸共聚物(HPMA-PAA)、顺丁烯二酸酐-甲基丙烯酸-丙烯酰胺共聚物(HPMA-MAA-AM)等。

聚羧酸类阻垢分散剂不含磷，不会对水质产生富氧化。近年来以丙烯酸、马来酸(酐)为主，配以其他一些单体组成的二元、三元甚至多元共聚物，成了阻垢分散剂研究开发的热点。这类共聚物合成方法灵活多样、相对分子质量大小控制容易、结构和性能可以预设，特别是天冬氨酸和环氧琥珀酸的参与，为绿色环保型药剂的开发注入了新的活力。因此，此类阻垢分散剂的研发、生产、应用和优化工作得到广泛重视。

聚羧酸的阻垢性与其相对分子质量、羧基的数目和间隔、合成路线等有关。如果相对分子质量相同，则碳链上羧基越多，阻垢效果越好。因为羧基密度高时，阻碍了相邻碳原子的自由旋转，相对固定了相邻碳原子上羧基的空间位置，增加了它们与碱土金属晶格的缔合程度，破坏碳酸钙结晶，使疏松的碳酸钙吸附到高分子链上，从而提高了阻垢能力。另外，此类阻垢剂还与与前述聚磷酸有所不同，聚羧酸类阻垢剂不仅对结晶状化合物产生影响，而且对泥土、粉尘、腐蚀产物和生物碎屑等污物的无定形颗粒也起到分散作用，使其不凝结，呈分散状态悬浮于水中。聚丙烯酸类对钙螯合值很高，对铁也有一定的螯合作用。

聚羧酸类阻垢剂产品主要有：

(1) 聚丙烯钠：属低相对分子质量聚羧酸型水处理剂，一般对酸、碱及氧化剂、还原剂较稳定，相对分子质量800～1 500为最佳，在水中对碳酸钙、硫酸钙晶粒具有低溶限效应与晶格畸变作用，对氧化铁与磷酸钙有较好的分散作用。本产品可与聚磷酸盐、硅酸盐等水处理剂复配使用。

(2) 聚马来酸：由马来酸酐均聚制得，是一种低相对分子质量聚合电解质，易溶于水，化学稳定性和热稳定性高，耐分解温度超过330℃，由于具有很多的羧基官能团，故对成垢物质能起干扰和破坏作用，使晶体发生畸变，并对沉淀物具有很强的分散作用，从而使沉淀物或污泥流态化，易排出系统外。低浓度效果较好，经济性好。

(3) 丙烯酸—马来酸酐共聚物：由马来酸酐中加入少量丙烯酸共聚后经水解制得，是一种低相对分子质量多价螯合剂，其阻垢性能较高，耐高温。本产品与二价金属离子螯合，特别是硫酸钙十分有效，故可用于冷冻盐水中，能有效抑制硫酸钙沉积。

染整加工过程中，许多工序是湿加工，水质是影响纺织品加工质量的重要因素。染整用水中常含有少量的金属离子，如 Ca^{2+}、Mg^{2+}、Fe^{3+}、Cu^{2+}、Mn^{2+} 等，特别是深井水，其硬度很高，必须经过软化处理，否则在相应的湿加工中会产生设备结垢、布面手感发硬、染色发花等问题。

螯合分散剂是纺织印染湿处理加工过程中一种应用非常广泛的助剂。在淀粉酶退浆中加入螯合分散剂，可防止重金属离子使淀粉酶中毒，并使浆料容易膨化，从纤维中分离而分散到水中；在棉织物煮练中加入螯合分散剂，可防止被碱水解的果胶形成钙盐而沉积在棉纤维上形成钙斑，提高织物的吸水性和白度；在氧漂液中加入螯合分散剂，可螯合 Fe^{3+}、Cu^{2+}、Mn^{2+} 等可变价金属离子，防止加速过氧化氢产生自由基，造成织物局部脆损和破洞；在涤纶减碱量时加入螯合分散剂，可防止低聚物及其他杂质污染设备；在染色中加入螯合分散剂，防止金属离子使染料沉淀、絮状上浮、色光变萎和鲜艳度降低等，并有助于染料的分散；在皂洗中加入螯合分散剂，使织物表面浮色分散到水中并不再沉积到织物表面。此外，螯合分散剂对碳酸钙、碳酸镁这类污垢有阻垢和清垢作用，利用螯合分散剂的分散、悬浮等作用阻止垢类沉积到织物及设备上，较长时间应用螯合分散剂还能清除设备的积垢。

任务三　常见水质处理剂的制备及应用

一、常见水质处理剂的制备

(一) 高分子絮凝剂

1. 聚硅硫酸铝絮凝剂

(1) 配方：硅酸钠 50 份，硫酸铝 50 份，硫酸适量。

(2) 操作：取计量的硅酸钠用去离子水溶解后，用硫酸调 pH 到 7～8，将计量的硫酸铝加入硅酸溶液中，用水稀释至二氧化硅含量为 2%，充分搅拌后，放置 2 h 即得成品。

(3) 性能：该产品是一种低温低浊度的净水剂，pH 范围在 7～10 之间混凝效果最佳，对 COD 去除效果较好。

2. 聚膦氯化铝絮凝剂

(1) 配方：三氯化铝 10 份，膦酸二氢钠 10 份，氢氧化钠适量，水 80 份。

(2) 操作：在新制的三氯化铝溶液中，缓慢滴加计量的氢氧化钠溶液并激烈搅拌，向此溶液中滴加计量的膦酸二氢钠溶液，在 80℃的水浴中回流数小时后再熟化 24 h 即得成品。

(3) 性能：在聚合氯化铝的分子中引入膦酸根后，由于膦酸根的增聚作用，使聚膦氯化铝的混凝效果明显提高，并降低了混凝剂的使用量。

3. 聚合硅酸铝铁絮凝剂

(1) 配方：硅酸钠 2 mol，氯化铁 1 mol，氯化铝 1 mol，硫酸适量。

(2) 操作：在带有搅拌器的保温三口瓶中加入 1%的硅酸钠，用硫酸调节至 pH=6～7，放置一段时间使硅酸聚合后，加适量的水搅拌稀释，再加不同配比的氯化铁和氯化铝溶液，搅拌、熟化，即得棕红色成品，经浓缩、烘干可得棕红色固体成品。

(3) 性能：在聚硅硫酸铝的分子中引入氯化铁，由于铁离子的增聚作用，使聚合硅酸铝铁的混凝效果明显提高，不受水中杂离子的影响，并且降低了混凝剂的使用量。本品属多元新型无机聚合物絮凝剂，具有良好的应用前景。

4. 有机阳离子高分子絮凝剂

(1) 配方：二甲胺(40%)112.5 g，环氧氯丙烷 92.5 g，水 200 g

(2) 操作：在装有冷凝管、搅拌器、温度计和滴液漏斗的四口瓶中加入 92.5 g 环氧氯丙烷同时在加料漏斗中加入 112.5 g 二甲胺(40%)水溶液，开动搅拌，于 1 h 内将漏斗内的二甲胺水溶液缓慢滴加到环氧氯丙烷中，温度维持在 20～30℃，然后升温至 50℃，反应 6 h，即得含 67%聚合物固体的清澈溶液。将此溶液稀释至 37%，在 25℃下测黏度。制取固体产品时，将上述聚合物加入到丙酮中，经沉淀分离，于室温下真空干燥，可得白色或浅棕色固体。

(二) 消毒杀菌剂

1. 十二烷基二甲基苄基氯化铵

(1) 生产原料(kg)：十二烷基二甲基叔胺(含量≥92%)320、氯苄(含量≥95%)165、水 530、平平加 O 适量。

(2) 化学反应方程式

$$C_{12}H_{25}N(CH_3)_2 + C_6H_5{-}CH_2Cl \longrightarrow [C_{12}H_{25}{-}\overset{+}{N}(CH_3)_2{-}CH_2{-}C_6H_5]Cl^-$$

(3) 生产方法

将十二烷基二甲基叔胺投入搪玻璃搅拌反应釜中，加水。开动搅拌，缓慢加入氯苄，控制温度为 40～50℃，在 2 h 内加完。加完后升温至 90℃，搅拌反应 1 h。冷却至室温，用十二烷基二甲基叔胺或冰醋酸调 pH 值为 7，加入平平加 O，搅拌 30 min 后，过滤，出料得产品。

(4) 技术指标：外观为无色至淡黄色黏稠透明液体。本产品适用于循环冷却水系统，油田注水系统，冷冻水系统，作非氧化性杀菌剂、黏泥剥离剂使用，也可作为各种腈纶纤维纺织加工前的柔滑和抗静电处理。

(5) 使用方法：本产品作非氧化性杀菌剂，一般投加量为 80～100 mg/L，作黏泥剥离剂，使用剂量为 200～300 mg/L，同时加 20～30 mg/L 的消泡剂。本产品可与其他杀菌剂，如戊二醛、二硫氰基甲烷等配合使用，起到增效作用，投加本产品后循环水中出现污物，应及时排除，以免泡沫消失后沉积到集水池底部。

2. 十八烷基二甲基苄基氯化铵

(1) 生产原料(kg)：十八烷基二甲基叔胺(含量≥92%)450、氯苄(含量≥95%)180、水 500、平平加 O 适量。

(2) 化学反应方程式

$$C_{18}H_{37}N(CH_3)_2 + C_6H_5\text{—}CH_2Cl \longrightarrow [C_{18}H_{37}\text{—}\overset{+}{N}(CH_3)_2\text{—}CH_2\text{—}C_6H_5]Cl^-$$

(3) 生产方法

将十八烷基二甲基叔胺投入搪玻璃搅拌反应釜中，加水，开动搅拌并升温至 80～85℃。缓慢加入氯苄，控制温度为 85～90℃，在 2 h 内加完。加完氯苄后升温至 100℃，搅拌反应3 h。冷却至室温，用十二烷基二甲基叔胺或冰醋酸调 pH 值为 7，加入平平加 O，搅拌 0.5 h后，过滤，出料得产品。用途和使用方法同上。

(三) 阻垢分散剂

1. 钼系阻垢剂

(1) 原料(质量份)：钼酸钠 1、硫酸锌 0.5、三聚磷酸钠 12、聚丙烯酸钠 15。

(2) 操作：将钼酸钠 1、硫酸锌 0.5、聚丙烯酸钠 15 加入圆筒形混合器中，开动搅拌，再将三聚磷酸钠均匀地加入圆筒形混合器中，搅拌 15 min 即可出料，得缓蚀阻垢剂成品。

2. 硅酸盐系

(1) 原料：硅酸钠 10、羟基乙叉二膦酸 8、聚丙烯酸钠 4。

(2) 操作：将硅酸钠 10、羟基乙叉二膦酸 8、聚丙烯酸钠 4 加入圆筒形混合器中，开动搅拌，再将三聚磷酸钠均匀地加入圆筒形混合器中，搅拌 15 min 即可出料，得缓蚀阻垢剂成品。

3. 磷酸盐系

(1) 配方(kg)：磷酸三钠 60、六偏磷酸钠 80、三聚磷酸钠 60。

(2) 操作：将磷酸三钠、六偏磷酸钠加入圆筒形混合器中，开动搅拌，再将三聚磷酸钠均匀地加入圆筒形混合器中，搅拌 15 min 即可出料，得缓蚀阻垢剂成品。

(3) 技术指标：外观：白色粉末；pH 值(1%水溶液)＝ 11；含固量(%)≥95；钙螯合值 100 mg/g；碳酸钙分散值 100 mg/g。

4. 木质素磺酸盐

(1) 原料(kg)：木质素磺酸钠 2、羟基乙叉二磷酸 6、聚丙烯酸钠 5、乙二胺四乙酸四钠 10、葡萄糖酸铵 1、氢氧化钠 8。

(2) 操作：将木质素磺酸钠 2、羟基乙叉二磷酸 6、聚丙烯酸钠 5、乙二胺四乙酸四钠 10、葡萄糖酸铵 1。加入圆筒形混合器中，开动搅拌，再将氢氧化钠 8 均匀地加入圆筒形混合器中，搅拌 15 min 即可出料，得缓蚀阻垢剂成品。

5. 腐殖酸钠

(1) 原料(质量份)：腐殖酸钠 20、碳酸钠 400、三聚磷酸钠适量。

(2) 操作：将腐殖酸钠 20、碳酸钠 400 加入圆筒形混合器中，开动搅拌，再将三聚磷酸钠均匀地加入圆筒形混合器中，搅拌 15 min 即可出料，得缓蚀阻垢剂成品。

6. 有机膦酸盐螯合分散剂

(1) 配方(kg)：羟基乙叉二膦酸(HEDP)60、氨基三甲叉膦酸(ATMP)84、氢氧化钠(50%)约 72、去离子水 192。

(2) 设备：79 标 500 L 搪玻璃搅拌反应釜一台、2 m^2 列管式不锈钢冷凝器一台、W_3 真空泵一台、花纹板焊接操作平台、温度计、压力表和真空表各一只、各种阀门、管道和电器控制柜等。

(3) 化学反应方程式

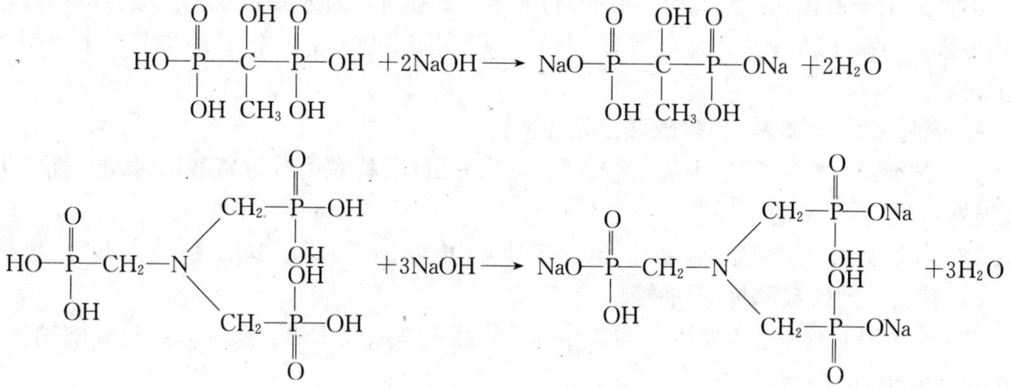

$$HO-\overset{O}{\underset{OH}{\overset{\|}{\underset{|}{P}}}}-\overset{OH}{\underset{CH_3}{\overset{|}{\underset{|}{C}}}}-\overset{O}{\underset{OH}{\overset{\|}{\underset{|}{P}}}}-OH + 2NaOH \longrightarrow NaO-\overset{O}{\underset{OH}{\overset{\|}{\underset{|}{P}}}}-\overset{OH}{\underset{CH_3}{\overset{|}{\underset{|}{C}}}}-\overset{O}{\underset{OH}{\overset{\|}{\underset{|}{P}}}}-ONa + 2H_2O$$

$$HO-\overset{O}{\underset{OH}{\overset{\|}{\underset{|}{P}}}}-CH_2-N\begin{matrix} CH_2-\overset{O}{\underset{OH}{\overset{\|}{\underset{|}{P}}}}-OH \\ CH_2-\overset{OH}{\underset{O}{\overset{|}{\underset{\|}{P}}}}-OH \end{matrix} + 3NaOH \longrightarrow NaO-\overset{O}{\underset{OH}{\overset{\|}{\underset{|}{P}}}}-CH_2-N\begin{matrix} CH_2-\overset{O}{\underset{OH}{\overset{\|}{\underset{|}{P}}}}-ONa \\ CH_2-\overset{OH}{\underset{O}{\overset{|}{\underset{\|}{P}}}}-ONa \end{matrix} + 3H_2O$$

(4) 操作步骤

将 HEDP(50%)和去离子水依次加入反应釜中，开动搅拌器，然后逐步加入氢氧化钠(50%)溶液，控温在 60℃以下，必要时注意冷却，调 pH 至 12，再逐步加入 ATMP(50%)，调 pH 至 5～6，过滤、出料，得螯合分散剂成品。

(5) 技术指标

外观：无色透明溶液；pH 值 5～6；溶解性：与水任意比例互溶；含固量(%)约 30；钙螯合值≥500 mg/g；铁螯合值≥200 mg/g。

7. 聚马来酸—丙烯酸共聚物

(1) 设备与工艺流程：搪玻璃搅拌反应釜及配管。

(2) 配方(kg)及反应式：顺丁烯二酸酐 40、丙烯酸 120、过硫酸钠 8、去离子水 160。

$$Na_2S_2O_8 \longrightarrow 2SO_4^- + 2Na^+$$

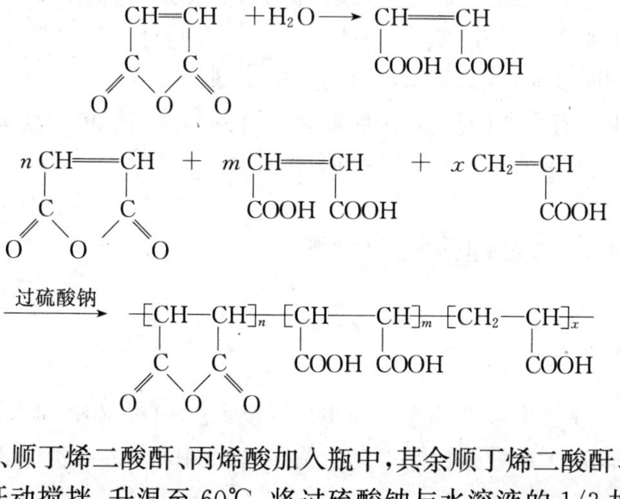

$$\underset{\underset{O\!\!\!\!\diagup\quad O\quad\diagdown\!\!\!\! O}{\underset{|}{C}\qquad\underset{|}{C}}}{CH=CH} + H_2O \longrightarrow \underset{COOH\;\;COOH}{\overset{}{CH=CH}}$$

$$n\,\underset{\underset{O\quad O\quad O}{\underset{|}{C}\qquad\underset{|}{C}}}{CH=CH} + m\,\underset{COOH\;\;COOH}{CH=CH} + x\,\underset{COOH}{CH_2=CH}$$

$$\xrightarrow{\text{过硫酸钠}} -\!\!\left[\underset{\underset{O\quad O\quad O}{\underset{|}{C}\qquad\underset{|}{C}}}{CH-CH}\right]_n\!\!-\!\!\left[\underset{COOH\;\;COOH}{CH-CH}\right]_m\!\!-\!\!\left[\underset{\qquad COOH}{CH_2-CH}\right]_x\!\!-$$

(3) 操作：将水、顺丁烯二酸酐、丙烯酸加入瓶中，其余顺丁烯二酸酐、丙烯酸和水溶解后加入 1 号高位槽。开动搅拌，升温至 60℃，将过硫酸钠与水溶液的 1/3 加入反应瓶中，保温 0.5 h，其余加入 2 号高位槽。升温至 80℃，开始反应，最高升温至 90℃。在 80℃，经 1.5 h 将

1 号、2 号高位槽中料加入反应釜中。在 80℃，保温 1 h。冷却至 40℃以下，过滤，出料即得。

(4) 技术指标

外观：黄棕色液体；pH 值(1%水溶液)约 7；离子性：阴离子；溶解性：与水任意比例互溶；含固量(%)约 20。

本产品用于石化、电力、化肥、钢铁等行业敞开式循环冷却水系统中作阻垢分散剂，以及锅炉内处理。与有机膦酸及锌盐复配使用时，一般用量为 15%～20%，单独使用投加用量为 10 mg/L。

8. 聚马来酸、丙烯酸、丙烯酰胺三元共聚物

(1) 试剂：甲基丙烯酸、丙烯酰胺、顺丁烯二酸酐(简称顺酐)、过硫酸钠、盐酸、氢氧化钠、草酸钠、氯化钙、碳酸钠。

(2) 仪器：四口反应瓶、温度计、电动搅拌器、电热碗套、球形冷凝器、分液漏斗、烧杯、量筒、移液管、滴定管、锥形瓶、天平等。

(3) 配方及反应式：甲基丙烯酸 30 g、丙烯酰胺 40 g、顺丁烯二酸酐 5 g、过硫酸钠 3 g、水 230 g、NaOH(30%)适量。

$$n\,CH_2{=}C(CH_3)COOH + n\,CH_2{=}CHCONH_2 + n\,\underset{O=C-O-C=O}{CH{=}CH} \longrightarrow$$

$$\left[-CH_2-\underset{COOH}{\overset{CH_3}{C}}-CH_2-\underset{CONH_2}{CH}-\underset{COOH}{CH}-\underset{COOH}{CH}-\right]_n$$

(4) 操作

将甲基丙烯酸、丙烯酰胺、顺丁烯二酸酐按质量比与去离子水(200)混合，混合液的 1/3 投入四口反应瓶中，其余部分装入第一个分液漏斗。过硫酸钠与 30 g 去离子水进行混合，混合液置于第二个分液漏斗。在四口反应瓶上装冷凝管，并接通冷却水，开动搅拌，开启电热碗套加热，升温至 60℃时，将第二个分液漏斗中料 1/3 放入反应瓶。继续升温至 80℃，在 3 h 内将两个分液漏斗中料同时加完，保温 2 h，冷却、过滤、出料。

该共聚物结构中含有大量的羧基、酰胺基，水溶性好，能与水中钙镁离子、铁离子形成稳定的络合物，络合物稳定常数大，并具有一定的分散作用。

二、水质分析及水处理剂性能检测

(一) 水质分析

水质分析是水处理技术取得良好效果的重要保证。《循环冷却水用再生水水质标准》HG/T 3293—2007 规定了水质指标要求。有关项目的测试方法见表 5-3-1。

表 5-3-1 循环冷却水用再生水水质标准及测试方法

项 目	指标要求	测试方法	分析方法来源
pH	6.9～9.0	pH 计	GB/T 6904
悬浮物/(mg/L)≤	20	重量法	GB/T 14415
总铁(以 Fe^{2+} 计)/(mg/L)≤	0.3	邻菲罗啉分光光度法	GB/T 14427
COD_{cr}/(mg/L)≤	80	重铬酸钾法	GB/T 15456
BOD_5/(mg/L)≤	5	稀释接种法	GB/T 7488
浊度(NTU)≤	10	散射光法	GB/T 15893.1
总碱度+总硬度($CaCO_3$ 计)(mg/L)≤	700	总硬度：EDTA 法 总碱度：容量法	GB/T 15452 GB/T 15451
总磷(以 PO_4^{3-} 计)/(mg/L)≤	5	磷钼蓝比色法	GB/T 6913
总溶解性固体/(mg/L)≤	1 000	重量法	GB/T 15893.4
细菌总数/(个/mL)≤	1.0×10^4	平皿计数法	GB/T 14643.1

(二) 水处理剂性能检测

1. 钙螯合值测定

(1) 配制 5%样品溶液：称取 12.5 克(g)样品于小烧杯中，用水稀释至 250 mL。

(2) 移取 10.00 mL 上述试液，加 5 滴 2%草酸钠指示剂，加 5 mL NH_3-NH_4Cl 缓冲溶液，用 0.05 mol/L $CaCl_2$ 标准溶液滴定至出现稳定的白色沉淀。作空白试验。

$$钙络合值(mgCaCO_3/g\ 干样)=\frac{C_{Ca^{2+}}(V_{Ca^{2+}}-V_{空白})\times100.08}{m\times p}\times\frac{250}{10}$$

式中：m——样品质量(g)；

p——含固量(%)；

C——钙标准液离子浓度(mol/L)；

$V_{Ca^{2+}}$——消耗钙标准液的体积(mL)；

$V_{空白}$——空白值(mL)。

2. 钙分散值测定

移取上述 5%样品溶液 25 mL，加 10 mL 10% Na_2CO_3 和 30 mL 水，用 0.05 mol/L $CaCl_2$ 标准溶液滴定至出现稳定的白色沉淀。作空白试验。

$$钙分散值(mgCaCO_3/g\ 干样)=\frac{C_{Ca^{2+}}(V_{Ca^{2+}}-V_{空白})\times100.08}{m\times p}\times\frac{250}{25}$$

式中：m——样品质量(g)；

p——含固量(%)；

C——钙标准液离子浓度(mol/L)；

$V_{Ca^{2+}}$——消耗钙标准液的体积(mL)；

$V_{空白}$——空白值(mL)。

3. 铁络合性能测试

移取上述5%样品溶液25 mL，加50 mL水，用2.5 mol/L NaOH调节pH=11～11.5，用0.1 mol/L Fe^{3+}标准液滴定至稳定性浑浊(滴定过程中不断补加NaOH，使pH值维持在11～11.5)，为确定终点，再作2～3次实验，每次所加Fe^{3+}体积比前一次少0.5 mL，静置3 h后，观察杯中底部出现微量红棕色沉淀的为终点。

$$\text{铁络合值}(\text{mgFe}^{3+}/\text{g 干样}) = \frac{55.84 \times C_{Fe^{3+}}(V_{Fe^{3+}} - V_{\text{空白}})}{m \times p} \times \frac{250}{25}$$

式中：m——样品质量(g)；

p——含固量(%)；

C——铁标准液离子浓度(mol/L)；

$V_{Ca^{2+}}$——消耗铁标准液的体积(mL)；

$V_{\text{空白}}$——空白值(mL)。

4. 水处理剂阻垢性能(GB/T16632—2008水处理剂阻垢性能测定 碳酸钙沉积法)

以一定量HCO_3^-和钙离子的配制水和水处理剂制备成试液，在加热条件下，促使碳酸氢钙加速分解成碳酸钙。达到平衡后测定试液中的钙离子浓度。钙离子浓度越大，则该水处理剂的阻垢性能越好。

(1) 试剂

试剂名称	规 格	配 制 方 法
KOH溶液	200 g/L	
硼砂缓冲溶液	pH=9.0	3.8 g十水四硼酸钠溶解于水并稀释到1 L
EDTA溶液	0.01 mol/L	
HCl	0.1 mol/L	
钙-羧酸指示剂	0.2 g指示剂与100 g KCl混合研磨均匀	
溴甲酚绿-甲基红		
碳酸氢钠标准液	18.3 mg HCO_3^-/mL	25.2 g $NaHCO_3$溶于适量水，稀释至1 L。 标定：移取5.00 mL $NaHCO_3$溶液于锥形瓶，加30 mL水，3滴溴甲酚绿-甲基红，用HCl标准溶液滴定至由浅蓝色变为紫色。
氯化钙标准溶液	6.0 mg Ca^{2+}/mL	16.7 g无水氯化钙用适量水溶解，稀释至1 L。 标定：移取2.00 mL氯化钙标准液，加80 mL水，5 mL KOH溶液和约0.1 g钙-羧酸指示剂，用EDTA滴定至溶液由紫红色变为亮蓝色。 Ca^{2+} mg/mL=$(40.08V_{EDTA}C)/V_{CaCl_2}$
水处理剂试样	1.0 mL含有0.5 mg水处理剂(以干基计)	

(2) 仪器设备：恒温水浴锅80±1℃，锥形瓶配有装了直径为5～10 mm，长约30 mm玻璃管的胶塞。

(3) 试样溶液的制备：在500 mL容量瓶中加入250 mL水，用滴定管加入一定体积的氯化钙标准溶液，使钙离子的量为120 mg，用移液管加入5.0 mL水处理剂试样溶液，摇匀。加入20 mL硼砂缓冲液，摇匀，用滴定管缓慢加入一定体积的碳酸氢钠标准液，边滴边摇，使碳酸氢根离子的量为366 mg，用水稀释到刻度。在另一500 mL容量瓶中，除不加水质处理剂外，其余都按试液的制备操作，作空白试液。

(4) 分析：将试液和空白液分别置于两个洁净的锥形瓶中，浸入 80±1℃恒温水浴锅，试液液面不得高于水浴液面，恒温放置 10 h，冷却至室温后用中速滤纸干过滤。

各移取 25 mL 滤液分别置于锥形瓶中，加水至约 80 mL，加 5 mL KOH 溶液和约 0.1 g 钙羧酸指示剂，用 EDTA 滴定至溶液由紫红色变为亮蓝色为终点。按下式计算试液和空白液的浓度，用百分率表示水质处理剂阻垢性能(η)：

$$Ca^{2+}(mg/mL)=\frac{40.08\times V_{EDTA}C_{EDTA}}{V_{CaCl_2}};$$

$$\eta=\frac{\rho_2-\rho_1}{0.240-\rho_1}\times 100$$

式中：ρ_2——加入水质处理剂的试液试验后钙离子浓度(mg/mL)；

ρ_1——未加水质处理剂的试液试验后钙离子浓度(mg/mL)；

0.24——试验前配制好的试液中钙离子浓度(mg/mL)。

复习与思考

1. 常见水质污染物有哪些类型？
2. 分析轻化工水质指标有哪些？
3. 常见的水处理技术有哪些？各达到什么目的？
4. 水质处理剂的类型有哪些？简要说明其作用原理。
5. 简要说明阻垢剂阻垢性能测试原理。

附录部分

附录一　常见精细化学品及英文缩写

中文名称	英文缩写
脂肪醇聚环氧乙烷醚	AEO
脂肪醇聚环氧乙烷醚硫酸酯	AES
脂肪醇聚环氧乙烷醚琥珀酸单酯磺酸盐	AESS
α-烯烃磺酸盐	AOS
烷基糖苷	APG
烷基硫酸酯	AS
羧甲基纤维素	CMC
乙二胺四乙酸钠	EDTA
环氧乙烷	EO
脂肪醇硫酸盐	FAS
直链烷基苯磺酸盐	LAS
十二烷基硫酸盐	LS
聚丙烯酰胺	PAAm
聚乙二醇	PEG
聚环氧乙烷	PEO
聚环氧丙烷	PPO
聚乙烯醇	PVA
三聚膦酸钠	STTP

附录二　常见商品表面活性剂及离子性

商品名称	化学名称或化学组成	离子性
渗透剂/拉开粉 BX	1,2-二丁基萘-6-磺酸钠	阴
快速渗透剂 T	磺化琥珀酸二辛酯钠盐	阴
雷米邦 A	油酰氨基羧酸钠	阴
扩散剂 NNO	亚甲基双萘磺酸钠	阴
扩散剂 MF	亚甲基双甲基萘磺酸钠	阴
渗透剂 JFC	C7～C9 脂肪醇聚环氧乙烷醚	非
平平加 O	C12～14 脂肪醇聚环氧乙烷醚	非
AEO	C12 脂肪醇聚环氧乙烷醚	非
净洗剂 6501	椰子油烷基乙二酰胺	非
匀染剂、乳化剂 OP	十二烷基酚聚环氧乙烷醚	非
匀染剂 TX-10	壬(辛)基酚聚环氧乙烷(10)醚	非
Span	失水山梨醇脂肪酸酯	非
Tween	失水山梨醇聚环氧乙烷醚脂肪酸酯	非
1227	十二烷基二甲基苄基氯化铵	阳
1631	十六烷基三甲基溴化铵	阳
1831	十八烷基三甲基氯化铵	阳
匀染剂 DC	十八烷基二甲基苄基氯化铵	阳
BS-12	N,N-二甲基十二烷基(俗名甜菜碱)	两性

附录三　市售酸、碱试剂的密度和浓度

试剂名称	相对密度(25℃)	质量分数(%)	浓度($mol \cdot L^{-1}$)
盐酸	1.18～1.19	36～38	11.6～12.4
硝酸	1.39～1.40	65.0～68.0	14.4～15.2
硫酸	1.83～1.84	95～98	17.8～18.4
磷酸	1.69	85	14.6
冰乙酸	1.05	99.0	17.4
氨水	0.91～0.90	25.0～28.0	13.3～14.8

附录四　常用洗液的配制

洗　液	配制方法	应　用
铬酸洗液	将 20 g $K_2Cr_2O_7$ 溶于 20 mL 水中，再慢慢加入 400 mL 浓 H_2SO_4	清洗玻璃器皿：浸润或浸泡数小时（甚或过夜），再用流水冲洗。如洗液变黑绿色，即不能再用。 注意：此洗液有强烈的腐蚀作用，不得与皮肤、衣物接触。
氢氧化钠的乙醇洗液	溶解 120 g NaOH 固体于 120 mL 水中，用质量分数为 95%乙醇稀释至 1 L	在铬酸洗液无效时，用于清洗各种油污。但由于碱对玻璃的腐蚀，此洗液不得与玻璃长期接触。
含高锰酸钾的氢氧化钠溶液	4 g $KMnO_4$ 固体溶于少量的水中，再加入 10 mL 10%NaOH 溶液	清洗玻璃器皿内之油污或其他有机物质：将洗液倒入待洗玻璃器皿内，5～10 min 后倒出，在玻璃壁之污染处即析出一层 MnO_2，再倒入适量的浓盐酸，使之跟 MnO_2 反应，而产生氯气则起清洗污垢的作用。
硫酸亚铁的酸性溶液	含有少量 $FeSO_4$ 的稀硫酸溶液	洗涤由于贮存 $KMnO_4$ 溶液而残留在玻璃器皿之棕色污斑。

附录五　密度与波美度换算

精细化工生产中，用测量相对密度的方法可以简便地确定溶液的浓度，国外有些文献常以波美度（^{0}Bé）表示密度。密度与波美度的换算关系：

轻于水液体的波美度与密度（$d_{15.56℃}^{15.56℃}$）换算公式：

$$^0\text{Bé}=\frac{140}{\text{密度}}-130$$

重轻于水液体的波美度与密度（$d_{15.56℃}^{15.56℃}$）换算公式：

$$^0\text{Bé}=145-\frac{145}{\text{密度}}$$